Python

数据分析

全流程实操指南

尚涛 ◎ 编著

北京大学出版社
PEKING UNIVERSITY PRESS

内 容 提 要

本书基于Python3.7版本软件编写，全书主要围绕整个数据分析方法论的标准流程，为读者重点展示了Python在数据获取、数据处理、数据探索、数据分析及数据可视化等领域的应用技术。

本书首先介绍了数据分析的方法论，给读者介绍了具体的数据分析挖掘标准流程，接着介绍了Python常用的工具包，包括科学计算库NumPy、数据分析库Pandas、数据挖掘库Scikit-Learn，以及数据可视化库Matplotlib和Seaborn的基本知识，并从数据分析挖掘过程中的数据获取、数据处理、数据探索等实际业务应用出发，以互联网、金融及零售等行业真实案例，比如客户分群、产品精准营销、房价预测、特征降维等，深入浅出、循序渐进地介绍Python数据分析的全过程。

本书内容精练、重点突出、案例丰富，实践性和指导性极强，值得一读，特别适合在企业中从事数据分析、数据挖掘、机器学习、运营分析等工作的人员使用，同样适合想从事数据分析挖掘工作的各大中专院校的学生与教师，以及其他对数据分析挖掘技术领域有兴趣爱好的各类人员使用。

图书在版编目(CIP)数据

Python数据分析全流程实操指南 / 尚涛编著. — 北京：北京大学出版社，2020.9
ISBN 978-7-301-28949-5

Ⅰ.①P… Ⅱ.①尚… Ⅲ.①软件工具 – 程序设计 – 指南 Ⅳ.①TP311.561-62

中国版本图书馆CIP数据核字(2020)第094488号

书　　　名	Python数据分析全流程实操指南
	PYTHON SHUJU FENXI QUANLIUCHENG SHICAO ZHINAN
著作责任者	尚　涛　编著
责 任 编 辑	张云静　吴秀川
标 准 书 号	ISBN 978-7-301-28949-5
出 版 发 行	北京大学出版社
地　　　址	北京市海淀区成府路205 号　100871
网　　　址	http://www.pup.cn　　新浪微博: @ 北京大学出版社
电 子 信 箱	pup7@ pup.cn
电　　　话	邮购部 010-62752015　发行部 010-62750672　编辑部 010-62570390
印 刷 者	北京富生印刷厂
经 销 者	新华书店
	787毫米×1092毫米　16开本　22印张　499千字
	2020年9月第1版　2020年9月第1次印刷
印　　　数	1-4000册
定　　　价	79.00 元

前言
Preface

这个技术有什么前途

随着大数据、互联网技术的飞速发展，在企业的日常经营管理中，数据无处不在，各类数据的汇总、整合、分析、研究对企业的发展、决策有着十分重要的作用。数据分析不仅对企业的可持续发展有显著的影响，同时为企业的改革计划、转型策略及方向的把握提供有效的数据支撑。而作为人工智能时代语言的 Python 已经成为企业数据分析中的主流分析工具，其拥有的 NumPy、Pandas、Matplotlib、Scikit-Learn 等工具库在科学计算方面有着显著优势，尤其是 Pandas，在处理中型数据方面可以说有着无与伦比的优势。

作为数据分析工具的 Python，其发展情况如何呢？我们从 TIOBE 官网发布的最新编程语言排行榜中可以获知大概情况，目前 Java、C、Python 位居前三，回首 2019 年的排名，在所有编程语言中，Python 上升明显。近 20 年来，Java、C 和 C++ 一直排在前三名，远远领先于其他编程语言，Python 正在挤入排名前列。它是目前大学里最常用的语言，在统计领域排名第一，在许多软件开发领域，包括脚本和进程自动化、网站开发及通用应用程序等，Python 越来越受到欢迎，而且基于当前大数据、人工智能的发展，Python 在数据分析、数据挖掘、机器学习领域的地位毋庸置疑，已经成为机器学习的首选语言。

笔者的使用体会

● 简单易学，Python 的关键字相对较少，结构简单，语法定义明确，学习起来更加简单；

● Python 代码定义得更清晰，易于阅读维护；

● Python 是机器学习的首选语言；

● 开源免费，用户使用 Python 进行开发和发布自己编写的程序，不需要支付任何费用，也不用担心版权问题，即使作为商业用途，Python 也是免费的。

本书的特色

● 贴合数据分析实际工作：本书不空讲 Python 语法，而是基于企业实际数据分析工作中遇到的问题，清晰简明地介绍如何用 Python 来处理分析数据；

● 内容全面：覆盖数据分析过程中频繁使用到的各种工具库，包括科学计算库 NumPy、数据分析库 Pandas、数据挖掘库 Scikit-Learn 及数据可视化库 Matplotlib 和 Seaborn；

● 结合企业中的热点应用案例：比如客户分群、产品精准营销、房价预测、特征降维等，如果读者是企业中的数据分析师，则可以直接参考案例进行相关数据的分析处理及模型研发；

● 最新的软件版本：截至本书完稿，Python 的最新版本为 Python3.7，本书以此版本软件为基础，向读者介绍如何使用 Python 进行数据挖掘项目的开发工作；

● 附赠数据文件和源代码：提供所有案例的数据文件和 Python 源代码，供读者操作练习、快速学习。读者可用微信扫一扫右侧二维码关注微信公众号，输入代码"35789"，即可获取附赠资源。

● 学习路线图清晰：每个案例均按照数据分析项目的一般工作流程逐步展开。

本书包括什么内容

本书基于 Python 3.7 版本软件编写，全书主要围绕整个数据分析方法论的标准流程，为读者重点展示了 Python 在数据获取、数据处理、数据探索、数据分析与数据可视化等方面的操作，以及在客户分群、产品精准营销、房价预测、特征降维等案例项目中的应用技术。关于本书的详细内容，读者可以参考如下思维导图。

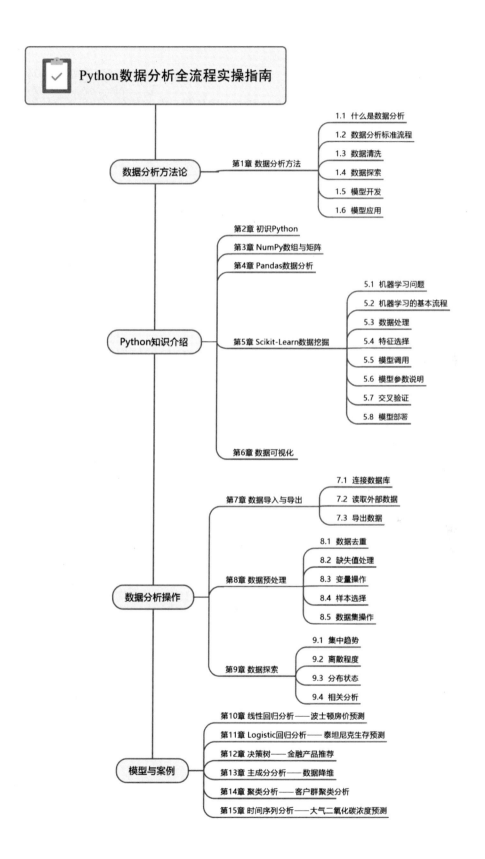

Python数据分析全流程实操指南

数据分析方法论 —— 第1章 数据分析方法
- 1.1 什么是数据分析
- 1.2 数据分析标准流程
- 1.3 数据清洗
- 1.4 数据探索
- 1.5 模型开发
- 1.6 模型应用

Python知识介绍
- 第2章 初识Python
- 第3章 NumPy数组与矩阵
- 第4章 Pandas数据分析
- 第5章 Scikit-Learn数据挖掘
  - 5.1 机器学习问题
  - 5.2 机器学习的基本流程
  - 5.3 数据处理
  - 5.4 特征选择
  - 5.5 模型调用
  - 5.6 模型参数说明
  - 5.7 交叉验证
  - 5.8 模型部署
- 第6章 数据可视化

数据分析操作
- 第7章 数据导入与导出
  - 7.1 连接数据库
  - 7.2 读取外部数据
  - 7.3 导出数据
- 第8章 数据预处理
  - 8.1 数据去重
  - 8.2 缺失值处理
  - 8.3 变量操作
  - 8.4 样本选择
  - 8.5 数据集操作
- 第9章 数据探索
  - 9.1 集中趋势
  - 9.2 离散程度
  - 9.3 分布状态
  - 9.4 相关分析

模型与案例
- 第10章 线性回归分析——波士顿房价预测
- 第11章 Logistic回归分析——泰坦尼克生存预测
- 第12章 决策树——金融产品推荐
- 第13章 主成分分析——数据降维
- 第14章 聚类分析——客户群聚类分析
- 第15章 时间序列分析——大气二氧化碳浓度预测

作者介绍

尚涛，毕业于上海交通大学数学系，拥有数学硕士学位，研究方向为数据挖掘与机器学习应用领域，曾任职于支付宝、平安科技、易方达基金。现任职于南方基金，专注于信用风险评分、精准营销、推荐系统等领域数据挖掘项目的研发工作，拥有超过 10 年的数据挖掘和优化建模经验，以及多年使用 SAS、R、Python 等软件的经验。在从业经历中，为所在公司的业务方成功实施了众多深受好评的数据挖掘项目，取得了较好的业务价值。

本书读者对象

- 数据分析师
- 数据挖掘工程师
- 机器学习工程师
- 风险分析师
- 运营分析人员
- 想从事数据挖掘工作的各大中专院校的学生
- 其他对数据挖掘技术领域有兴趣爱好的各类人员

目录
Contents

第一章
数据分析方法

数据分析即从数据、信息到知识的过程，数据分析需要数学理论、行业经验以及计算机工具三者结合，随着计算机技术的发展和数据分析理论的更新，当前的数据分析逐步成为机器语言、统计知识两个学科的交集，本章向读者介绍数据分析的基本方法，以便在实施数据分析项目时有一个方法论作为指导，从而达到事半功倍的效果。

1.1 什么是数据分析

根据百度百科的定义，数据分析是指用适当的统计分析方法，对收集来的大量数据加以详细研究和概括总结，以提取有用信息和形成结论。数据分析是通过多步骤的相互连接、反复交互，从海量数据中抽取有效的、新颖的、有用的，以及可理解的模式和知识的一个高级处理过程。

- 有效的：可以推广到相似应用的。
- 新颖的：我们所不知道的，潜在的。
- 有用的：能够给业务带来价值的。
- 可理解的：业务上可以解释或理解的。

这里需要特别强调的是，数据分析需要数学理论、行业经验以及计算机工具三者的相互结合，它并不是：

- 强行运算处理海量数据以发现模式，解决业务问题；
- 盲目地套用算法，认为算法能够自动地发现新的知识；
- 得出并不存在的业务关系；
- 用不同的方式来展示数据；
- 对数据库中数据的深加工过程。

如数据分析的定义所述，从本质上来讲，数据分析是：

- 一个多步骤的处理过程；
- 需要与本质上能够被预测或描述的特殊业务问题相契合；
- 一套用于发现、解释数据的未知模式的方法和技术集；
- 一项需要不同领域人员合作的工作，包括业务人员、分析人员及技术人员。

随着计算机科学的进步以及大数据时代的到来，数据挖掘、商务智能、机器学习、人工智能等概念的出现，数据分析的手段和方法变得更加丰富，更加有利于人们从数据中发现有价值的信息，帮助人们做出判断，以便采取适当的行动。

1.2 数据分析标准流程

CRISP-DM 方法论（Cross-Industry Standard Process for Data Mining，跨行业数据挖掘标准流程）是 NCR、SPSS、Daimler-Benz 等全球企业一起开发出来的数据挖掘方法论，它没有特定的工具限制，也没有特定的领域局限，是适用于所有行业的标准方法论。相对于现存的其他数据挖掘方法论，CRISP-DM 方法论更具优越性，因而被广泛地采用。

在数据分析项目中应用CRISP-DM指导方针会起到很大的作用，它能引导一个成功的数据分析项目，如果不按照此方法论的指导，我们可能会掉入完全依赖技术的陷阱，如盲目使用算法、数学模型。其实对于数据分析挖掘而言，算法或者模型只是实现的手段和工具，我们不创造算法，我们关注的是如何使用算法解决业务问题，所以在实施数据分析项目时，务必按照CRISP-DM方法论的指导来实施落地。

CRISP-DM方法论把数据分析的实践过程定义为六个标准阶段，分别是商业理解、数据理解、数据准备、建立模型、模型评估和结果部署，图1.1描述了数据挖掘的基本过程和主要步骤。

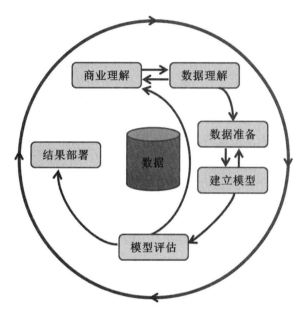

图 1.1 CRISP-DM 方法论流程

1.2.1 商业理解

商业理解是明确要达到的业务目标，并将其转化为数据分析的主题，要从商业角度对业务部门的需求进行理解，并把业务需求的理解转化为数据分析的定义，拟订达成业务目标的初步方案。商业理解具体包括业务背景分析、业务成功标准的确定、形势评估、获得资源清单、获得业务的要求和设想、评估成本和收益、评估风险和意外、初步理解行业术语，并确定数据分析的目标和制订数据分析的计划。

1.2.2 数据理解

数据理解阶段的首要任务是确保数据是可获得和可利用的，否则数据分析项目是无法推进下去的，具体包括以下内容。

1. 收集原始数据

现有数据的收集：包括各种各样的数据，如事务数据、调查数据、网络日志等，并且我们需要考虑现有的数据是否足够满足数据分析的需求。

购买外部的数据：判断是否需要使用外部补充数据，例如人口统计数据等。如果没有外部数据，需要考虑是否购买此类数据。

其他数据：如果以上现有数据和外部购买的数据均不符合业务需要，则可能需要通过调研或者跟踪其他客户行为，来补充现有的数据内容。

2. 描述数据

描述数据的方法有很多，但大多数的描述都侧重于数据的数量和质量，有多少数据可用以及数据的基本条件，下面列出了一些关键字描述数据时要处理的特征。

● 第一是数据量。对于大多数数据分析技术而言，都需要对数据大小进行权衡，大型数据集可以生成更精确的模型，但是处理大型数据集同样需要更多的时间，所以需要考虑是否有可能使用大型数据集的子集。

● 第二是数据类型。数据可以采用多种格式，如数字、字符串或布尔值（真 / 假），关注数据类型可以避免后续建模过程中出现问题。

● 第三是编码方案。通常数据库中的值是特征的表示，比如性别或产品类型，一个数据集可以使用 m 和 f 来表示男性和女性，而另一个数据集可能使用数值 0 和 1 来表示男性和女性，需要特别注意任何数据表中字段含义的冲突。

3. 对数据进行探索性分析

这一阶段，可以使用图表和其他可视化工具来探索数据，这样的分析有助于实现数据挖掘的目标。

这里需要特别注意的是，数据几乎没有完美的，大多数数据都包含代码错误、缺失值或其他类型不一致的现象，在进行建模前需要对可用的数据进行全面的质量分析。

4. 数据是否覆盖相关的特征

通过选择最能代表将要分析的环境或行为的数据进入数据分析的范围之内，以确保项目的成功，同时也要考虑是否需要排除部分数据子集。如果某个给定的属性或者客户群不在客户分析的目标之中，则需要排除在外。

5. 检查数据质量

为了防止出现问题，需要评估数据的质量，比如以下这些情况，都需要我们仔细检查数据的质量，排除这些数据问题。

● 属性的名字和它们所包含的值是否一致。

● 是否有属性遗失。

● 是否有空白区。

- 检查值的多个拼写以避免重复。

- 寻找偏离和确定原因。

- 检查每个属性的取值是否与业务常识违背。

- 排除那些不相关的数据。

6. 产生数据质量报告，检查潜在的数据错误

1.2.3 数据准备

数据准备是将前面找到的数据进行变换、组合，建立符合数据挖掘工具软件要求的格式和内容的宽表，数据准备阶段要从原始数据中形成作为建模分析对象的最终数据集。数据准备阶段的具体工作主要包括数据制表、记录处理、变量选择、数据转换、数据格式化和数据清洗等，各项工作并不需要预先规定好执行顺序，而且数据准备工作还有可能多次执行。

1. 描述数据质量

为了确保可靠的分析结果，需要花时间来解决所有数据问题，内容可能包括：

- 处理噪声数据。

- 指出特定值和它们的意义。有一个例子是，当一个问题没有被回答或者当数据由于空间的考虑而被截短时，可能会被默认为某一特定值。

- 某些字段可能与目标不相关，也不需要被清除。对那些字段采取跟踪行为或不跟踪，因为可能会在后来的过程中决定用它们。

2. 选择一个灵活的数据重构工具

确保选择的数据挖掘工具能够根据项目需要来构建数据集，此工具应该允许灵活增加所需的新字段。要记住数据挖掘是一项发现驱动型的过程，之前是不可能知道数据会带你走到哪里的。

3. 决定是否产生衍生变量

由于下面的一些原因，可能要产生衍生属性。

- 尽管一些变量当前不存在，但它们是非常重要的，比如某种行为的变化趋势、变量比值等信息，需要通过衍生变量提取出来。

- 模型运算法则仅仅处理某种数据类型，因此，如果不重新生成变量的话，其不能被包括进去，比如一些字符型变量，需要衍生为数值型变量。

- 模型结果显示相关事实没有被提出，所以需要把这些信息提取出来。

4. 通过合并数据来增强信息

当加入新的表来增强信息时，可能也会产生新的字段、汇总值，也可能要从非电子数据源（纸张报告、专家意见等）获得数据。

5. 判断数据挖掘工具是否要求数据呈特定的顺序

在此阶段，如果数据挖掘工具要求数据集呈特定的顺序，则可能需要处理数据子集。

6. 检查数据是否应该被平衡

检查模型技术是否需要平衡数据，比如邮件促销经常返回的反应信息是偏向"无反应"的，某些模型技术在进行预测时，会得出一个较高的模型准确性，然而此时，为了准确地预测正向反应，可能要求我们对数据进行再平衡，使得正反数据大致相等。

1.2.4　模型开发

建立模型是应用软件工具（软件工具有多种，比如 SPSS、SAS、R、Python 等，本书使用 Python 进行数据分析建模），选择合适的建模方法，处理准备好的数据宽表，找出数据中隐藏的规律。在建立模型阶段，将选择和使用各种建模方法，并将模型参数进行优化。对同样的业务问题和数据准备，可能有多种数据挖掘技术方法可供选用，此时可选择使用提升度高、置信度高、简单而易于总结业务规则和建议的数据挖掘技术方法。另外，需要我们重视的是在建模过程中，还可能会发现一些潜在的数据问题，要求回到数据准备阶段。建立模型阶段的具体工作包括：选择合适的建模技术、进行检验设计、建造模型。

（1）模型构建前的检测。在产生模型前，需要检测将要使用模型的质量和正确性，需要一个包含训练测试、测试和确认的检测设计，然后构建训练的模型，用测试数据子集评估所建模型的有效性。

（2）利用建模工具构建一个模型，并撰写模型结果，评估模型的准确性、有效性和潜在的缺点。模型开发完成后，需要我们撰写一份详细的模型报告，报告中列出产生的规则、所用的参数设置、模型技术行为和解释，以及任何有关数据显示模式的结论。

（3）模型构建后的检查，确保模型得出有助于达到数据挖掘目标的结果。

（4）试用几种模型以得到正确的拟合结果。

为了改善模型性能，可以试着增加或删除数据变量，或用可选变量来实验，虽然每个模型可能有轻微的差别，但是也要尝试使用不同方法来找到所有的相关模式。

1.2.5　模型评估

模型评估是从业务角度和统计角度进行模型结论的评估，要求检查建模的整个过程，以确保模型没有重大错误，并检查是否遗漏重要的业务问题。当模型评估阶段结束时，应对数据挖掘结果的发布计划达成一致。

1.2.6　模型部署

模型部署即模型发布。建立模型本身并不是数据挖掘的目标，虽然模型使数据背后隐藏的信息和知识显现出来，但数据挖掘的根本目标是将信息和知识以某种方式组织和呈现出来，并用来改善运营和提高效率。当然，在实际的数据挖掘工作中，根据不同的企业业务需求，模型部署的具体工作可能简单到提交数据挖掘报告，也可能复杂到将模型集成到企业的核心运营系统中去。

1.3　数据清洗

数据收集的方法多种多样，比如从数据中心获取，从外部厂商获取等，我们不再详述。在对收集的数据进行分析前，要明确数据类型、规模，对数据有初步理解，同时要对数据中的"噪声"进行处理，以支持后续数据的分析建模。数据清洗一般包括如下内容：

- 异常值判别；
- 缺失值处理；
- 数据分布分析。

1.3.1　异常值判别

数据清洗的第一步是识别会影响分析结果的"异常"数据，然后判断是否剔除，目前常用的识别异常数据的方法有物理判别法和统计判别法。

- 物理判别法：根据人们对客观事物、业务等已有的认识，判别由于外界干扰、人为误差等原因造成的实测数据偏离正常结果，判断异常值；
- 统计判别法：给定一个置信概率，并确定一个置信限，凡超过此限的误差，就认为它不属于随机误差范围，将其视为异常值。常用的方法主要有拉依达准则、肖维勒准则、格拉布斯准则、狄克逊准则、t 检验等。

1.3.2　缺失值处理

在数据缺失严重时，会对分析结果造成较大影响，因此对剔除的异常值和缺失值，要采用合理的方法进行填补，常见的方法有平均值填充、K 最近邻法、回归法、极大似然估计法等。

- 平均值填充：取所有对象（或与该对象具有相同决策属性值的对象）的平均值来填充该缺失的属性值。
- K 最近邻法：先根据欧式距离或相关分析确定距离缺失数据样本最近的 K 个样本，将这 K 个值加权平均来估计缺失数据值。
- 回归法：基于完整的数据集，建立回归方程（模型），对于包含空值的对象，将已知属性值代入方程来估计未知属性值，以此估计值来进行填充，但当变量不是线性相关或预测变量高度相关时会导致估计偏差。

随着数据量的增大，异常值和缺失值对整体分析结果的影响会逐渐变小，因此在"大数据"模式下，数据清洗可忽略异常值和缺失值的影响，而侧重对数据结构合理性的分析。

1.3.3　数据分布分析

数据分布分析主要是指统计学中通过对属性的分布状况进行分析来发现问题的一种方法，比如利用直方图来查看数据的分布情况，确定数据是否有异常分布的情况等。

数据分布分析分为定量数据的分析和定性数据的分析，对于定量数据，可以用频率分布表、频率分布直方图显示分布特征；对于定性数据，可用饼状图和条形图显示数据分布情况。

在后续章节中会详细讲述有关数据分布分析的相关内容，在此不再赘述。

1.4　数据探索

通过数据探索，初步发现数据特征、规律，为后续数据建模提供输入依据。常见的数据探索方法有数据特征描述、相关性分析、主成分分析、数据转换等，数据探索要遵循由浅入深、由易到难的步骤。

1.4.1　数据特征描述

数据特征描述就是研究数据的分布特征和分布类型，分为定量数据和定性数据，用以区分基本统计量。定量数据主要是了解其分布形式，对称或者非对称，发现某些特大或特小的异常值，可通过绘制散点图、频率分布直方图、茎叶图直观地分析；定性数据可用饼状图或和条形图直观地显示分布情况。

对于数据特征描述，主要涉及使用如下统计量进行描述，在后续的章节中都有所涉及，主要分为数据的中心位置、分散程度和图形特征。

（1）中心位置。

● 众数。

● 分位数。

● 均值。

（2）分散程度。

● 方差。

● 标准差。

● 极差。

- 标准分数。
- 离散系数。

（3）图形特征。

- 偏度：数据分布偏斜程度的测度。
- 峰度：数据分布扁平程度的测度。

1.4.2 相关性分析

用于分析的多个变量间可能会存在较多的信息重复，若直接用来分析，会导致模型复杂，同时可能会引起模型较大误差，因此要探索数据间的相关性，剔除重复因素。相关系数是考察变量之间相关程度的变量，相关性分析是优化数据结构的基础，图 1.2 展示了变量之间的相关程度。

图 1.2 相关程度

1.4.3 主成分分析

主成分分析（Principal Component Analysis，PCA）是一种统计方法，其通过正交变换将一组可能存在相关性的变量转换为一组线性不相关的变量，转换后的这组变量叫主成分。根据上述定义可知，主成分分析法旨在从原始变量中导出少数几个主分量，使其尽可能多地保留原始变量的信息，且彼此间互不相关。

主成分分析法常用来对数据进行压缩和解释，即常被用来寻找和简化判断事物或现象的综合指标，并对综合指标所包含的信息进行适当的解释，在后续章节中我们会通过实际案例来展示如何利用主成分分析法来进行数据降维。

1.4.4 数据转换

数据转换或统一成适合于数据挖掘的形式，通常的做法有数据泛化、标准化、特征构造等，下面详细介绍数据标准化的方法，即统一数据的量纲及数量级，将数据处理为统一基准的方法。

数据转换的方法很多，比如直线法、曲线法等，各方法都有优缺点，要根据客观事物的特征及所选用的分析方法来确定，如聚类分析、关联分析等常用直线法，且聚类分析必须满足无量纲标准，而综合评价法则使用折线和曲线方法较多。

1. 极值法

极值法即通过将属性数据按照比例缩放，使之落入一个小的特定区间，如 [-1,+1]、[0,1] 等，以进一步分析数据的属性。一般情况下，极值法有三种计算方法：

$$x_i' = \frac{x_i}{\max(x)}$$

$$x_i' = \frac{\max(x) - x_i}{\max(x)}$$

$$x_i' = \frac{x_i - \min(x)}{\max(x) - \min(x)}$$

2. Z-score 法

Z-score 法也叫标准分数法，是一个数与平均数的差再除以标准差的过程，它能够真实地表现出一个分数距离平均数的相对标准距离。如果我们把每一个分数都转换成 Z-score，那么每一个 Z-score 会以标准差为单位表示一个具体分数到平均数的距离或离差，Z-score 的计算公式如下所示。

$$Z = \frac{x - \mu}{\sigma}$$

其中，μ 为总体平均值，$x - \mu$ 为离均差，σ 表示总体标准偏差。

3. 折线法

某些数据在不同值范围内，采用不同的标准化方法，通常用于综合评价，其计算公式如下所示。

$$x_i' = \begin{cases} 0, x_i < a \\ \dfrac{x_i - a}{b - a}, a \leqslant x_i < b \\ 1, x_i \geqslant b \end{cases}$$

1.5 模型开发

数据探索结束之后，就进入了模型开发阶段。模型开发需要综合考虑业务需求精度、数据情况、花费成本等因素，选择最合适的模型。

在具体实践中对于一个分析项目，往往运用多个模型，然后通过后续的模型评估进行优化、调整，以寻求最合适的模型。通常数据挖掘人员会使用默认参数运行多个模型，然后再对这些参数进行微调或回到数据准备阶段以便执行所选模型所需的操作。仅使用一个模型且仅执行一次操作就能圆满地解答组织的数据挖掘问题，这样的情况几乎是不存在的。

在整个分析建模过程中，我们需要把握两个方面的评估，一是建模过程的评估，二是模型结果的评估。

1. 建模过程的评估

在建模过程中，我们需要对模型的精度、准确性、效率和通用性进行评估，这里需要读者特别注意的是需要根据具体情况来确定模型的评估指标，而不是只考虑某一个指标，需要对模型进行综合评估。比如风险控制中的欺诈交易、盗卡案件等，实际风险案件可能仅仅占正常交易的很小一部分，如果需要创建一个分类模型，可以很容易地获得 99% 的模型分类准确率，其实简单研究一下就能发现建模数据集中的 99% 以上样本都属于正常交易，仅有少于 1% 的交易属于风险交易，这种严重不平衡的数据集就会导致看似模型的准确率很高，其实本质是因为数据不平衡，所以必须选择其他指标对模型进行评估，比如使用召回率、F1（准确率和召回率的调和平均值）或者 ROC（受试者工作特征）曲线来评估模型的性能。

2. 模型结果的评估

模型结果的评估主要涉及是否有遗漏的业务，模型结果是否回答了当初的业务问题，所选择的变量是否与业务逻辑一致，总之，模型结果需要结合业务专家的意见进行综合评估。

1.6　模型应用

对于技术开发人员来说，一定要记住建立模型本身并不是数据挖掘的最终目标，数据挖掘的最终目标是将信息和知识以某种方式组织和呈现出来，为业务运营提供有效的策略，并带来显著的业务价值。所以我们的终极目标是为业务运营提供有价值的策略。

在模型应用阶段，主要涉及两个问题，一是如何将模型结果应用到业务，二是业务应用后的效果如何及时跟踪并反馈给模型。

1. 模型结果应用

如上所述，开发出模型本身并不是数据挖掘的最终目标，需要将模型结果应用于业务实践，才能实现数据分析的真正价值，从而解决业务问题和产生商业价值。

2. 模型改进

模型结果应用到业务之后，整个数据挖掘项目并没有结束，因为整个市场环境是动态变化的，模型也需要根据市场环境和人群变化与时俱进，所以必须对模型应用效果进行及时的跟踪和反馈，以便后期模型的调整和优化。

模型的首次应用不是结束，而是开始，是模型自学习迭代的开始，对于营销模型来说，需要逐步形成"营销方案策划→目标人群定位→营销方案实施→营销效果评估→模型自我优化→营销知识积累"的闭环体系，其他业务场景同样适用。

第二章
初识Python

Python 是一种解释型、面向对象、动态数据类型的高级程序设计语言，在数据分析、科学计算、机器学习和数据挖掘领域，有很多优秀的 Python 工具包可供我们使用，能使数据分析工作达到事半功倍的效果。本章主要介绍 Python 基本知识以及比较常用的 Python 工具包。

2.1　Python 基本概述

　　Python 的创始人为荷兰人 Guido van Rossum。1989 年圣诞节期间，在阿姆斯特丹的 Guido 为了打发圣诞节的无趣时光，决心开发一个新的脚本解释程序，作为 ABC 语言的一种继承，之所以选中"Python"（大蟒蛇的意思）作为该编程语言的名字，是取自英国 20 世纪 70 年代首播的电视喜剧《蒙提·派森的飞行马戏团》（*Monty Python's Flying Circus*）的剧名。

　　就这样，Python 在 Guido 手中诞生了。可以说，Python 是从 ABC 发展起来的，主要受到了 Modula-3（为小型团体所设计的另一种相当优美且强大的语言）的影响，并且结合了 UNIX shell 和 C 的习惯。

　　目前，Python 已经成为最受欢迎的程序设计语言之一，2004 年以后，Python 的使用率呈线性增长，Python 2 于 2000 年 10 月 16 日发布，稳定版本是 Python 2.7，Python 3 于 2008 年 12 月 3 日发布，不完全兼容 Python 2。这里需要读者注意的是，目前的最新版本是 Python 3，Python 2 在 2020 年之后将不再维护。2011 年 1 月，Python 被 TIOBE 编程语言排行榜评为 2010 年度语言。

　　Python 是一个高层次地结合了解释性、编译性、互动性和面向对象的脚本语言，其设计具有很强的可读性。相比其他编程语言，Python 具有如下特点。

　　● 简单易学：Python 有相对较少的关键字，结构简单，还有一个明确定义的语法，学习起来更加简单。

　　● 易于阅读维护：Python 代码定义得更清晰，便于阅读维护。

　　● 跨平台移植：基于其开放源代码的特性，Python 已经被移植到许多平台，比如包括 Linux、Windows 等。

　　● 可扩展：如果需要一段运行很快的关键代码，或者想编写一些不愿开放的算法，可以使用 C 或 C++ 完成那部分程序，然后从 Python 程序中调用。

　　● GUI 编程：Python 支持 GUI 编程，其开发的图形界面接口可以在许多系统中进行调用。

　　● 可嵌入：可以将 Python 嵌入 C/C++ 程序，让用户获得"脚本化"的能力。

　　● 开源免费：Python 是 FLOSS（自由 / 开放源码软件）之一，简单的理解就是，用户使用 Python 进行开发和发布自己编写的程序，不需要支付任何费用，也不用担心版权问题，即使作为商业用途，Python 也是免费的。

　　Python 语言具有那么多的优点，那么 Python 语言在最近的编程语言中的地位如何呢？我们从 TIOBE 官网发布的 2019 年 10 月编程语言排行榜中可以获知大概情况。如图 2.1 所示，从排行榜上看，目前 Java、C、Python 位居前三，回首 2019 年的排名，在所有编程语言中，Python 上升明显。近 20 年来，Java、C 和 C++ 一直排在前三名，远远领先于其他编程语言，现在 Python 正在加入排行榜的前列，它是目前大学里最常用的编程语言，在统计领域排名第一，在许多软件开发领域，包括脚本和进程自动化、网站开发及通用应用程序等方面，Python 越来越受欢迎，而且随着人工智能的发展，Python 成了机器学习的首选编程语言。

Nov 2019	Nov 2018	Change	Programming Language	Ratings	Change
1	1		Java	16.246%	-0.50%
2	2		C	16.037%	+1.64%
3	4	^	Python	9.842%	+2.16%
4	3	v	C++	5.605%	-2.68%
5	6	^	C#	4.316%	+0.36%
6	5	v	Visual Basic .NET	4.229%	-2.26%
7	7		JavaScript	1.929%	-0.73%
8	8		PHP	1.720%	-0.66%
9	9		SQL	1.690%	-0.15%
10	12	^	Swift	1.653%	+0.20%
11	16	^	Ruby	1.261%	+0.17%
12	11	v	Objective-C	1.195%	-0.28%
13	13		Delphi/Object Pascal	1.142%	-0.28%
14	25	^	Groovy	1.099%	+0.50%
15	15		Assembly language	1.022%	-0.09%
16	14	v	R	0.980%	-0.43%
17	20	^	Visual Basic	0.957%	+0.10%
18	23	^	D	0.927%	+0.25%
19	17	v	MATLAB	0.890%	-0.14%
20	10	v	Go	0.853%	-0.64%

图 2.1　2019 年 10 月 TIOBE 最佳编程语言排名

2.2　Python 编程语法基础

2.2.1　变量类型

无论使用什么语言编程，其最终目的都是对数据进行处理。在编程过程中，为了处理数据更加方便，通常会将程序存储在变量中，这就意味着在创建变量时会在内存中开辟一个空间。基于变量的数据类型，解释器会分配指定内存，并决定什么数据可以被存储在内存中，因此，变量可以指定不同的数据类型，这些变量可以存储整数、小数或字符。

在 Python 中，数据类型较多，但是常用的数据类型有 6 种，分别是数字、字符串、列表、元组、字典和集合。

1. 数字

数字是不可改变的数据类型，这意味着改变数字数据类型会分配一个新的对象，当指定一个值时，Number 对象就会被创建，比如以下程序。

```
a = 111111        #定义变量 a，赋值为 111111
print(a)
print(type (a)) #返回变量的类型
```

运行上述程序，返回结果如下。

```
111111
<class 'int'>
```

Python 支持以下 4 种不同的数字类型。

- int：有符号整型；
- long：长整型；
- float：浮点型；
- complex：复数。

2. 字符串

字符串是由数字、字母、下画线组成的一串字符，在 Python 中，字符串必须使用引号括起来，可以使用单引号或者双引号，只要成对即可，字符串中的内容几乎可以包含任何字符，英文字符也行，中文字符也行。

比如以下程序。

```
str1 = '1235abcde'
str2 = "学习 Python 语言 "
print(str1)
print(str2)
print(type (str1))
print(type (str2))
```

运行上述程序后，输出结果如下，str1 和 str2 均为字符串型变量。

```
1235abcde
学习 Python 语言
<class 'str'>
<class 'str'>
```

3. 列表

List（列表）是 Python 中使用最频繁的数据类型，列表可以完成大多数集合类的数据结构实现，它支持字符、数字、字符串甚至可以包含列表，列表用 "[ ]" 标识，是 python 最通用的复合数据类型。

```
list001 = [ 'python', 'pandas' ,'numpy' , 2019 , 20.05 ]
print(list001)
print(type (list001))
```

运行上述程序后，输出结果如下，list001 为列表型变量。

```
['python', 'pandas', 'numpy', 2019, 20.05]
<class 'list'>
```

4. 元组

元组是另一个数据类型，类似于 List（列表），元组用 "()" 标识，内部元素用逗号隔开，但是元组不能二次赋值，相当于只读列表。

```
tuple001 = ( 'scikit-learn', 'pandas' ,'numpy' , 2020 , 20.20 )
print(tuple001)
print(type (tuple001))
```

运行上述程序后，输出结果如下，tuple001 为元组型变量。

```
('scikit-learn', 'pandas', 'numpy', 2020, 20.20)
<class 'tuple'>
```

5. 字典

和列表相同，字典也是许多数据的集合，属于可变序列类型，不同之处在于，它是无序的可变序列，其保存的内容是以 "键值对" 的形式存放的。字典类型是 Python 中唯一的映射类型，"映射" 是数学中的术语，它指的是元素之间相互对应的关系，即通过一个元素，可以唯一找到另一个元素。字典中，习惯将各元素对应的索引称为键（key），各个键对应的元素称为值（value），键及其关联的值称为 "键值对"。

```
dict001 = {'province': ['beijing', 'beijing', 'beijing',
'shanghai', 'shanghai', 'shanghai'],
'year': [2000, 2001, 2002, 2001, 2002, 2003],
'gdp': [2.1, 2.9, 3.8, 2.3, 2.9, 3.7]}
print(dict001)
print(type (dict001))
```

运行上述程序后，输出结果如下，dict001 为字典型变量。

```
{'province': ['beijing', 'beijing', 'beijing', 'shanghai', 'shanghai', 'shanghai'],
'year': [2000, 2001, 2002, 2001, 2002, 2003], 'gdp': [2.1, 2.9, 3.8, 2.3, 2.9, 3.7]}
<class 'dict'>
```

6. 集合

在 Python 中的集合，和数学中的集合概念一样，用来保存不重复的元素，即集合中的元素都是唯一的，互不相同。从形式上看，和字典类似，Python 集合会将所有元素放在一对大括号"{}"中，相邻元素之间用"，"分隔，如下所示。

```
set001 = {'python','123abcde',2019,(0,1,2),20.19}
print(set001)
print(type (set001))
```

运行上述程序后，输出结果如下，set001 为集合型变量。

```
{'123abcde', 2019, (0, 1, 2), 'python', 20.19}
<class 'set'>
```

2.2.2　运算符

Python 语言支持以下类型的运算符，表 2.1 至表 2.7 给出了各个运算符的功能说明，我们将逐一介绍比较常见的几种运算符，并通过案例说明其用法。

- 算术运算符：用于两个对象算术运算（加减乘除等运算）。
- 比较（关系）运算符：用于两个对象比较（判断是否相等、大于等运算）。
- 赋值运算符：用于对象的赋值，将运算符右边的值（或计算结果）赋给运算符左边。
- 逻辑运算符：用于逻辑运算（与、或、非等）。
- 位运算符：对 Python 对象进行按照存储的 bit 操作。
- 成员运算符：判断一个对象是否包含另一个对象。
- 身份运算符：判断是不是引用自一个对象。

表 2.1　算术运算符

运算符	描述
+	加
−	减
*	乘
/	除
%	取模
**	幂
//	取整除

表 2.2　比较关系运算符

运算符	描述
==	等于，比较对象是否相等
!=	不等于，比较两个对象是否不相等
>	大于，返回 x 是否大于 y
<	小于，返回 x 是否小于 y
>=	大于等于，返回 x 是否大于等于 y
<=	小于等于，返回 x 是否小于等于 y

表 2.3　赋值运算符

运算符	描述
=	赋值运算符
+=	加法赋值运算符
−=	减法赋值运算符
*=	乘法赋值运算符
/=	除法赋值运算符
%=	取模赋值运算符
**=	幂赋值运算符
//=	取整除赋值运算符

表 2.4　逻辑运算符

运算符	描述
and	逻辑与
or	逻辑或
not	逻辑非

表2.5　位运算符

运算符	描述
&	按位与运算符
|	按位或运算符
^	按位异或运算符
~	按位取反运算符
<<	左移动运算符
>>	右移动运算符

表2.6　成员运算符

运算符	描述
in	如果在指定的序列中找到值，则返回 True，否则返回 False
not in	如果在指定的序列中没有找到值，则返回 True，否则返回 False

表2.7　身份运算符

运算符	描述
is	判断两个标识符是不是引用自一个对象
is not	判断两个标识符是不是引用自不同对象

上述表 2.1 至表 2.7 给出了七大类的运算符，需要注意的是，在使用这些运算符的时候，要特别注意运算符的优先级，所谓运算符的优先级，指的是在含有多个逻辑运算符的式子中，到底应该先计算哪一个，后计算哪一个，这与数学中四则运算应遵循"先乘除后加减"是一个道理。

Python 中运算符的运算规则是，优先级高的运算符先执行，优先级低的运算符后执行，同一优先级的运算符按照从左到右的顺序进行。

2.2.3　流程控制

Python 同样提供了现代编程语言都支持的两种基本流程控制结构：分支结构和循环结构。分支结构用于实现根据条件来选择性地执行某段代码；循环结构用于实现根据循环条件重复执行某段代码。

1. 条件语句

Python 条件语句是通过一条或多条语句的执行结果（True 或者 False）来决定执行的代码块。Python 编程中 if 语句用于控制程序的执行，基本形式如下。

```
if 判断条件:
    执行语句
else:
    执行语句
```

下面通过实例来说明条件语句的用法，代码如下所示。

```
score1 = int(input(" 数学分数: "))
score2 = int(input(" 语文分数: "))
if score1 >= 90:
    if score2 >= 90:
        print(" 优秀 ")
    else:
        print(" 良好 ")
else:
    if score2 >= 90:
        print(" 良好 ")
    else:
        print(" 不合格 ")
```

运行上述程序，结果如下所示。

```
数学分数: 70
语文分数: 65
不合格
```

2. 循环语句

Python 提供了 for 循环和 while 循环，while 循环是条件为真的时候重复执行一个代码块，当需要为一个集合的每一个元素执行一个代码块的时候就需要 for 循环，下面通过案例来说明用法。

比如，我们打印出所有 0 至 10 的奇数，代码如下所示。

```
n = 0
while n < 10:
    n = n + 1
    if n % 2 == 0:   # 如果 n 是偶数，执行 continue 语句
        continue
# continue 语句会直接继续下一轮循环，后续的 print() 语句不会执行
    print(n)
```

运行上述程序，结果如下。

```
1
3
5
7
```

下面介绍 for 循环的使用方法，比如打印出所有客户名称，代码如下所示。

```python
names = ['Abe', 'Tom', 'Lily']
for name in names:
    print(name)
```

运行上述程序，结果如下。

```
Abe
Tom
Lily
```

再比如计算 1 到 10 的自然数之和，代码如下所示。

```python
sum = 0
for x in [1, 2, 3, 4, 5, 6, 7, 8, 9, 10]:
    sum = sum + x
print(sum)
```

运行上述程序，结果如下。

```
55
```

2.2.4　函数

在 Python 中，函数的应用非常广泛，前面的内容中我们已经接触过了 Python 函数，比如 input、print 函数等，这些都是 Python 的内置函数，可以直接使用。

除可以直接使用的内置函数外，Python 还支持自定义函数，即将一段有规律的、可重复使用的代码定义成函数，从而达到一次编写、多次调用的目的，所以下面我们讲述自定义函数。

定义函数，也就是创建一个函数，可以理解为创建一个具有某些用途的工具，定义函数需要用 def 关键字实现，具体的语法格式如下：

```python
def functionname( parameters ):
    function_suite
    return [expression]
```

函数的定义主要有如下要点。

● def：表示函数的关键字。

● 函数名 functionname：函数的名称，日后根据函数名调用函数。

● 函数体 function_suite：在函数中进行一系列的逻辑计算。

● 参数：为函数体提供数据。

● 返回值 expression：当函数执行完毕后，可以给调用者返回数据。

下面我们通过实际案例来说明如何定义函数，比如我们根据年龄来判断是否成年，具体代码如下。

```
def judge_person(age):
    if age < 18:
        print("teenager")
    else:
        print("adult")
```

使用时直接调用函数即可，比如：

```
judge_person(22)
```

运行程序后的结果如下。

```
adult
```

当然，也可以传递多个参数，比如计算两个数值中的最大值。

```
def MaxNum(x, y) :
    # 定义一个变量 z，该变量等于 x、y 中较大的值
    z = x if x > y else y
    # 返回变量 z 的值
    return z
```

使用时直接调用函数即可，比如：

```
MaxNum(14,59)
```

运行上述程序，结果如下所示。

```
59
```

2.3 数据分析常用 Python 库

根据第一章有关数据分析方法论的介绍，可知整个数据分析项目需要按照 CRISP-DM 方法论展开，共计分为六个标准阶段，分别是商业理解、数据理解、数据准备、建立模型、模型评估和模型发布，所以在一个完整的数据分析项目实施的过程中，一般会涉及如下一些 Python 库。比如在数据理解和数据准备阶段，我们需要用到 NumPy、SciPy 和 Pandas 工具箱对数据进行整合、清洗、分析，在数据探索、数据分析阶段，我们会使用 Pandas 和 Matplotlib 工具箱进行数据分析和可视化图形的制作，在数据分析挖掘阶段，我们又会使用 Statsmodels 统计分析库和 Scikit-Learn 数据挖掘库，进行模型分析和建设。表 2.8 中给出了在数据分析项目中最常见的 Python 库，均需要我们一并掌握。

表 2.8　常见 Python 工具箱

数据分析阶段	库名	功能说明
数据理解、准备阶段	NumPy	科学计算基础库
	SciPy	科学计算库
	Pandas	数据分析库
	Matplotlib	数据可视化库
模型建设、评估和发布阶段	StatsModels	统计分析库
	Scikit-Learn	机器学习库

2.4　第三方 Python 库介绍

2.4.1　NumPy 库

NumPy 几乎是一个无法回避的科学计算工具包，最常用的也许是它的 N 维数组对象，其他还包括一些成熟的函数库，用于整合 C/C++ 和 Fortran 代码的工具包、线性代数、傅立叶变换和随机数生成函数等。NumPy 提供了 ndarray（N 维数组对象）和 ufunc（通用函数对象）两种基本的对象，ndarray 是存储单一数据类型的多维数组，而 ufunc 则是能够对数组进行处理的函数。

在后续章节中，我们会对 NumPy 工具包进行详细的介绍，在此不再赘述。

2.4.2　SciPy 库

SciPy 是一个开源的 Python 算法库和数学工具包，SciPy 包含的模块有最优化、线性代数、积分、插值、特殊函数、快速傅立叶变换、信号处理和图像处理、常微分方程求解和其他科学与工程中常用的计算，其功能与软件 MATLAB 类似，NumPy 和 SciPy 常常结合着使用，Python 大多数机器学习库都依赖于这两个模块。

2.4.3　Pandas 库

Pandas 也是基于 NumPy 和 Matplotlib 开发的，主要用于数据分析和数据可视化，它的数据结构 DataFrame 和 R 语言里的数据框很像，特别是对于时间序列数据有自己的一套分析机制，在后续的章节中会单独介绍 Pandas 工具包的用法。

2.4.4 Matplotlib 库

Matplotlib 是 Python 最著名的绘图库，它提供了一整套和 Matlab 相似的命令 API，十分适合交互式制图，而且也可以方便地将它作为绘图控件，嵌入 GUI 应用程序中。Matplotlib 可以配合 ipython 使用，提供不亚于 Matlab 的绘图功能支持。

2.4.5 Seaborn 库

Seaborn 是基于 Matplotlib 的 Python 可视化库，它提供了一个高级界面来绘制有吸引力的统计图形，可以使得数据可视化更加的方便、美观。

Seaborn 是在 Matplotlib 的基础上进行了更高级的 API 封装，从而使作图更加容易，在大多数情况下使用 Seaborn 能做出很具有吸引力的图。而使用 Matplotlib 就能制作具有更多特色的图，应该把 Seaborn 视为 Matplotlib 的补充，而不是替代物，同时 Seaborn 能高度兼容 NumPy 与 Pandas 数据结构，以及 SciPy 与 StatsModels 等统计模式。

在后续章节中，我们也会详细介绍 Seaborn 库的绘制方法。

2.4.6 StatsModels 库

StatsModels 是一个 Python 模块，它提供对许多不同统计模型估计的类和函数，并且可以进行统计测试和统计数据的探索。

相比于 Pandas 着眼于数据的读取、处理和探索，StatsModels 则更加注重数据的统计建模分析，它使得 Python 有了 R 语言的味道。StatsModels 支持与 Pandas 进行数据交互，因此它与 Pandas 结合，成为了 Python 下强大的数据分析工具组合。

在后续的章节中，我们也会调用 StatsModels 模块的函数进行数据挖掘分析工作。

2.4.7 Scikit-Learn 库

Scikit-Learn 是一个基于 NumPy、SciPy、Matplotlib 的开源机器学习工具包，主要涵盖分类、回归和聚类算法，例如线性回归、逻辑回归、支持向量机、朴素贝叶斯、随机森林、K-means 等算法。Scikit-Learn 最大的特点就是为用户提供各种机器学习的算法接口，可以让用户简单、高效地进行数据挖掘和数据分析。

第三章
NumPy数组与矩阵

NumPy 的前身 Numeric 最早是由 Jim Hugunin 与其他协作者共同开发的。2005 年，Travis Oliphant 在 Numeric 中结合了另一个同性质的程序库 Numarray 的特色，并加入了其他扩展而开发了 NumPy，NumPy 为开放源代码并且由许多协作者共同开发维护。

NumPy 是 Python 语言的一个扩展程序库，支持大量的维度数组与矩阵运算，此外也针对数组运算提供大量的数学函数库。NumPy 是一个运行速度非常快的数学库，主要用于数组计算，包含：

- 一个强大的 N 维数组对象 ndarray；
- 广播功能函数；
- 整合 C/C++/Fortran 代码的工具；
- 线性代数、傅立叶变换、随机数生成等功能。

3.1　ndarray 对象

NumPy 最重要的一个特点是其 N 维数组对象 ndarray，它是一系列同类型数据的集合，以 0 下标为开始进行集合中元素的索引。ndarray 内部由以下内容组成：

● 一个指向数据（内存或内存映射文件中的一块数据）的指针；

● 数据类型或 dtype，描述在数组中的固定大小值的格子；

● 一个表示数组形状（shape）的元组，表示各维度大小的元组；

● 一个跨度元组（stride），其中的整数指的是为了前进到当前维度的下一个元素需要"跨过"的字节数。

本节介绍最常用的数组创建函数 array，创建一个 ndarray 只需调用 NumPy 的 array 函数即可，其语法结构如下所示，表 3.1 给出了语法结构说明。

```
numpy.array(object,
dtype = None,
copy = True,
order = None,
subok = False,
ndmin = 0)
```

表 3.1　参数说明

名称	描述
object	数组或嵌套的数列
dtype	数组元素的数据类型，可选
copy	对象是否需要复制，可选
order	创建数组的样式，C 为行方向，F 为列方向，A 为任意方向（默认）
subok	默认返回一个与基类类型一致的数组
ndmin	指定生成数组的最小维度

接下来，通过实例帮助大家更好地理解如何创建数组对象，比如创建一个一维数组，代码如下所示。

```
import numpy as np
a = np.array([1,2,3,4,5])
a
```

输出结果如下：

```
array([1, 2, 3, 4, 5])
```

再比如，继续创建一个二维数组，代码如下所示。

```
data1 = [[1, 2, 3, 4, 5], [ 6, 7, 8, 9, 10]]
b = np.array(data1)
b
```

输出结果如下：

```
array([[ 1,  2,  3,  4,  5],
       [ 6,  7,  8,  9, 10]])
```

当然，我们可以查看数组的维度，直接调用 ndim 属性即可，在后续章节中会详细介绍数组的属性。

```
b.ndim
```

输出如下：

```
2
```

3.2　数据类型

NumPy 支持的数据类型比 Python 内置的类型要多很多，其中部分类型对应为 Python 内置的类型，表 3.2 列举了常用 NumPy 基本类型。

表 3.2　基本类型描述

名称	描述
bool_	布尔型数据类型（True 或者 False）
int_	默认的整数类型（类似于 C 语言中的 long，int32 或 int64）
intc	与 C 的 int 类型一样，一般是 int32 或 int 64
intp	用于索引的整数类型（类似于 C 的 ssize_t，一般情况下仍然是 int32 或 int64）
int8	字节（−128 to 127）
int16	整数（−32768 to 32767）
int32	整数（−2147483648 to 2147483647）
int64	整数（−9223372036854775808 to 9223372036854775807）
uint8	无符号整数（0 to 255）
uint16	无符号整数（0 to 65535）

续表

名称	描述
uint32	无符号整数（0 to 4294967295）
uint64	无符号整数（0 to 18446744073709551615）
float_	float64 类型的简写
float16	半精度浮点数，包括：1 个符号位，5 个指数位，10 个尾数位
float32	单精度浮点数，包括：1 个符号位，8 个指数位，23 个尾数位
float64	双精度浮点数，包括：1 个符号位，11 个指数位，52 个尾数位
complex_	complex128 类型的简写，即 128 位复数
complex64	复数，表示双 32 位浮点数（实数部分和虚数部分）
complex128	复数，表示双 64 位浮点数（实数部分和虚数部分）

我们可以利用函数 dtype 来查看数据的类型，比如下面程序。

```
c = np.array([1, 2, 3, 4, 5])
print(c)
c.dtype
```

运行上述程序，结果如下所示，所以数组 c 中各元素的数据类型为 int32。

```
[1 2 3 4 5]
dtype('int32')
```

再比如，我们查看如下数组。

```
d = np.array([-11.7, 41.55, 32.6, -19.88, 32.11, -9.5])
print(d)
d.dtype
```

运行上述程序，结果如下所示，所以数组 d 中各元素的数据类型为 float64。

```
[-11.7   41.55  32.6  -19.88  32.11  -9.5 ]
dtype('float64')
```

3.3 数组属性

NumPy 的数组中比较重要的 ndarray 对象属性如表 3.3 所示。

表 3.3　ndarray 对象属性

属性	说明
ndarray.ndim	秩，即轴的数量或维度的数量
ndarray.shape	数组的维度，对于矩阵，n 行 m 列
ndarray.size	数组元素的总个数，相当于 shape 中 n*m 的值
ndarray.dtype	ndarray 对象的元素类型
ndarray.itemsize	ndarray 对象中每个元素的大小，以字节为单位
ndarray.flags	ndarray 对象的内存信息
ndarray.real	ndarray 元素的实部
ndarray.imag	ndarray 元素的虚部
ndarray.data	包含实际数组元素的缓冲区，由于一般通过数组的索引获取元素，所以通常不需要使用这个属性

下面我们通过实际案例来说明数组的属性。首先，我们创建新的数组，然后直接调用数组属性对应的关键字代码，程序如下所示。

```
import numpy as np
a = np.arange(25, dtype = np.float_).reshape(5,5)
b = np.array([1,2,3,4,5])
print(a)
print(b)
```

运行上述程序，结果如下。

```
[[ 0.  1.  2.  3.  4.]
 [ 5.  6.  7.  8.  9.]
 [10. 11. 12. 13. 14.]
 [15. 16. 17. 18. 19.]
 [20. 21. 22. 23. 24.]]
[1 2 3 4 5]
```

直接调用数组属性的关键字，代码如下。

```
print(' 数组 a 的属性: ')
print(a.ndim)
print(a.shape)
print(a.size)
print(a.dtype)
print(a.itemsize)
print(' 数组 b 的属性: ')
print(b.ndim)
print(b.shape)
print(b.size)
```

```
print(b.dtype)
print(b.itemsize)
```

　　运行上述程序，结果如下。

```
数组 a 的属性：
2
(5, 5)
25
float64
8
数组 b 的属性：
1
(5,)
5
int32
4
```

3.4 创建数组

　　表 3.4 给出了 NumPy 中常见的创建数组的函数及其说明，在后续章节中我们也会利用相关函数来创建数组并进行数据分析操作。

表 3.4　数组创建函数

函数	描述
array	将输入数据（列表、元组、数组或其他序列类型）转换为 ndarray
asarray	将输入转换为 ndarray，但如果输入已经是 ndarray，则不要复制
arange	直接返回 ndarray 而不是列表
ones,ones_like	ones 表示生成一个由 1 组成的数组；ones_like 表示返回与指定数组具有相同形状和数据类型的数组，并且数组中的值都为 1
zeros,zeros_like	类似于 ones,ones_like，但是生成 0 的数组
empty, empty_like	通过分配新内存来创建新数组，但不要使用 1 和 0 之类的值填充数组
full,full_like	返回与给定数组具有相同形状和类型的数组，并且数组中元素的值是 fill_value 的值
eye, identity	创建一个正方形 $N*N$ 单位矩阵（对角线上是 1，其他地方是 0)

　　下面我们介绍几个特殊数组的创建。

3.4.1　0 元素数组

创建指定大小的数组，数组元素以 0 来填充，zeros 函数的语法结构如下所示，表 3.5 给出了语法参数的说明。

```
numpy.zeros(shape, dtype = float, order = 'C')
```

表 3.5　numpy.zeros 参数说明

参数	描述
shape	数组形状
dtype	数据类型，可选
order	'C' 用于 C 的行数组，或者 'F' 用于 FORTRAN 的列数组

我们通过实际案例来说明 zeros 函数的使用，代码如下所示。

```
import numpy as np
e = np.zeros(5)
e
```

输出结果为：

```
array([0., 0., 0., 0., 0.])
```

3.4.2　1 元素数组

利用 ones 函数来创建指定形状的数组，数组元素以 1 来填充，语法格式如下所示。

```
numpy.ones(shape, dtype = None, order = 'C')
```

我们通过实例来了解 1 元素数组的创建，代码如下。

```
import numpy as np
s1 = np.ones(5)
s1
```

运行上述程序，结果如下。

```
array([1., 1., 1., 1., 1.])
```

我们继续创建 5 维数组，代码如下。

```
s2 = np.ones([5,5], dtype = float)
s2
```

运行后的结果如下所示。

```
array([[1., 1., 1., 1., 1.],
```

```
     [1., 1., 1., 1., 1.],
     [1., 1., 1., 1., 1.],
     [1., 1., 1., 1., 1.],
     [1., 1., 1., 1., 1.]])
```

3.4.3 arange 函数

NumPy 中使用 arange 函数创建数值范围并返回 ndarray 对象，函数格式如下所示，根据 start 与 stop 指定的范围以及 step 设定的步长，生成一个 ndarray，表 3.6 给出了各个参数的详细说明。

```
numpy.arange(start, stop, step, dtype)
```

表 3.6　arange 函数参数说明

参数	描述
start	起始值，默认为 0
stop	终止值（不包含）
step	步长，默认为 1
dtype	返回 ndarray 的数据类型，如果没有提供，则会使用输入数据的类型

我们通过实际案例来了解 arange 函数的用法，比如我们生成 0 到 9 的数组，直接调用 arange 函数即可，代码如下。

```
arr = np.arange(10)
arr
```

运行上述程序，结果如下所示。

```
array([0, 1, 2, 3, 4, 5, 6, 7, 8, 9])
```

再如，我们生成 [-10,10) 范围内的数组，步长设定为 2，代码如下所示。

```
arr2 = np.arange(-10,10,2)
arr2
```

运行上述程序，结果如下所示。

```
array([-10,  -8,  -6,  -4,  -2,   0,   2,   4,   6,   8])
```

可以用 dtype 属性来指定数据类型，如下程序所示。

```
arr3 = np.arange(-10,10,2,dtype=float)
arr3
```

运行上述程序，结果如下所示。

```
array([-10.,  -8.,  -6.,  -4.,  -2.,   0.,   2.,   4.,   6.,   8.])
```

3.4.4　等差数列数组

Numpy 中的 linspace 函数用于创建一个一维数组，数组是由一个等差数列构成的，格式如下，表 3.7 给出了各个参数的详细说明。

```
np.linspace(start,
stop,
num=,
endpoint=True,
retstep=False,
dtype=None)
```

表 3.7　参数说明

参数	描述
start	序列的起始值
stop	序列的终止值，如果 endpoint 为 True，该值包含于数列中
num	要生成的等步长的样本数量，默认为 50
endpoint	该值为 Ture 时，数列中包含 stop 值，反之不包含，默认是 True
retstep	如果为 True 时，生成的数组中会显示间距，反之不显示
dtype	ndarray 的数据类型

同样以实际案例来说明 linspace 函数的用法，比如我们创建起始点为 0，终点为 5，样本数量为 6 的数列，代码如下所示。

```
import numpy as np
a = np.linspace(0,5,6)
a
```

运行结果如下所示。

```
array([0., 1., 2., 3., 4., 5.])
```

endpoint 参数可以设置是否包含最后的终止点，如果设置 True，则包含在内，如果设置为 False，则不包含，如下程序作为对比。

```
import numpy as np
a2 = np.linspace(0,5,6,endpoint = False)
a2
```

输出结果为：

```
array([0.,0.83333333,1.66666667,2.5,3.33333333,4.16666667])
```

3.4.5 等比数列数组

NumPy 中的 logspace 函数用于创建一个等比数列，其语法格式如下，表3.8给出了各个参数的说明。

```
np.logspace(start,
stop,
num=,
endpoint=True,
base=,
dtype=None)
```

表 3.8　参数说明

参数	描述
start	序列的起始值为 base ** start
stop	序列的终止值为 base ** stop。如果 endpoint 为 True，该值包含于数列中
num	要生成的等步长的样本数量，默认为 50
endpoint	该值为 Ture 时，数列中包含 stop 值，反之不包含，默认是 True
base	对数 log 的底数
dtype	ndarray 的数据类型

下面以实际案例来说明 logspace 函数的用法，比如创建起始值为 2，终止值为 1024 的等比数列，代码如下所示。

```
import numpy as np
a = np.logspace(1,10,10,base=2)
a
```

运行程序，输出结果如下所示。

```
array([2., 4., 8., 16., 32., 64.,128., 256., 512., 1024.])
```

3.5　数据索引与切片

ndarray 对象的内容可以通过索引或切片来访问和修改，NumPy 切片语法和 Python 列表的标准切片语法相同，下面我们就分别介绍数组的索引与切片操作。

3.5.1　索引

在本节中，我们将了解如何通过索引和切片来选择元素，以获得其中包含的值。数组的索引总是使用方括号"[]"来索引数组的元素，以便这些元素可以被单独引用，用于各种不同的用途，下面我们通过案例来说明如何进行索引操作。首先我们创建数组，代码如下所示。

```
import numpy as np
a=np.random.randn(6)
print(a)
```

运行上述程序，随机生成的数据组 a 如下所示。

```
[-1.91507384  1.33143844  0.77231827 -0.63432888  1.50524768
1.96612767]
```

在一维数组中，我们可以通过中括号指定索引获取第 i 个值（从 0 开始计数），比如，我们获取数组 a 的第 3 个元素，则代码如下所示。

```
a[2]
```

运行上述程序，结果如下所示。

```
0.7723182658718905
```

NumPy 数组也接受负索引，比如，我们获取数组 a 的最后一个元素，则代码如下所示。

```
a[-1]
```

运行上述程序，结果如下所示。

```
1.966127670631144
```

如果要同时选择多个项，可以在方括号中传递索引数组，比如我们获取数组 a 的第 2 个和第 5 个元素，则代码如下所示。

```
a[[1,4]]
```

运行上述程序，结果如下所示。

```
array([1.33143844, 1.50524768])
```

上述主要讲解了一维数组的索引方法，下面针对二维数组，即矩阵进行讲解。它们被表示为由行和列组成的矩形数组，由两个轴定义，其中轴 0 由行表示，轴 1 由列表示。本例中的索引由一对值表示，第一个值是行索引，第二个值是列索引。如果想要访问矩阵中的值或选择元素，我们仍将使用方括号，但这一次有两个值 [行索引，列索引]。

运行上述程序，数组 b 如下所示。

```
[[-0.13420726 -0.42032353 -0.64801445  0.212217  ]
 [ 0.67462867 -0.21117426  1.91614012  0.10607586]
 [-0.28716805  1.39425565 -1.19691942 -0.24206787]
 [-1.32332759  0.24816189  0.46204087  1.1441599 ]]
```

运行上述程序，结果如下所示。

```
1.91614012
```

运行上述程序，结果如下所示。

```
0.05100431255791042
```

3.5.2 切片

切片允许提取数组的一部分来生成新的数组，当使用 Python 列表对数组切片时，得到的数组是副本。所以要提取数组的一部分，必须使用切片语法。为了获取数组 a 的一个切片，可以用以下方式。

```
a[start:stop:step]
```

上述方法表示从索引 start 开始到索引 stop，且间隔为 step，如果以上 3 个参数都未指定，那么它们会被分别设置默认值 start=0、stop= 维度的大小和 step=1。

下面我们将通过一些实际案例来说明如何从数组中获取子数组，首先我们生成一个数组，代码如下所示。

```
c = np.arange(10)
c
```

运行上述程序，结果如下所示。

```
array([0, 1, 2, 3, 4, 5, 6, 7, 8, 9])
```

比如，我们获取第 2 个至第 6 个元素的子数组，则代码如下。

```
c[1:6]
```

运行上述程序，结果如下所示。

```
array([1, 2, 3, 4, 5])
```

对于二维数组，切片语法仍然适用，行和列需要分别定义，例如，如果我们只想提取第一行元素，则代码如下所示。

```
d=np.random.randn(16).reshape(4,4)
print(' 二维数组 d: ')
print(d)
print(' 获取数组 d 的第一行元素 ')
print(d[0,:])
print(' 获取数组 d 的第一列元素 ')
print(d[:,0])
```

运行上述程序，结果如下所示。

```
二维数组 d:
```

```
[[-1.22186498   0.33830909   0.4981598  -0.78585074]
 [ 0.81845301  -0.41297189   0.25417263   1.51209753]
 [ 0.33879414  -0.00390654   2.11746281   1.12629963]
 [-1.30015586   1.433607    -0.35257143   0.08827129]]
获取数组 d 的第一行元素
[-1.22186498   0.33830909   0.4981598  -0.78585074]
获取数组 d 的第一列元素
[-1.22186498   0.81845301   0.33879414 -1.30015586]
```

如果我们需要获取第 2 行至第 3 行，以及第 2 列至第 3 列的矩阵元素，则代码如下所示。

```
d[1:3,1:3]
```

运行上述程序，结果如下所示。

```
array([[-0.41297189,  0.25417263],
       [-0.00390654,  2.11746281]])
```

如果要提取的行或列的索引不是连续的，则可以指定索引数组。

```
d[[1,3],1:3]
```

运行上述程序，结果如下所示。

```
array([[-0.41297189,  0.25417263],
       [ 1.433607  , -0.35257143]])
```

3.6 数组操作

NumPy 中包含了一些函数用于处理数组，大概可分为以下几类，后续我们会以案例形式说明这些函数的用法。

- 修改数组形状。
- 翻转数组。
- 修改数组维度。
- 连接数组。
- 分割数组。
- 数组元素的添加与删除。

3.6.1 修改数组形状

修改数组形状的函数列表如表 3.9 所示。

表 3.9　修改数组形状的函数列表

函数	描述
reshape	不改变数据的条件下修改形状
flat	数组元素迭代器
flatten	返回一份数组拷贝，对拷贝所做的修改不会影响原始数组
ravel	返回展开数组

我们重点介绍在实际数据分析中经常用到的函数 reshape，其格式如下所示。

```
numpy.reshape(arr, newshape, order='C')
```

参数说明如下。

● arr：表示要修改形状的数组名称。

● newshape：整数或者整数数组，这里要注意的是，新的形状需要兼容原有形状。

● order：元素顺序，其中 C 表示按行排序，F 表示按列排序，A 表示按照原顺序排序，K 表示按照元素在内存中的出现顺序排序。

下面我们通过实际案例来说明函数 reshape 的用法，首先创建新的数组 a，并直接调用 reshape 函数进行数组形状的修改。

```
import numpy as np
a = np.arange(12)
print (' 原始数组: ')
print (a)
b = a.reshape(3,4)
print (' 修改后的数组: ')
print (b)
```

运行上述程序，输出结果如下。

```
原始数组:
[ 0  1  2  3  4  5  6  7  8  9 10 11]
修改后的数组:
[[ 0  1  2  3]
 [ 4  5  6  7]
 [ 8  9 10 11]]
```

3.6.2　翻转数组

翻转数组的函数列表如表 3.10 所示。

表 3.10　翻转数组的函数列表

函数	描述
transpose	对换数组的维度
ndarray.T	和 self.transpose() 相同
rollaxis	向后滚动指定的轴
swapaxes	对换数组的两个轴

下面说明比较重要的 transpose 函数，其主要用于对换数组的维度，格式如下。

```
numpy.transpose(arr, axes)
```

参数说明如下。

● arr：要操作的数组。

● axes：整数列表，对应维度，通常所有维度都会对换。

我们通过实际案例来说明函数 transpose 的用法。

```
import numpy as np
a = np.arange(20).reshape(5,4)
print ('原始数组: ')
print (a )
print ('对换数组: ')
print (np.transpose(a))
```

运行上述程序，输出结果如下所示。

```
原始数组:
[[ 0  1  2  3]
 [ 4  5  6  7]
 [ 8  9 10 11]
 [12 13 14 15]
 [16 17 18 19]]
对换数组:
[[ 0  4  8 12 16]
 [ 1  5  9 13 17]
 [ 2  6 10 14 18]
 [ 3  7 11 15 19]]
```

ndarray.T 函数与 numpy.transpose 的功能相似，都是对数组进行转置操作，我们通过实际案例来了解函数的用法，代码如下所示。

```
import numpy as np
a = np.arange(16).reshape(4,4)
print ('原始数组: ')
print (a)
print ('转置数组: ')
```

```
print (a.T)
```

运行上述程序，输出结果如下所示。

```
原始数组：
[[ 0  1  2  3]
 [ 4  5  6  7]
 [ 8  9 10 11]
 [12 13 14 15]]
转置数组：
[[ 0  4  8 12]
 [ 1  5  9 13]
 [ 2  6 10 14]
 [ 3  7 11 15]]
```

3.6.3 修改数组维度

修改数组维度的函数列表如表 3.11 所示。

表 3.11 修改数组维度的函数列表

维度	描述
broadcast	产生模仿广播的对象
broadcast_to	将数组广播到新形状
expand_dims	扩展数组的形状
squeeze	从数组的形状中删除一维条目

广播允许操作符或函数对两个或多个数组进行操作，即使这些数组的形状不同，但必须注意的是，不是所有维度的数组都能被广播，数组必须遵守一定的规则。

NumPy 的广播遵循一组严格的规则，这组规则是为了决定两个数组之间的操作。

● 规则 1：如果两个数组的维度数不相同，那么小维度数组的形状将会在最左边补 1。

● 规则 2：如果两个数组的形状在任何一个维度上都不匹配，那么数组的形状会沿着维度为 1 的维度扩展以匹配另外一个数组的形状。

● 规则 3：如果两个数组的形状在任何一个维度上都不匹配并且没有任何一个维度等于 1，那么会引发异常。

下面我们通过实际案例来说明广播的用法，首先我们创建数组 A 和 B，代码如下，其中数组 A 是 3 行 3 列的矩阵。

```
A = np.arange(9).reshape(3, 3)
A
```

运行上述程序，结果如下。

```
array([[0, 1, 2],
       [3, 4, 5],
       [6, 7, 8]])
```

数组 B 是 1 行 3 列的矩阵，代码如下。

```
B = np.arange(3)
B
```

运行上述程序，结果如下。

```
array([0, 1, 2])
```

下面我们对数组 A 和 B 进行广播运算，代码如下。

```
A+B
```

运行上述程序，结果如下。

```
array([[ 0,  2,  4],
       [ 3,  5,  7],
       [ 6,  8, 10]])
```

numpy.broadcast_to 函数将数组广播到新形状。它在原始数组上返回只读视图，它通常不连续，如果新形状不符合 NumPy 的广播规则，该函数可能会抛出 ValueError。

```
import numpy as np
d = np.arange(4).reshape(1,4)
print ('原始数组：')
print (d)
print ('调用 broadcast_to 函数之后：')
print (np.broadcast_to(d,(4,4)))
```

运行上述程序，结果如下。

```
原始数组：
[[0 1 2 3]]
调用 broadcast_to 函数之后：
[[0 1 2 3]
 [0 1 2 3]
 [0 1 2 3]
 [0 1 2 3]]
```

3.6.4　连接数组

连接数组的函数列表如表 3.12 所示。

表 3.12　连接数组的函数列表

函数	描述
concatenate	连接沿现有轴的数组序列
stack	沿着新的轴加入一系列数组
hstack	水平堆叠序列中的数组（列方向）
vstack	竖直堆叠序列中的数组（行方向）

首先我们讲述 concatenate 函数的用法，其用于沿指定轴连接相同形状的两个或多个数组，格式如下。

```
numpy.concatenate((a1, a2, ...), axis)
```

参数说明如下。

● a1, a2, ... ：相同类型的数组。

● axis ：沿着它连接数组的轴，默认为 0。

下面我们通过实际案例来说明 concatenate 函数的用法。

```
import numpy as np
a = np.array([[1,2],[3,4]])
print ('第一个数组: ')
print (a)
b = np.array([[5,6],[7,8]])
print ('第二个数组: ')
print (b)
print ('沿轴 0 连接两个数组: ')
print (np.concatenate((a,b)))
print ('沿轴 1 连接两个数组: ')
print (np.concatenate((a,b),axis = 1))
```

运行上述程序，结果如下所示。

```
第一个数组:
[[1 2]
 [3 4]]
第二个数组:
[[5 6]
 [7 8]]
沿轴 0 连接两个数组:
[[1 2]
 [3 4]
 [5 6]
 [7 8]]
沿轴 1 连接两个数组:
[[1 2 5 6]
 [3 4 7 8]]
```

numpy.stack 函数用于沿新轴连接数组序列，格式如下。

```
numpy.stack(arrays, axis)
```

参数说明如下。

● arrays：相同形状的数组序列。

● axis：返回数组中的轴，输入数组沿着它来堆叠。

下面我们通过实际案例来说明 stack 函数的用法。

```
import numpy as np
a = np.array([[1,2],[3,4]])
print ('第一个数组：')
print (a)
b = np.array([[5,6],[7,8]])
print ('第二个数组：')
print (b)
print ('沿轴 0 堆叠两个数组：')
print (np.stack((a,b),0))
print ('沿轴 1 堆叠两个数组：')
print (np.stack((a,b),1))
```

输出结果如下。

```
第一个数组：
[[1 2]
 [3 4]]
第二个数组：
[[5 6]
 [7 8]]
沿轴 0 堆叠两个数组：
[[[1 2]
  [3 4]]

 [[5 6]
  [7 8]]]
沿轴 1 堆叠两个数组：
[[[1 2]
  [5 6]]

 [[3 4]
  [7 8]]]
```

numpy.hstack 是 numpy.stack 函数的变体，它通过水平堆叠来生成数组，下面通过实际案例来说明用法。

```
import numpy as np
a = np.array([[1,2],[3,4]])
print ('第一个数组：')
print (a)
b = np.array([[5,6],[7,8]])
print ('第二个数组：')
```

```
print (b)
print (' 水平堆叠: ')
c = np.hstack((a,b))
print (c)
```

输出结果如下。

```
第一个数组:
[[1 2]
 [3 4]]
第二个数组:
[[5 6]
 [7 8]]
水平堆叠:
[[1 2 5 6]
 [3 4 7 8]]
```

numpy.vstack 是 numpy.stack 函数的变体，它通过垂直堆叠来生成数组，下面通过实际案例来说明用法。

```
import numpy as np
a = np.array([[1,2],[3,4]])
print (' 第一个数组: ')
print (a)
b = np.array([[5,6],[7,8]])
print (' 第二个数组: ')
print (b)
print (' 竖直堆叠: ')
c = np.vstack((a,b))
print (c)
```

输出结果如下。

```
第一个数组:
[[1 2]
 [3 4]]
第二个数组:
[[5 6]
 [7 8]]
竖直堆叠:
[[1 2]
 [3 4]
 [5 6]
 [7 8]]
```

3.6.5 分割数组

分割数组的函数列表如表 3.13 所示。

表 3.13 分割数组的函数列表

函数	数组及操作
split	将一个数组分割为多个子数组
hsplit	将一个数组水平分割为多个子数组（按列）
vsplit	将一个数组垂直分割为多个子数组（按行）

numpy.split 函数沿特定的轴将数组分割为子数组，格式如下。

```
numpy.split(ary, indices_or_sections, axis)
```

参数说明如下。

● ary：被分割的数组。

● indices_or_sections：如果是整数，就用该数平均切分，如果是一个数组，为沿轴的位置进行切分（左开右闭）。

● axis：沿着哪个维度进行切分，默认为 0，横向切分。为 1 时，纵向切分。

下面通过实际案例来说明用法。

```
import numpy as np
a = np.arange(12)
print ('第一个数组: ')
print (a)
print ('将数组分为三个大小相等的子数组: ')
b = np.split(a,4)
print (b)
print ('将数组在一维数组中表明的位置分割: ')
b = np.split(a,[4,7])
print (b)
```

输出结果如下。

```
第一个数组:
[ 0  1  2  3  4  5  6  7  8  9  10  11]
将数组分为三个大小相等的子数组:
[array([0, 1, 2]), array([3, 4, 5]), array([6, 7, 8]),
array([ 9, 10, 11])]
将数组在一维数组中表明的位置分割:
[array([0, 1, 2, 3]), array([4, 5, 6]), array([ 7,  8,  9, 10, 11])]
```

numpy.hsplit 函数用于水平分割数组，通过指定要返回的相同形状的数组数量来拆分原始数组，下面通过实际案例来说明用法。

```
import numpy as np
```

```
a = np.floor(100 * np.random.random((3, 9)))
print (' 数组 a: ')
print(a)
print (' 拆分后的数组: ')
print(np.hsplit(a, 3))
```

输出结果如下。

```
数组 a:
[[35. 91.  7. 24. 38. 16. 14. 52. 73.]
 [53. 63. 87. 77. 27. 51.  5. 69.  0.]
 [17. 72. 87. 53. 59. 21. 90. 99. 39.]]
拆分后的数组:
[array([[35., 91.,  7.],
        [53., 63., 87.],
        [17., 72., 87.]]), array([[24., 38., 16.],
        [77., 27., 51.],
        [53., 59., 21.]]), array([[14., 52., 73.],
        [ 5., 69.,  0.],
        [90., 99., 39.]])]
```

numpy.vsplit 沿着垂直轴分割，其分割方式与 hsplit 用法相同，下面通过实际案例来说明用法。

```
import numpy as np
a = np.arange(12).reshape(4,3)
print (' 数组 a: ')
print (a)
print (' 竖直分割: ')
b = np.vsplit(a,2)
print (b)
```

输出结果如下。

```
第一个数组:
[[ 0  1  2]
 [ 3  4  5]
 [ 6  7  8]
 [ 9 10 11]]
竖直分割:
[array([[0, 1, 2],
        [3, 4, 5]]), array([[ 6,  7,  8],
        [ 9, 10, 11]])]
```

3.6.6 元素添加与删除

数据元素的添加与删除函数列表如表 3.14 所示。

表 3.14 数组元素的添加与删除函数列表

函数	元素及描述
resize	返回指定形状的新数组
append	将值添加到数组末尾
insert	沿指定轴将值插入指定下标之前
delete	删掉某个轴的子数组，并返回删除后的新数组
unique	查找数组内的唯一元素

numpy.resize 函数返回指定大小的新数组，如果新数组大小大于原始大小，则包含原始数组中元素的副本。

```
numpy.resize(arr, shape)
```

参数说明如下。

● arr：要修改大小的数组。

● shape：返回数组的新形状。

下面通过实际案例来说明用法。

```
import numpy as np
a = np.array([[1,2,3],[4,5,6]])
print (' 第一个数组 a: ')
print (a)
print (' 第一个数组 a 的形状: ')
print (a.shape)
b = np.resize(a, (3,2))
print (' 第二个数组 b: ')
print (b)
print (' 第二个数组 b 的形状: ')
print (b.shape)
print (' 修改第一个数组 a 的大小: ')
c = np.resize(a,(3,3))
print (c)
```

输出结果如下。

```
第一个数组 a:
[[1 2 3]
 [4 5 6]]
第一个数组 a 的形状:
(2, 3)
第二个数组 b:
[[1 2]
 [3 4]
 [5 6]]
```

第二个数组 b 的形状：
```
(3, 2)
修改第一个数组 a 的大小：
[[1 2 3]
 [4 5 6]
 [1 2 3]]
```

numpy.append 函数在数组的末尾添加值，追加操作会分配整个数组，并把原来的数组复制到新数组中，此外，输入数组的维度必须匹配，否则将生成 ValueError，append 函数的格式如下。

```
numpy.append(arr, values, axis=None)
```

参数说明如下。

- arr：输入数组。

- values：要向 arr 添加的值，需要和 arr 形状相同（除了要添加的轴）。

- axis：默认为 None，当 axis 无定义时，是横向加成，返回为一维数组。当 axis 为 0 时（列数要相同），数组添加在下方。当 axis 为 1 时，数组是加在右边（行数要相同）。

下面通过实际案例来说明用法。

```
import numpy as np
a = np.array([[1,2,3],[4,5,6]])
print (' 数组a: ')
print (a)
print (' 向数组a添加元素: ')
print (np.append(a, [7,8,9]))
print (' 沿轴0添加元素: ')
print (np.append(a, [[7,8,9]],axis = 0))
print (' 沿轴1添加元素: ')
print (np.append(a, [[5,5,5],[7,8,9]],axis = 1))
```

运行上述程序，输出结果如下。

```
数组a:
[[1 2 3]
 [4 5 6]]
向数组a添加元素:
[1 2 3 4 5 6 7 8 9]
沿轴0添加元素:
[[1 2 3]
 [4 5 6]
 [7 8 9]]
沿轴1添加元素:
[[1 2 3 5 5 5]
 [4 5 6 7 8 9]]
```

numpy.insert 函数在给定索引之前，沿给定轴在输入数组中插入值，这里要注意的是如果未提供轴参数，则输入数组会被展开。

```
numpy.insert(arr, obj, values, axis)
```

参数说明如下。

● arr：输入数组。

● obj：在其之前插入值的索引。

● values：要插入的值。

● axis：沿着它插入的轴，如果未提供，则输入数组会被展开。

下面通过实际案例来说明用法。

```
import numpy as np
a = np.array([[1,2],[3,4],[5,6]])
print (' 数组 a: ')
print (a)
print (' 未传递 Axis 参数，在插入之前输入数组 a 会被展开 ')
print (np.insert(a,3,[11,12]))
print (' 传递了 Axis 参数，会广播数值生成新的数组 ')
print (' 沿轴 0 广播: ')
print (np.insert(a,1,[11],axis = 0))
print (' 沿轴 1 广播: ')
print (np.insert(a,1,11,axis = 1))
```

运行上述程序，则输出结果如下。

```
数组 a:
[[1 2]
 [3 4]
 [5 6]]
未传递 Axis 参数，在插入之前输入数组 a 会被展开
[ 1  2  3 11 12  4  5  6]
传递了 Axis 参数，会广播数值生成新的数组
沿轴 0 广播:
[[ 1  2]
 [11 11]
 [ 3  4]
 [ 5  6]]
沿轴 1 广播:
[[ 1 11  2]
 [ 3 11  4]
 [ 5 11  6]]
```

numpy.delete 函数返回从输入数组中删除指定子数组的新数组，与 insert 函数的情况一样，如果未提供轴参数，则输入数组将展开，delete 函数格式如下所示。

```
numpy.delete(arr, obj, axis)
```

参数说明如下。

● arr：输入数组。

- obj：指定子数组的位置，可以是切片、整数或者整数数组，表明要从指定位置删除子数组。
- axis：沿着它删除给定子数组的轴，如果未提供，则输入数组会被展开。

下面通过实际案例来说明用法。

```
import numpy as np
a = np.arange(15).reshape(3,5)
print (' 数组 a: ')
print (a)
print (' 未传递 axis 参数，在插入之前输入数组会被展开 ')
print (np.delete(a,8))
print (' 删除第二列：')
print (np.delete(a,1,axis = 1))
```

运行上述程序，则输出结果如下所示。

```
数组 a:
[[ 0  1  2  3  4]
 [ 5  6  7  8  9]
 [10 11 12 13 14]]
未传递 axis 参数，在插入之前输入数组会被展开
[ 0  1  2  3  4  5  6  7  9 10 11 12 13 14]
删除第二列：
[[ 0  2  3  4]
 [ 5  7  8  9]
 [10 12 13 14]]
```

numpy.unique 函数用于去除数组中的重复元素，其语法格式如下所示。

```
numpy.unique(arr, return_index, return_inverse, return_counts)
```

参数说明如下。

- arr：输入数组，如果不是一维数组则会展开。
- return_index：如果为 True，返回新列表元素在旧列表中的位置（下标），并以列表形式储。
- return_inverse：如果为 True，返回旧列表元素在新列表中的位置（下标），并以列表形式储。
- return_counts：如果为 True，返回去重数组中的元素在原数组中的出现次数。

下面通过实际案例来说明用法。

```
import numpy as np
a = np.array([1,2,3,3,2,4,5,4,8,7,2,2,5,9,6])
print (' 数组 a: ')
print (a)
print (' 数组 a 的去重值：')
b = np.unique(a)
print (b)
print (' 去重数组 a 的索引数组：')
b,indices = np.unique(a,return_index = True)
print (indices)
```

```
print (' 返回去重元素的重复数量: ')
c,indices = np.unique(a,return_counts = True)
print (c)
print (indices)
```

运行上述程序，结果如下所示。

```
数组 a:
[1 2 3 3 2 4 5 4 8 7 2 2 5 9 6]
数组 a 的去重值:
[1 2 3 4 5 6 7 8 9]
去重数组 a 的索引数组:
[ 0  1  2  5  6  14  9  8  13]
返回去重元素的重复数量:
[1 2 3 4 5 6 7 8 9]
[1 4 2 2 2 1 1 1 1]
```

3.7 数组排序

在数据分析的过程中，我们时常要对数据进行排序，NumPy 库提供了多种排序方法供用户选择，包括 sort 函数、argsort 函数和 lexsort 函数，每个函数的排序功能不同，具体如下所示。

3.7.1 sort 函数

首先我们查看 sort 函数的语法结构，如下所示。

```
ndarray.sort(a,axis=-1,kind='quicksort',order=None)
```

参数说明如下。

- a：需要排序的数组。
- axis：沿着数组的方向排序，0 表示按行，1 表示按列。
- kind：排序的算法，提供了快排、混排、堆排。
- order：如果数组包含字段，则是要排序的字段。

下面通过实际案例来说明 sort 函数的用法，首先创建新的数组 a，代码如下。

```
import numpy as np
a = np.random.randn(5)
a
```

运行上述程序，结果如下。

```
array([ 0.16456671, -0.95599257, -0.55480674,  0.39088569,
    0.00303729])
```

下面我们调用 sort 排序函数对 a 进行排序，代码如下所示。

```
a.sort()
a
```

运行上述程序，结果如下，数组 a 的元素已经按照从小到大排序。

```
array([-0.95599257, -0.55480674,  0.00303729,  0.16456671,
  0.39088569])
```

当然，我们可以对多维数组中的每个维度的值进行排序。首先创建数组 b，代码如下所示。

```
b = np.random.randn(4, 5)
print (' 数组 b 是：')
print (b)
print (' 调用 sort() 函数排序后的数组 b：')
print (np.sort(b))
print (' 按列排序后的数组 b：')
print (np.sort(b, axis =  0))
```

运行上述程序，结果如下，如果按列来排序，则必须指定轴。

```
数组 b 是：
[[ 1.34055573  0.54659165 -1.98902097 -0.57563862 -0.92004465]
 [ 1.11867844  0.20412948 -1.49291345 -0.4098647  -0.37121214]
 [ 1.08137267 -2.46271837  0.44145715 -0.84496338 -0.77266378]
 [ 0.23982895 -0.37043006  1.69020858  1.09951265 -0.64941631]]
调用 sort() 函数排序后的数组 b：
[[-1.98902097 -0.92004465 -0.57563862  0.54659165  1.34055573]
 [-1.49291345 -0.4098647  -0.37121214  0.20412948  1.11867844]
 [-2.46271837 -0.84496338 -0.77266378  0.44145715  1.08137267]
 [-0.64941631 -0.37043006  0.23982895  1.09951265  1.69020858]]
按列排序后的数组 b：
[[ 0.23982895 -2.46271837 -1.98902097 -0.84496338 -0.92004465]
 [ 1.08137267 -0.37043006 -1.49291345 -0.57563862 -0.77266378]
 [ 1.11867844  0.20412948  0.44145715 -0.4098647  -0.64941631]
 [ 1.34055573  0.54659165  1.69020858  1.09951265 -0.37121214]]
```

3.7.2 argsort 函数

numpy.argsort 函数返回的是数组值从小到大的索引值，argsort 的语法结构和参数说明与 sort 函数一致，其作用效果是对数组进行排序，返回一个排序后索引，数据没有改变，如下示例。

```
c=np.array([2,1,5,8,-5,4])
c.argsort()
```

运行上述程序，结果如下所示，结果为数组元素排序的索引。

```
array([4, 1, 0, 5, 2, 3], dtype=int64)
```

当然对二维数组，同样可以排序。

```
d=np.array([[1,5,3], [6, 2,8], [3, 6, 0]])
print (' 数组 d 是：')
print (d)
print (' 调用 argsort() 函数排序后的数组 d：')
print (np.argsort(d))
print (' 按列排序后的数组 d：')
print (np.argsort(d, axis =  0))
```

运行上述程序，结果如下所示。

```
数组 d 是：
[[1 5 3]
 [6 2 8]
 [3 6 0]]
调用 argsort() 函数排序后的数组 d：
[[0 2 1]
 [1 0 2]
 [2 0 1]]
按列排序后的数组 d：
[[0 1 2]
 [2 0 0]
 [1 2 1]]
```

3.7.3　Lexsort 函数

numpy.lexsort 用于对多个序列进行排序，排序时优先照顾靠后的列，比如我们查看某个班级的学生的总成绩和数学课成绩，并对总成绩排序后，再对数学课成绩进行排序，具体代码如下所示。

```
names = np.array(['Tom','Abe','Lily','Jane','Judy'])
ages = np.array([14, 13, 15, 12, 11])
total_scores = np.array([190., 170., 168., 180., 176.])
maths_scores=np.array([88,78,84,98,69])
index_lexsorted = np.lexsort((maths_scores, total_scores))
print(index_lexsorted)
```

运行上述程序，结果如下，返回的是数组元素的索引。

```
[2 1 4 3 0]
```

如果我们想要获取排序后的学生名称，则代码如下所示。

```
names_lexsorted = names[np.lexsort((maths_scores, total_scores))]
print(names_lexsorted)
```

运行上述程序，结果如下。

```
['Lily' 'Abe' 'Judy' 'Jane' 'Tom']
```

3.8 | 函数

3.8.1 字符串函数

以下函数用于对数据类型为 numpy.string_ 或 numpy.unicode_ 的数组执行向量化字符串操作，它们基于 Python 内置库中的标准字符串函数，函数列表见表 3.15 所示。

表 3.15 字符串函数列表

函数	描述
add	对两个数组的逐个字符串元素进行连接
multiply	返回按元素多重连接后的字符串
center	居中字符串
capitalize	将字符串的第一个字母转换为大写
title	将字符串的每个单词的第一个字母转换为大写
lower	数组元素转换为小写
upper	数组元素转换为大写
split	指定分隔符对字符串进行分割，并返回数组列表
splitlines	返回元素中的行列表，以换行符分割
strip	移除元素开头或者结尾处的特定字符
join	通过指定分隔符来连接数组中的元素
replace	使用新字符串替换字符串中的所有子字符串
decode	数组元素依次调用 str.decode
encode	数组元素依次调用 str.encode

下面介绍几个常用的函数的用法，首先是 numpy.char.add 函数，其功能是依次对两个数组的元素进行字符串连接。

```
import numpy as np
print (' 连接示例 1: ')
print (np.char.add(['Hello'],[' Numpy']))
```

```
print (' 连接示例 2: ')
print (np.char.add(['Hello', 'Hi'],[' Numpy', ' Pandas']))
```

运行上述程序，输出结果如下所示。

```
连接示例 1:
['Hello Numpy']
连接示例 2:
['Hello Numpy' 'Hi Pandas']
```

numpy.char.capitalize 函数将字符串的第一个字母转换为大写，案例如下。

```
import numpy as np
print(np.char.capitalize('python'))
```

运行上述程序，输出结果如下所示。

```
Python
```

numpy.char.upper 函数将数组的每个元素转换为大写。它对每个元素调用 str.upper。

```
import numpy as np
print (np.char.upper(['numpy','pandas']))
print (np.char.upper('scipy'))
```

运行上述程序，输出结果如下所示。

```
['NUMPY' 'PANDAS']
SCIPY
```

3.8.2 数学函数

NumPy中包含大量数学运算的函数，包括三角函数、算术运算的函数、复数处理函数等，表3.16进行了相关列举和说明。

表 3.16 数据函数列表及说明

函数	说明
abs, fabs	绝对值
sqrt	开方
square	平方
exp	指数
log, log10, log2, log1p	对数

函数	说明
sign	符号函数
ceil	计算每个元素的上限整数，即大于或等于这个数的最小整数
floor	计算每个元素的下限整数，即小于或等于这个数的最大整数
isnan	返回布尔数组，指示每个值是否为 NaN(不是一个数字)
isfinite, isinf	返回布尔阵列，指示每个元素是否为有限 (非负无穷，非空) 或无限
cos, cosh, sin,sinh, tan, tanh	三角函数
arccos, arccosh,arcsin, arcsinh,arctan, arctanh	反三角函数

下面我们通过实际案例来说明数据函数的用法，比如我们计算数组的开方、平方、指数函数，代码如下。

```python
import  numpy as np
a = np.arange(5)
b=np.sqrt(a)
c=np.exp(a)
d=np.square(a)
print(' 数组 a:')
print(a)
print(' 数组 a 的开方 :')
print(b)
print(' 数组 a 的指数函数 :')
print(c)
print(' 数组 a 的开方 :')
print(d)
```

运行上述程序，结果如下所示。

```
数组 a:
[0 1 2 3 4]
数组 a 的开方 :
[0.          1.          1.41421356 1.73205081 2.          ]
数组 a 的指数函数 :
[ 1.          2.71828183  7.3890561  20.08553692 54.59815003]
数组 a 的开方 :
[ 0  1  4  9 16]
```

NumPy 中提供了标准的三角函数，比如 sin、cos、tan，所以我们可以很容易地计算出三角函数结果，代码如下。

```python
import numpy as np
a = np.array([0,30,45,60,90,180])
```

```
b=np.sin(a*np.pi/180)
c=np.cos(a*np.pi/180)
d=np.tan(a*np.pi/180)
print ('数组 a: ')
print (a)
print ('数组中角度的正弦值: ')
print (b)
print ('数组中角度的余弦值: ')
print (c)
print ('数组中角度的正切值: ')
print (d)
```

运行上述程序，结果如下所示。

```
数组 a:
[  0  30  45  60  90 180]
数组中角度的正弦值:
[0.00000000e+00 5.00000000e-01 7.07106781e-01 8.66025404e-01
 1.00000000e+00 1.22464680e-16]
数组中角度的余弦值:
[ 1.00000000e+00  8.66025404e-01  7.07106781e-01  5.00000000e-01
  6.12323400e-17 -1.00000000e+00]
数组中角度的正切值:
[ 0.00000000e+00  5.77350269e-01  1.00000000e+00  1.73205081e+00
  1.63312394e+16 -1.22464680e-16]
```

其他函数的用法基本一致，在此不再赘述。

3.8.3　算术函数

　　NumPy 算术函数包含简单的加减乘除以及其他较为复杂的算术函数，表 3.17 给出了常用的算术函数列表，我们在利用函数对数组进行计算的时候，需要特别注意数组必须具有相同的形状或者符合数组广播规则。

表 3.17　算术函数列表

函数	说明
add	加法
subtract	减法
multiply	乘法
divide, floor_divide	除法
power	将第一个数组中的元素提升到第二个数组中指定的幂

函数	说明
maximum, fmax	最大值
minimum, fmin	最小值
mod	除法余数
copysign	将第二个参数中的值的符号复制到第一个参数中的值
greater, greater_equal,less, less_equal,equal, not_equal	执行元素比较，生成布尔数组（相当于插入操作符 >，>=，<，<=，==，!=）
logical_and,logical_or, logical_xor	计算逻辑运算的元素真值（等价于运算符 &、|、^）

我们还是以实际案例来说明用法，创建 2 个数组，并计算数组的加、减、乘、除结果，代码如下。

```python
import numpy as np
a = np.arange(25, dtype = np.float_).reshape(5,5)
b = np.array([1,2,3,4,5])
c=np.add(a,b)
d=np.subtract(a,b)
e=np.multiply(a,b)
f=np.divide(a,b)
print (' 数组 a: ')
print (a)
print (' 数组 b: ')
print (b)
print ('a 和 b 数组相加: ')
print (c)
print ('a 和 b 数组相减: ')
print (d)
print ('a 和 b 数组相乘: ')
print (e)
print ('a 和 b 数组相除: ')
print (f)
```

运行上述程序，结果如下所示。

```
数组 a:
[[ 0.  1.  2.  3.  4.]
 [ 5.  6.  7.  8.  9.]
 [10. 11. 12. 13. 14.]
 [15. 16. 17. 18. 19.]
 [20. 21. 22. 23. 24.]]
数组 b:
[1 2 3 4 5]
a 和 b 数组相加:
[[ 1.  3.  5.  7.  9.]
 [ 6.  8. 10. 12. 14.]
```

```
 [11. 13. 15. 17. 19.]
 [16. 18. 20. 22. 24.]
 [21. 23. 25. 27. 29.]]
a 和 b 数组相减:
[[-1. -1. -1. -1. -1.]
 [ 4.  4.  4.  4.  4.]
 [ 9.  9.  9.  9.  9.]
 [14. 14. 14. 14. 14.]
 [19. 19. 19. 19. 19.]]
a 和 b 数组相乘:
[[  0.   2.   6.  12.  20.]
 [  5.  12.  21.  32.  45.]
 [ 10.  22.  36.  52.  70.]
 [ 15.  32.  51.  72.  95.]
 [ 20.  42.  66.  92. 120.]]
a 和 b 数组相除:
[[ 0.          0.5         0.66666667 0.75        0.8        ]
 [ 5.          3.          2.33333333 2.          1.8        ]
 [10.          5.5         4.          3.25        2.8        ]
 [15.          8.          5.66666667 4.5         3.8        ]
 [20.         10.5         7.33333333 5.75        4.8        ]]
```

此外 NumPy 也包含了其他重要的算术函数，用法比较简单，在此不再赘述。

3.8.4　统计函数

NumPy 提供了很多统计函数，用于从数组中查找最小元素、最大元素、百分位标准差和方差等，函数说明如表 3.18 所示，给出了数据分析中常见的统计函数。

表 3.18　统计函数列表

函数	说明
amin	用于计算数组中的元素沿指定轴的最小值
amax	用于计算数组中的元素沿指定轴的最大值
ptp	用于计算数组中元素的最大值与最小值之差
percentile	用于计算数组的百分位数
median	用于计算数组中元素的中位数
mean	用于计算数组中元素的算术平均值
average	根据在另一个数组中给出的各自的权重计算数组中元素的加权平均值
std	用于计算数组中元素的标准差
var	用于计算数组中元素的方差

下面我们通过实际案例来说明表中部分函数的用法，供读者学习。首先，我们介绍数组的最小值、最大值的计算函数 amin 和 amax 的用法，amin 用于计算数组中的元素沿指定轴的最小值，amax 用于计算数组中的元素沿指定轴的最大值，下面我们通过实例说明。

```
import numpy as np
a = np.array([[1,4,7,3],[5,6,14,33],[12,4,21,9]])
print ('数组a: ')
print (a)
print ('调用 amin() 函数计算最小值: ')
print (np.amin(a,1))
print ('再次调用 amin() 函数计算最小值: ')
print (np.amin(a,0))
print ('调用 amax() 函数计算最大值: ')
print (np.amax(a))
print ('再次调用 amax() 函数计算最大值: ')
print (np.amax(a, axis = 0))
```

运行上述程序，输出结果如下所示。

```
数组a:
[[ 1  4  7  3]
 [ 5  6 14 33]
 [12  4 21  9]]
调用 amin() 函数计算最小值:
[1 5 4]
再次调用 amin() 函数计算最小值:
[1 4 7 3]
调用 amax() 函数计算最大值:
33
再次调用 amax() 函数计算最大值:
[12  6 21 33]
```

numpy.ptp 函数用于计算数组中元素的最大值与最小值之差（最大值 - 最小值），即计算极差，请看如下实例。

```
import numpy as np
a = np.array([[1,4,7,3],[5,6,14,33],[12,4,21,9]])
print ('数组a: ')
print (a)
print ('调用 ptp() 函数计算的极差: ')
print (np.ptp(a))
print ('沿轴 1 调用 ptp() 函数计算的极差: ')
print (np.ptp(a, axis = 1))
print ('沿轴 0 调用 ptp() 函数计算的极差: ')
print (np.ptp(a, axis = 0))
```

运行上述程序，输出结果如下所示。

```
数组a:
```

```
[[ 1  4  7  3]
 [ 5  6 14 33]
 [12  4 21  9]]
调用 ptp() 函数计算的极差:
32
沿轴 1 调用 ptp() 函数计算的极差:
[ 6 28 17]
沿轴 0 调用 ptp() 函数计算的极差:
[11  2 14 30]
```

百分位数是数据分析统计中经常使用的度量,表示小于这个值的观察值的百分比,函数 numpy.percentile 用于计算数组的百分位数,其语法结构如下所示。

```
numpy.percentile(a, q, axis)
```

参数说明如下。

● a:输入数组。

● q:要计算的百分位数,在 0 至 100 之间。

● axis:沿着它计算百分位数的轴。

第 p 个百分位数是这样一个值,它使得至少有 $p\%$ 的数据项小于或等于这个值,且至少有 $(100-p)\%$ 的数据项大于或等于这个值,下面我们通过实际案例来了解百分位数的计算。

```
import numpy as np
a = np.array([[1,4,7,3],[5,6,14,33],[12,4,21,9]])
print (' 数组 a 是: ')
print (a)
print (' 调用 percentile() 函数: ')
print (np.percentile(a, 10)) # axis 为 0, 在纵列上求
print (np.percentile(a, 50, axis=0)) # axis 为 1, 在横行上求
print (np.percentile(a, 50, axis=1)) # 保持维度不变
print (np.percentile(a, 50, axis=1, keepdims=True))
```

输出结果如下。

```
数组 a 是:
[[ 1  4  7  3]
 [ 5  6 14 33]
 [12  4 21  9]]
调用 percentile() 函数:
3.1
[ 5.  4. 14.  9.]
[ 3.5 10.  10.5]
[[ 3.5]
 [10. ]
 [10.5]]
```

3.9 矩阵

NumPy 中包含了一个矩阵库 numpy.matlib，该模块中的函数返回的是一个矩阵，而不是 ndarray 对象。

3.9.1 空矩阵

NumPy 中的 Matlib.empty 函数可以创建一个空矩阵，其语法格式如下，表 3.19 给出了参数的说明。

```
numpy.matlib.empty(shape, dtype, order)
```

表 3.19　空矩阵的参数说明

参数	说明
shape	定义新矩阵形状的整数或整数元组
dtype	可选，数据类型
order	C（行序优先）或者 F（列序优先）

我们通过实例来说明如何创建空矩阵，代码如下。

```
import numpy.matlib
import numpy as np
a=np.matlib.empty((3,3))
a
```

运行上述程序，输出结果如下所示，这里需要注意的是，矩阵元素输出的是随机变量。

```
matrix([[2.14321575e-312, 2.29175545e-312, 6.79038654e-313],
        [2.07955588e-312, 2.20687562e-312, 6.79038654e-313],
        [2.56761491e-312, 6.02760088e-322, 0.00000000e+000]])
```

3.9.2 零矩阵

NumPy 中的 matlib.zeros 函数创建一个以 0 填充的矩阵，下面通过实例来说明，代码如下。

```
import numpy.matlib
import numpy as np
print (np.matlib.zeros((3,4)))
```

运行上述程序，输出结果如下所示。

```
[[0. 0. 0.]
 [0. 0. 0.]
```

```
 [0. 0. 0.]]
```

3.9.3　全 1 矩阵

NumPy 中的 matlib.ones 函数创建一个以 1 填充的矩阵，下面通过实例来说明，代码如下。

```
import numpy.matlib
import numpy as np
print (np.matlib.ones((3,4)))
```

运行上述程序，输出结果如下所示。

```
[[1. 1. 1. 1.]
 [1. 1. 1. 1.]
 [1. 1. 1. 1.]]
```

3.9.4　单位矩阵

单位矩阵是个方阵，从左上角到右下角的对角线（称为主对角线）上的元素均为 1，除此以外全都为 0，NumPy 中的 matlib.identity 函数返回给定大小的单位矩阵。

```
import numpy.matlib
import numpy as np
print (np.matlib.identity(4))
```

运行上述程序，输出结果如下所示。

```
[[1. 0. 0. 0.]
 [0. 1. 0. 0.]
 [0. 0. 1. 0.]
 [0. 0. 0. 1.]]
```

3.9.5　对角阵

NumPy 中的 matlib.eye 函数返回这样的一个矩阵，其对角线元素全为 1，其他位置为 0，其语法格式如下所示。

```
numpy.matlib.eye(n, M,k, dtype)
```

参数说明如下。

- n：返回矩阵的行数。
- M：返回矩阵的列数，默认为 n。
- K：对角线的索引。
- dtype：数据类型。

下面通过实例来说明如何创建此类矩阵。

```
import numpy.matlib
import numpy as np
print(np.matlib.eye(n=3,M=5,k=0,dtype=float))
```

运行上述程序，输出结果如下所示。

```
[[1. 0. 0. 0. 0.]
 [0. 1. 0. 0. 0.]
 [0. 0. 1. 0. 0.]]
```

3.9.6　随机矩阵

NumPy 中的 matlib.rand 函数创建一个给定大小的矩阵，数据是随机填充的，如下所示。

```
import numpy.matlib
import numpy as np
print (np.matlib.rand(4,4))
```

运行上述程序，输出结果如下所示。

```
[[0.48792597 0.42610735 0.06647623 0.33018843]
 [0.04663145 0.68060332 0.67926997 0.24676158]
 [0.33322197 0.3157912  0.65843592 0.89553603]
 [0.046364   0.19769504 0.45250035 0.49281957]]
```

第四章
Pandas数据分析

Pandas 是一个强大的分析结构化数据的工具集，该工具是为了解决数据分析任务而创建的，其使用的基础是 NumPy（提供高性能的矩阵运算库）。Pandas 纳入了大量的 Python 库和一些标准的数据模型，提供了高效地操作大型数据集所需的工具。Pandas 可用于数据挖掘和数据分析，同时也可以进行基本的数据清洗功能。

Pandas 是一个开源的 Python 库，包含导入、管理和操作数据的各种功能，包括切片、处理缺失数据、重组数据、提取数据集的一部分等。Pandas 是一个最重要的数据分析库，利用 Pandas，我们可以：

- 读取和导入结构化数据；
- 组织和操作数据；
- 计算一些基本的统计数据。

4.1 系列（Series）

系列（Series）是能够保存任何类型的数据（整数、字符串、浮点数、Python 对象等）的一维标记数组，Pandas 系列可以使用以下构造函数创建。

```
pandas.Series( data, index, dtype, copy)
```

Series 构造函数的参数如表 4.1 所示。

表 4.1　系列的语法结构

参数	说明
data	数据采取各种形式，如：ndarray，list，constants
index	索引值必须是唯一的和散列的，与数据的长度相同，如果没有指定索引，则默认为 np.arange(n)
dtype	dtype 用于数据类型，如果没有，将推断数据类型
copy	复制数据，默认为 false

下面我们通过一系列的案例来展示 Series 的构造。

```
import pandas as pd
from pandas import Series, DataFrame
S1 = pd.Series([2, 5, -9, 13, -22, 58])
S1
```

执行上面示例，得到以下结果。

```
0     2
1     5
2    -9
3    13
4   -22
5    58
dtype: int64
```

由于我们没有为数据指定索引，所以默认的索引值是由整数 0 到 $N-1$（其中 N 是创建数据的长度）。

```
S1.index
```

执行上面示例，得到以下结果。

```
RangeIndex(start=0, stop=6, step=1)
```

我们可以通过以下方式获得该系列的数组表示形式和索引对象。

```
S2 = pd.Series([2,5,-9,13,-22,58],index=['A','B','C','D','E','F'])
```

S2

执行上面示例，得到以下结果。

```
A     2
B     5
C    -9
D    13
E   -22
F    58
dtype: int64
```

如果我们想要获取 S2 的索引信息，则代码如下。

```
S2.index
```

执行上面示例，得到以下结果。

```
Index(['A', 'B', 'C', 'D', 'E', 'F'], dtype='object')
```

系列中的数据可以使用类似于访问 ndarray 中的数据来访问，下面我们通过案例来说明如何访问数据。

获取系列中的第一个元素，比如已经知道数组从零开始计数，第一个元素存储在零位置，则根据索引位置直接获取首个元素。

```
import pandas as pd
S3= pd.Series([1,2,3,4,5,6,7,8,9,10])
print(S3[0])
```

执行上面示例，得到以下结果。

```
1
```

检索系列中的前三个元素，如果使用两个参数，则两个索引之间的项目被提取（不包括停止索引），参考如下代码。

```
import pandas as pd
S3= pd.Series([1,2,3,4,5],index = ['a','b','c','d','e'])
print(S3[:3])
```

执行上面示例，得到以下结果。

```
a    1
b    2
c    3
dtype: int64
```

检索最后三个元素，参考以下示例代码。

```
import pandas as pd
S3= pd.Series([1,2,3,4,5],index = ['a','b','c','d','e'])
```

67

```
print(S3[-3:])
```

执行上面示例代码，得到以下结果。

```
c    3
d    4
e    5
dtype: int64
```

下面我们使用标签检索数据，可以通过索引标签获取和设置值，代码如下所示。

```
import pandas as pd
S3= pd.Series([1,2,3,4,5],index = ['a','b','c','d','e'])
print(S3[['b','c','d']])
```

执行上面示例代码，得到以下结果。

```
b    2
c    3
d    4
dtype: int64
```

4.2 数据帧（DataFrame）

数据帧（DataFrame）表示一个二维数据表，其包含一个有序的列集合，每个列可以是不同的值类型（比如数值、字符串等），DataFrame 同时具有行和列索引，其数据以行和列的表格方式排列。

Pandas 中的 DataFrame 可以使用以下构造函数创建。

```
pandas.DataFrame(data, index, columns, dtype, copy)
```

构造函数的参数如表 4.2 所示。

表 4.2 数据帧的语法参数说明

参数	说明
data	数据采取各种形式，如：ndarray、series、map、lists、dict、constant 和另一个 DataFrame
index	对于行标签，主要用于数据帧的索引，如果没有指定索引值，则默认为 np.arrange(n)
columns	对于列标签，可选的默认语法是 np.arange(n)。只有在没有索引传递的情况下才是这样
dtype	每列的数据类型
copy	默认值为 False，此命令用于复制数据

下面我们通过实例来说明如何创建 DataFrame，代码如下。

```
import pandas as pd
data = {'province': ['beijing', 'beijing',
'beijing', 'shanghai',
 ' shanghai', 'shanghai'],
'year': [2000, 2001, 2002, 2001, 2002, 2003],
'gdp': [2.1, 2.9, 3.8, 2.3, 2.9, 3.7]}
frame1 = pd.DataFrame(data)
frame1
```

执行上面示例代码，得到结果如图 4.1 所示。

我们查看前三个数据观测，则使用 head 函数即可，代码如下，这里要注意 head 默认显示出数据帧前 5 行数据。

```
frame1.head(3)
```

运行上述程序，结果如图 4.2 所示。

如果我们要指定列的顺序，则可以用 DataFrame 进行设置，参考如下程序。

```
pd.DataFrame(frame1, columns=['year', 'province',
'gdp'])
```

运行上述程序，结果如图 4.3 所示。

如果传递的列不在指定的列，则会显示出缺失值，如下代码所示。

```
import pandas as pd
data = {'province': ['beijing', 'beijing',
'beijing', 'shanghai',
'shanghai', 'shanghai'],
'year': [2000, 2001, 2002, 2001, 2002, 2003],
'gdp': [2.1, 2.9, 3.8, 2.3, 2.9, 3.7]}
frame2 = pd.DataFrame(data, columns=['year',
'province', 'gdp',
'debt'],index=['one', 'two', 'three', 'four', 'five',
'six'])
frame2
```

运行上述程序，结果如图 4.4 所示，debt 为缺失值，显示为 NaN。

	province	year	gdp
0	beijing	2000	2.1
1	beijing	2001	2.9
2	beijing	2002	3.8
3	shanghai	2001	2.3
4	shanghai	2002	2.9
5	shanghai	2003	3.7

图 4.1　创建的数据帧

	province	year	gdp
0	beijing	2000	2.1
1	beijing	2001	2.9
2	beijing	2002	3.8

图 4.2　数据帧的前三行的数据

	year	province	gdp
0	2000	beijing	2.1
1	2001	beijing	2.9
2	2002	beijing	3.8
3	2001	shanghai	2.3
4	2002	shanghai	2.9
5	2003	shanghai	3.7

图 4.3　变换列的顺序

	year	province	gdp	debt
one	2000	beijing	2.1	NaN
two	2001	beijing	2.9	NaN
three	2002	beijing	3.8	NaN
four	2001	shanghai	2.3	NaN
five	2002	shanghai	2.9	NaN
six	2003	shanghai	3.7	NaN

图 4.4　数据帧中的缺失值

4.3 基本功能介绍

4.3.1 Series 基本功能

表 4.3 给出了 Series 的常见应用。

表 4.3 Series 的基本功能属性

参数	说明
axes	返回行轴标签列表
dtype	返回对象的数据类型
empty	如果系列为空，则返回 True
ndim	返回底层数据的维数，默认定义 1
size	返回基础数据中的元素数
values	将系列作为 ndarray 返回
head	返回前 n 行
tail	返回最后 n 行

下面我们通过实例来说明这些应用，创建一个系列并演示如何使用上面所有列出的属性操作，随机生成若干个数据，代码如下所示。

```
import pandas as pd
import numpy as np
Series1 = pd.Series(np.random.randn(5))
Series1
```

执行上面示例代码，得到以下输出结果。

```
0   -0.539363
1    0.681371
2   -0.007064
3    0.671387
4   -1.539880
dtype: float64
```

1. axes 实例

我们可以直接调用 axes 属性来获取行轴标签的列表，代码如下所示。

```
import pandas as pd
import numpy as np
Series2 = pd.Series(np.random.randn(5))
```

```
Series2.axes
```

运行上述程序，结果如下所示，即从 0 到 4 的值列表。

```
[RangeIndex(start=0, stop=4, step=1)]
```

2. dtype 实例

dtype 属性是用来查看系列的数据类型。

```
import pandas as pd
Series2 = pd.Series([2.1, 2.9, 3.8, 2.3, 2.9, 3.7])
Series2.dtype
```

执行上面示例代码，得到以下输出结果。

```
dtype('float64')
```

3. empty 实例

empty 属性返回布尔值，表示对象是否为空，返回 True 则表示对象为空，返回 False 则表示对象非空。

```
import pandas as pd
import numpy as np
Series2 = pd.Series(np.random.randn(5))
Series2.empty
```

执行上面示例代码，得到以下输出结果。

```
False
```

4. ndim 实例

ndim 返回对象的维数，根据定义，一个系列是一个 1 维数据结构，参考以下示例代码。

```
import pandas as pd
import numpy as np
Series2 = pd.Series(np.random.randn(5))
Series2
```

执行上面示例代码，得到以下结果。

```
0    0.551271
1    0.294795
2   -0.202995
3   -0.488004
4    0.378471
dtype: float64
```

直接调用 ndim 属性进行维度计算，代码如下所示。

```
Series2.ndim
```

执行上面示例代码，得到以下结果，可知此系列的维度为 1。

```
1
```

5. size 实例

size 返回系列的长度，参考以下示例代码。

```
import pandas as pd
import numpy as np
Series2 = pd.Series(np.random.randn(10))
Series2.size
```

执行上面示例代码，得到以下结果，可知此系列的长度为 10。

```
10
```

6. values 实例

以数组形式返回系列中的实际数据值。

```
import pandas as pd
import numpy as np
Series2 = pd.Series(np.random.randn(5))
Series2
```

执行上面示例代码，得到以下结果。

```
0     0.674172
1    -0.879651
2     1.157844
3    -1.713045
4     1.163523
dtype: float64
```

我们通过 values 属性获取上述系列的实际数据值，代码如下。

```
Series2.values
```

执行上面示例代码，得到以下结果。

```
array([ 0.67417241, -0.87965116,  1.15784385, -1.71304472,
1.16352283])
```

7. head 实例

head 返回前 n 行观察索引值，显示元素的默认数量为 5，但可以传递自定义数字值，实际应用
代码如下。

```
import pandas as pd
import numpy as np
Series2 = pd.Series(np.random.randn(6))
Series2
```

执行上面示例代码，得到以下结果。

```
0   -0.786030
1   -1.513334
2    2.416745
3    0.263032
4   -2.170630
5   -1.134957
dtype: float64
```

我们可以调用 head 属性，直接获取前 3 个观测数据。

```
Series2.head(3)
```

执行上面示例代码，得到以下结果。

```
0   -0.786030
1   -1.513334
2    2.416745
dtype: float64
```

8. tail 实例

tail 返回最后 n 行观察数据，显示元素的默认数量为 5，但可以传递自定义数字值，参考以下示例代码。

```
import pandas as pd
import numpy as np
Series2 = pd.Series(np.random.randn(6))
Series2
```

执行上面示例代码，得到以下结果。

```
0    0.455630
1   -1.635475
2   -1.063435
3    0.178477
4   -0.407243
5    0.558999
dtype: float64
```

我们使用 tail 属性获取系列的后三个观测数据，代码如下。

```
Series2.tail(3)
```

执行上面示例代码，得到以下结果。

```
3    0.178477
4   -0.407243
5    0.558999
dtype: float64
```

4.3.2　DataFrame 基本功能

下面来看看数据帧（DataFrame）的基本功能有哪些，表 4.4 列出了 DataFrame 基本功能的重要属性或方法。

表 4.4　数据帧的基本功能属性

参数	说明
T	转置行和列
axes	返回一个列，行轴标签和列轴标签作为唯一的成员
dtypes	返回此对象中的数据类型 (dtypes)
empty	如果数据帧完全为空，则返回为 True
ndim	轴 / 数组维度大小
shape	返回表示 DataFrame 的维度的元组
size	NDFrame 中的元素数
values	NDFrame 的 NumPy 表示
head	返回开头前 n 行
tail	返回最后 n 行

1. T 实例

T 属性返回 DataFrame 的转置，行和列将交换，参考以下示例代码。

```python
import pandas as pd
import numpy as np
data = {'province':pd.Series(['beijing','shanghai','tianjin',
'chongqing']),
    'gdp':pd.Series([2.1, 2.9, 3.8, 2.3]),
    'population':pd.Series([2.2,2.5,1.4,3.2])}
df = pd.DataFrame(data)
df
```

执行上面示例代码，得到以下结果，如图 4.5 所示。

调用 T 属性获取矩阵转置，代码如下所示。

```python
df.T
```

运行程序，结果如图 4.6 所示。

	province	gdp	population
0	beijing	2.1	2.2
1	shanghai	2.9	2.5
2	tianjin	3.8	1.4
3	chongqing	2.3	3.2

	0	**1**	**2**	**3**
province	beijing	shanghai	tianjin	chongqing
gdp	2.1	2.9	3.8	2.3
population	2.2	2.5	1.4	3.2

图 4.5　原始数据帧　　　　　　　　图 4.6　转置的结果

2. axes 实例

axes 属性返回行轴标签和列轴标签列表，参考以下示例代码。

```
import pandas as pd
import numpy as np
data = {'province':pd.Series(['beijing','shanghai','tianjin',
'chongqing']),
    'gdp':pd.Series([2.1, 2.9, 3.8, 2.3]),
    'population':pd.Series([2.2,2.5,1.4,3.2])}
df = pd.DataFrame(data)
df.axes
```

执行上面示例代码，得到以下结果。

```
[RangeIndex(start=0, stop=4, step=1),
 Index(['province', 'gdp', 'population'], dtype='object')]
```

3. dtypes 实例

dtypes 属性返回每列的数据类型，参考以下示例代码。

```
import pandas as pd
import numpy as np
data = {'province':pd.Series(['beijing','shanghai','tianjin',
'chongqing']),
    'gdp':pd.Series([2.1, 2.9, 3.8, 2.3]),
    'population':pd.Series([2.2,2.5,1.4,3.2])}
df = pd.DataFrame(data)
df.dtypes
```

执行上面示例代码，得到以下结果。

```
province        object
gdp             float64
population      float64
dtype: object
```

4. empty 实例

empty 返回布尔值，表示对象是否为空，返回 True 表示对象为空，参考以下示例代码。

```
import pandas as pd
import numpy as np
data = {'province':pd.Series(['beijing','shanghai','tianjin',
'chongqing']),
    'gdp':pd.Series([2.1, 2.9, 3.8, 2.3]),
    'population':pd.Series([2.2,2.5,1.4,3.2])}
df = pd.DataFrame(data)
df.empty
```

执行上面示例代码，得到以下结果。

```
False
```

5. ndim 实例

ndim 返回对象的维数，根据定义，DataFrame 是一个二维对象，参考以下示例代码。

```
import pandas as pd
import numpy as np
data = {'province':pd.Series(['beijing','shanghai','tianjin',
'chongqing']),
    'gdp':pd.Series([2.1, 2.9, 3.8, 2.3]),
    'population':pd.Series([2.2,2.5,1.4,3.2])}
df = pd.DataFrame(data)
df.ndim
```

执行上面示例代码，得到以下结果。

```
2
```

6. shape 实例

shape 属性返回表示 DataFrame 的维度的元组，元组（a,b）中 a 表示行数，b 表示列数。

```
import pandas as pd
import numpy as np
data = {'province':pd.Series(['beijing','shanghai','tianjin',
'chongqing']),
    'gdp':pd.Series([2.1, 2.9, 3.8, 2.3]),
    'population':pd.Series([2.2,2.5,1.4,3.2])}
df = pd.DataFrame(data)
df.ndim
```

执行上面示例代码，得到以下结果。

```
(4, 3)
```

7. size 实例

返回 DataFrame 中的元素数，参考以下示例代码。

```
import pandas as pd
```

```
import numpy as np
data = {'province':pd.Series(['beijing','shanghai','tianjin',
'chongqing']),
    'gdp':pd.Series([2.1, 2.9, 3.8, 2.3]),
    'population':pd.Series([2.2,2.5,1.4,3.2])}
df = pd.DataFrame(data)
df.size
```

执行上面示例代码，得到以下结果。

```
12
```

8. values 实例

values 属性将 DataFrame 中的实际数据作为 NDarray 返回，参考以下示例代码。

```
import pandas as pd
import numpy as np
data = {'province':pd.Series(['beijing','shanghai','tianjin',
'chongqing']),
    'gdp':pd.Series([2.1, 2.9, 3.8, 2.3]),
    'population':pd.Series([2.2,2.5,1.4,3.2])}
df = pd.DataFrame(data)
df.values
```

执行上面示例代码，得到以下结果。

```
array([['beijing', 2.1, 2.2],
       ['shanghai', 2.9, 2.5],
       ['tianjin', 3.8, 1.4],
       ['chongqing', 2.3, 3.2]], dtype=object)
```

9. head 实例

head 返回前 n 行观察值，显示元素的默认数量为 5，但可以传递自定义数字值，参考以下示例代码。

```
import pandas as pd
import numpy as np
data = {'province':pd.Series(['beijing','shanghai','tianjin',
'chongqing']),
    'gdp':pd.Series([2.1, 2.9, 3.8, 2.3]),
    'population':pd.Series([2.2,2.5,1.4,3.2])}
df = pd.DataFrame(data)
df
```

执行上面示例代码，得到结果如图 4.7 所示。

调用 head 获取数据帧前 2 个观测数据，代码如下。

```
df.head(2)
```

运行上述程序，结果如图 4.8 所示。

	province	gdp	population
0	beijing	2.1	2.2
1	shanghai	2.9	2.5
2	tianjin	3.8	1.4
3	chongqing	2.3	3.2

图 4.7　原始数据

	province	gdp	population
0	beijing	2.1	2.2
1	shanghai	2.9	2.5

图 4.8　获取前 2 个观测数据

10. tail 实例

tail 返回最后 *n* 行观察值，显示元素的默认数量为 5，但可以传递自定义数字值，代码参考如下。

```
import pandas as pd
import numpy as np
data = {'province':pd.Series(['beijing','shanghai','tianjin',
'chongqing']),
    'gdp':pd.Series([2.1, 2.9, 3.8, 2.3]),
    'population':pd.Series([2.2,2.5,1.4,3.2])}
df = pd.DataFrame(data)
df.tail(3)
```

执行上面示例代码，得到结果如图 4.9 所示，为原始数据帧的最后 3 行观测数据。

	province	gdp	population
1	shanghai	2.9	2.5
2	tianjin	3.8	1.4
3	chongqing	2.3	3.2

图 4.9　最后 3 行观测数据

4.4　读取和写入数据

Panda 是一个专门用于数据分析的库，我们主要关注数据分析的计算和数据处理，而数据读取和写入可以看作数据处理的一部分。Panda 为我们提供了一系列称为 I/O API 的函数，以便操纵各种类型的数据，表 4.5 给出了常用的 API 函数。

表 4.5　Pandas 数据读取和写入函数列表

读取数据	写入数据
read_csv	to_csv
read_excel	to_excel
read_hdf	to_hdf
read_sql	to_sql
read_json	to_json
read_html	to_html
read_stata	to_stata
read_clipboard	to_clipboard
read_pickle	to_pickle
read_msgpack	to_msgpack
read_gbq	to_gbq

本节我们将以 csv 格式文件（逗号作为数据分隔符）的读取与写入来展示 Pandas 的数据读取和写入功能，首先我们以 class 数据集为例进行说明，其数据格式为 csv 文件如下所示。

```
Name,Sex,Age,Height,Weight
Alfred,M,14,69,112.5
Alice,F,13,56.5,84
Barbara,F,13,65.3,98
Carol,F,14,62.8,102.5
Henry,M,14,63.5,102.5
James,M,12,57.3,83
Jane,F,12,59.8,84.5
Janet,F,15,62.5,112.5
Jeffrey,M,13,62.5,84
John,M,12,59,99.5
Joyce,F,11,51.3,50.5
Judy,F,14,64.3,90
Louise,F,12,56.3,77
Mary,F,15,66.5,112
Philip,M,16,72,150
Robert,M,12,64.8,128
Ronald,M,15,67,133
Thomas,M,11,57.5,85
William,M,15,66.5,112
```

4.4.1 read_csv 函数

我们读取数据最常用是 read_csv 函数，其语法格式如下所示（只展示部分关键参数，完整的参数请读者参考 Pandas 文档），表 4.6 给出了 read_csv 函数的主要参数说明。

```
pd.read_csv(filepath_or_buffer,
encoding,
sep,
header,
names,
usecols,
index_col,
skiprows,
nrows,…)
```

表 4.6　read_csv 函数的主要参数说明

参数	说明
filepath_or_buffer	文件存储路径，可以用"r"进行非转义限定，路径最好是纯英文（文件名也是），不然会经常碰到编码不对的问题，最方便的是直接将文件存储在 Pandas 默认的路径下，则直接输入文件名即可
encoding	Pandas 默认编码是 utf-8，如果同样读取默认 uft-8 的 txt 或者 json 格式，则可以忽略这个参数，如果是 csv，且数据中有中文时，则要指定 "encoding='gbk'"
sep	指定分隔符形式，CSV 默认用逗号分隔，可以忽略这个参数，如果是其他分隔方式，则要指定
header	指定第一行是否为列名，通常有三种用法：忽略或 header=0(表示数据第一行为列名)，header=None（表明数据没有列名），常与 names 搭配使用
names	指定列名，通常用一个字符串列表表示。当 header=0 时，用 names 可以替换掉数据中的第一行作为列名；如果 header=None，用 names 可以增加一行作为列名；如果没有 header 参数时，用 names 会增加一行作为列名，原数据的第一行仍然保留
usecols	一个字符串列表，可以指定读取的列名
index_col	一个字符串列表，指定哪几列作为索引
skiprows	需要忽略的行数（从文件开始处算起），或需要跳过的行号列表（从 0 开始）
nrows	需要读取的行数（从文件头开始算起）

接着我们使用 rean_csv 函数读取上述的 class 数据文件，直接调用 rean_csv 函数即可，代码如下所示。

```
import pandas as pd
import numpy as np
data1=pd.read_csv("D:/Pythondata/data/class.csv")
```

data1

运行上述程序，结果如图 4.10 所示。

如果读者使用 pythn2.7 版本，则可以使用 read_table 函数读取 csv 格式的数据文件，结果与 read_csv 函数一致，在此不再赘述。

如果遇到首行数据不是列名的情况，我们可以使用 names 参数进行列名的设置，如果不设置，系统默认自己命名，比如我们读取如下 csv 文件。

```
1,2,3,4,one
5,6,7,8,two
9,10,11,12,three
```

代码如下所示，由于文件中没有列名，所以调用 header 进行设置。

```
import pandas as pd
import numpy as np
data2=pd.read_csv('D:/Pythondata/data/
example01.csv', header=None)
data2
```

运行上述代码，结果如图 4.11 所示，结果为所有列的名称由系统自主命名。

当然，我们可以利用 names 参数主动设置列名，代码如下所示。

```
import pandas as pd
import numpy as np
data2=pd.read_csv('D:/Pythondata/data/
example01.csv',
names=['var1', 'var2', 'var3', 'var4',
'class'])
data2
```

运行上述代码，结果如图 4.12 所示，所有列的名称由程序设置完成。

我们还可以通过 index_col 参数设置索引，比如我们可以设置变量 class 为索引，代码如下所示。

```
import pandas as pd
import numpy as np
varlist=['var1', 'var2', 'var3', 'var4',
'class']
```

	Name	Sex	Age	Height	Weight
0	Alfred	M	14	69.0	112.5
1	Alice	F	13	56.5	84.0
2	Barbara	F	13	65.3	98.0
3	Carol	F	14	62.8	102.5
4	Henry	M	14	63.5	102.5
5	James	M	12	57.3	83.0
6	Jane	F	12	59.8	84.5
7	Janet	F	15	62.5	112.5
8	Jeffrey	M	13	62.5	84.0
9	John	M	12	59.0	99.5
10	Joyce	F	11	51.3	50.5
11	Judy	F	14	64.3	90.0
12	Louise	F	12	56.3	77.0
13	Mary	F	15	66.5	112.0
14	Philip	M	16	72.0	150.0
15	Robert	M	12	64.8	128.0
16	Ronald	M	15	67.0	133.0
17	Thomas	M	11	57.5	85.0
18	William	M	15	66.5	112.0

图 4.10　rean_csv 函数读取的数据集 class

	0	1	2	3	4
0	1	2	3	4	one
1	5	6	7	8	two
2	9	10	11	12	three
3	13	14	15	16	four
4	17	18	19	20	five

图 4.11　读取没有列名的数据文件

	var1	var2	var3	var4	class
0	1	2	3	4	one
1	5	6	7	8	two
2	9	10	11	12	three
3	13	14	15	16	four
4	17	18	19	20	five

图 4.12　设置完成列名的数据结果

```
data3=pd.read_csv('D:/Pythondata/data/example01.csv',
names=varlist,index_col='class')
data3
```

运行上述代码，结果如图 4.13 所示。

class	var1	var2	var3	var4
one	1	2	3	4
two	5	6	7	8
three	9	10	11	12
four	13	14	15	16
five	17	18	19	20

图 4.13　设置 class 为索引的结果

4.4.2　to_csv 函数

利用 to_csv 函数，我们可以把数据写入指定的 csv 文件中，首先我们了解一下 to_csv 函数的语法结构，如下所示，表 4.7 给出了部分重要参数的说明，后续我们通过实际案例来说明 to_csv 函数的用法。

```
DataFrame.to_csv(path_or_buf=None,
sep=', ',
na_rep='',
float_format=None,
columns=None,
header=True,
index=True,
index_label=None,
mode='w',
encoding=None,
compression=None,
quoting=None,
quotechar='"',
line_terminator='\n',
chunksize=None,
tupleize_cols=None,
date_format=None,
doublequote=True,
escapechar=None,
decimal='.')
```

表 4.7　to_csv 函数中重要参数的说明

参数	说明
path_or_buf	字符串或文件句柄，默认无文件，如果没有提供路径或对象，结果将返回为字符串
sep	输出文件的字段分隔符，默认字符为","
na_rep	缺失值表示字符串，默认为""
index	写入行名称（索引）
header	写出列名。如果给定字符串列表，则假定为列名的别名（默认为 True）

我们直接把上一小节中 read_csv 函数读取的数据再重新读入文件中，首先是 data1 数据帧，我们把 data1 读入 class_new.csv 文件中，代码如下所示。

```
import pandas as pd
import numpy as np
data1.to_csv('D:/Pythondata/data/data1_new.csv')
```

当然，我们可以指定数据分隔符，比如分隔符"|"，代码如下。

```
data1.to_csv('D:/Pythondata/data/data1_new2.csv', sep='|')
```

运行上述程序，结果如下所示，数据文件的分隔符为"|"。

```
|Name|Sex|Age|Height|Weight
0|Alfred|M|14|69.0|112.5
1|Alice|F|13|56.5|84.0
2|Barbara|F|13|65.3|98.0
3|Carol|F|14|62.8|102.5
4|Henry|M|14|63.5|102.5
5|James|M|12|57.3|83.0
6|Jane|F|12|59.8|84.5
7|Janet|F|15|62.5|112.5
8|Jeffrey|M|13|62.5|84.0
9|John|M|12|59.0|99.5
10|Joyce|F|11|51.3|50.5
11|Judy|F|14|64.3|90.0
12|Louise|F|12|56.3|77.0
13|Mary|F|15|66.5|112.0
14|Philip|M|16|72.0|150.0
15|Robert|M|12|64.8|128.0
16|Ronald|M|15|67.0|133.0
17|Thomas|M|11|57.5|85.0
18|William|M|15|66.5|112.0
```

如果我们不需要把索引和列名读入文件中，则通过设置 index 和 header 参数即可，代码如下所示。

```
data1.to_csv('D:/Pythondata/data/data1_new2.csv',
sep='|',
```

```
index=False,
header=False)
```

运行上述程序，结果如下所示，数据帧索引和列名均删除了。

```
Alfred|M|14|69.0|112.5
Alice|F|13|56.5|84.0
Barbara|F|13|65.3|98.0
Carol|F|14|62.8|102.5
Henry|M|14|63.5|102.5
James|M|12|57.3|83.0
Jane|F|12|59.8|84.5
Janet|F|15|62.5|112.5
Jeffrey|M|13|62.5|84.0
John|M|12|59.0|99.5
Joyce|F|11|51.3|50.5
Judy|F|14|64.3|90.0
Louise|F|12|56.3|77.0
Mary|F|15|66.5|112.0
Philip|M|16|72.0|150.0
Robert|M|12|64.8|128.0
Ronald|M|15|67.0|133.0
Thomas|M|11|57.5|85.0
William|M|15|66.5|112.0
```

4.5 索引和选择数据

Python 和 NumPy 的索引运算符 "[]" 和属性运算符 "."，可以在广泛的用例中快速轻松地访问 Pandas 数据结构，然而，由于要访问的数据类型不是预先知道的，所以直接使用标准运算符会有一些限制，Pandas 提供了一些索引器（indexer）属性作为取值的方法，它们不是 Series 对象的函数方法，而是显示切片接口的属性。

Pandas 现在支持三种类型的索引，如表 4.8 所示。

表4.8　索引函数参数说明

参数	说明
.loc()	基于标签
.iloc()	基于整数
.ix()	基于标签和整数

4.5.1　loc 属性

Pandas 提供的第一种索引器是 loc 属性，表示取值和切片都是显式的，表 4.9 给出了 loc 属性的常见用法。

表 4.9　loc 属性参数说明

参数	说明
df[val]	从 DataFrame 中选择单列或者多列
df.loc[val]	通过标签从 DataFrame 中选择单行或行子集
df.loc[:, val]	通过标签选择单个列或列的子集
df.loc[val1, val2]	按标签同时选择行和列

下面我们通过实例来说明 loc 属性的用法。

```
import pandas as pd
import numpy as np
frame3 = pd.DataFrame(np.random.randn(6, 4),
index = ['a','b','c','d','e','f'],
columns = ['A', 'B', 'C', 'D'])
frame3
```

运行上述程序，结果如图 4.14 所示。

```
frame3.loc[:,['C','D']]
```

执行上面示例代码，得到图 4.15 的结果。

图 4.14　原始数据表

图 4.15　列 C 和 D 的结果

我们选取部分列和部分行，则代码如下所示。

```
frame3.loc[['a','d','f'],['C','D']]
```

执行上面示例代码，得到图 4.16 的结果。

	C	D
a	0.482529	-1.143100
d	1.151888	0.779428
f	0.504990	-0.968975

图 4.16　选取部分行和列的结果

4.5.2　iloc 属性

Pandas 提供的第二种索引器是 iloc 属性，表示取值和切片都是 Python 形式的，表 4.10 给出了 iloc 常见的用法。

表 4.10　iloc 属性参数说明

参数	说明
df.iloc[where]	按整数位置从 DataFrame 中选择单行或行子集
df.iloc[:, where]	按整数位置选择单个列或列的子集
df.iloc[where_i, where_j]	按整数位置同时选择行和列

我们通过实例来说明 iloc 的用法，首先通过如下代码生成 6 行 4 列的数据帧。

```
import pandas as pd
import numpy as np
frame4 = pd.DataFrame(np.random.randn(6,4),
columns = ['A', 'B', 'C', 'D'])
frame4
```

运行上述程序，结果如图 4.17 所示。

	A	B	C	D
0	-2.008884	-0.008298	-0.836493	0.579849
1	-1.138531	1.030811	-1.259227	0.898866
2	0.503676	0.140313	-0.498043	2.754940
3	2.332403	2.399818	-0.421691	1.056540
4	-0.984802	-0.441877	-0.357329	0.752112
5	-0.945728	-1.972188	-2.276591	-0.200926

图 4.17　原始数据

我们获取前三行数据，则程序如下。

```
frame4.iloc[:3]
```

运行程序结果如图 4.18 所示。

获取第 2 行至第 4 行，B、C 两列，则代码如下。

```
frame4.iloc[1:4, 1:3]
```

运行程序结果如图 4.19 所示，筛选了 B、C 列的第 2 行至第 4 行数据。

	A	B	C	D
0	-2.008884	-0.008298	-0.836493	0.579849
1	-1.138531	1.030811	-1.259227	0.898866
2	0.503676	0.140313	-0.498043	2.754940

图 4.18　筛选前三行数据

	B	C
1	1.030811	-1.259227
2	0.140313	-0.498043
3	2.399818	-0.421691

图 4.19　数据筛选结果

4.5.3　ix 属性

除了基于纯标签和整数之外，Pandas 还提供了一种使用 ix 属性来进行选择和子集化对象的混合方法，我们通过实例来说明用法。这里需要读者注意的是在 Python3.0 以上版本中，ix 属性已经被弃用，建议读者在筛选数据时选择使用 loc 和 iloc 属性。

```
import pandas as pd
import numpy as np
frame5 = pd.DataFrame(np.random.randn(8, 4),
columns = ['A', 'B', 'C', 'D'])
frame5.ix[:3,['A','C','D']]
```

执行上面示例代码，得到结果如图 4.20 所示。

	A	C	D
0	-0.456889	-0.452386	0.298821
1	-0.909394	0.846033	0.417105
2	-0.829247	-1.755816	-0.352751
3	-0.280856	0.621038	1.581191

图 4.20　数据筛选结果

4.6　数据合并

Pandas 具有全面的在高性能内存中的连接操作功能，与 SQL 等关系数据库非常相似，Pandas 提供了一个单独的 merge 函数，作为 DataFrame 对象之间所有标准数据库连接操作的入口，merge

函数的语法格式如下所示。

```
pd.merge(left, right, how='inner', on=None,
left_on=None, right_on=None,left_index=False,
right_index=False,
sort=True)
```

表 4.11 给出了 merge 函数的参数说明，后续我们通过实际案例来说明 merge 函数的用法。

表 4.11　merge 函数参数说明

参数	说明
left	一个 DataFrame 对象
right	另一个 DataFrame 对象
on	用于连接列的名称，必须在左和右 DataFrame 对象中存在（找到）
left_on	左侧 DataFrame 中的列用作其连接键，可以是列名或长度等于 DataFrame 长度的数组
right_on	右侧的 DataFrame 的列用作其连接键，可以是列名或长度等于 DataFrame 长度的数组
left_index	如果为 True，则使用左侧 DataFrame 中的索引（行标签）作为其连接键。在具有 MultiIndex（分层）的 DataFrame 的情况下，级别的数量必须与来自右 DataFrame 的连接键的数量相匹配
right_index	与右 DataFrame 的 left_index 具有相同的用法
how	它是 left、right、outer 以及 inner 之中的一个，默认为内 inner
sort	按照字典顺序通过连接键对结果 DataFrame 进行排序。默认为 True，设置为 False 时，在很多情况下能大大提高性能

现在我们创建两个不同的 DataFrame 并对其执行合并操作，首先，我们生成两个数据帧，用于进行数据合并，代码如下所示。

```
df1 = pd.DataFrame({'key': ['b', 'b', 'a', 'c', 'a', 'a', 'b'],
'var1': range(7)})
df1
df2 = pd.DataFrame({'key': ['a', 'b', 'd'], 'var2': range(3)})
df2
```

运行上述程序，结果如图 4.21 和图 4.22 所示。

这是多对一连接的一个例子，其中 df1 中的数据有多行被标记为 a 和 b，而 df2 键列中的每个值只有一行，所以我们调用合并函数进行合并操作，代码及结果如下所示。

```
pd.merge(df1, df2)
```

运行上述程序，结果如图 4.23 所示。

	key	var1
0	b	0
1	b	1
2	a	2
3	c	3
4	a	4
5	a	5
6	b	6

图 4.21 数据帧 df1 结构

	key	var2
0	a	0
1	b	1
2	d	2

图 4.22 数据帧 df2 结构

	key	var1	var2
0	b	0	1
1	b	1	1
2	b	6	1
3	a	2	0
4	a	4	0
5	a	5	0

图 4.23 df1 和 df2 合并结果

上述的数据合并并没有指定合并参数，建议在合并数据集时指定相应的参数，比如我们可以通过 on 指定关键参数，指定根据哪个列来进行合并，代码如下，结果与上图一致。

```
pd.merge(df1, df2, on='key')
```

如果每个对象的列名不同，可以分别指定，比如：

```
df3 = pd.DataFrame({'lkey': ['b', 'b', 'a', 'c', 'a', 'a', 'b'],
'var3': range(7)})
df4 = pd.DataFrame({'rkey': ['a', 'b', 'd'], 'var4': range(3)})
pd.merge(df3, df4, left_on='lkey', right_on='rkey')
```

运行上述程序，结果如图 4.24 所示。

	lkey	var3	rkey	var4
0	b	0	b	1
1	b	1	b	1
2	b	6	b	1
3	a	2	a	0
4	a	4	a	0
5	a	5	a	0

图 4.24 df3 和 df4 的合并结果

Pandas 中的数据合并与 Sql 中的连接查询并没有多大的区别，Pandas 中有 inner（内连接）、left（左连接）、right（右连接）以及 output（全连接）四种方式，它们之间其实并没有太大区别，仅仅是查询出来的结果有所不同，表 4.12 给出了不同连接方式的说明。

表 4.12　不同的连接方式说明

参数	说明
inner	内连接，在两张表进行连接查询时，只保留两张表中完全匹配的结果集
left	左连接，在两张表进行连接查询时，会返回左表所有的行，即使在右表中没有匹配的记录
right	右连接，在两张表进行连接查询时，会返回右表所有的行，即使在左表中没有匹配的记录
outer	全连接，在两张表进行连接查询时，返回左表和右表中观察到的所有行

下面我们通过实际案例来说明不同连接方式的用法，首先创建数据帧，代码如下所示。

```
df5 = pd.DataFrame({'key': ['b', 'b', 'a', 'c', 'a', 'b'],
'var1': range(6)})
df5
df6 = pd.DataFrame({'key': ['a', 'b', 'a', 'b', 'd'],
'var2': range(5)})
df6
```

运行上述程序，结果如图 4.25 和图 4.26 所示。

	key	var1
0	b	0
1	b	1
2	a	2
3	c	3
4	a	4
5	b	5

	key	var2
0	a	0
1	b	1
2	a	2
3	b	3
4	d	4

图 4.25　df5 的数据结构　　图 4.26　df6 的数据结构

然后，使用 left 参数进行左连接，代码及结果如下所示，从图 4.27 可以看到，左表 df5 中的 key=c 行，即使在 df6 中没有查询到，也被选择在内。

```
pd.merge(df1, df2, on='key', how='left')
```

当然，我们也可以进行 inner 内连接操作，代码及结果如下，从图 4.28 可以看到，key 只有 a 和 b 被选择。

```
pd.merge(df1, df2, on='key',how='inner')
```

	key	var1	var2
0	b	0	1.0
1	b	1	1.0
2	a	2	0.0
3	c	3	NaN
4	a	4	0.0
5	a	5	0.0
6	b	6	1.0

图 4.27　df5 和 df6 的左连接结果

	key	var1	var2
0	b	0	1
1	b	1	1
2	b	6	1
3	a	2	0
4	a	4	0
5	a	5	0

图 4.28　df5 和 df6 的内连接的结果

4.7　累计与分组

在进行数据分析时，我们需要经常查看数据的分布情况，比如频数分布等，最基本的工作就是对数进行累计，比如计算均值和最大值、最小值等数据指标，而且对于具有分类属性的数据，常常按照分类进行数据指标的计算，这时就需要对数据进行分组计算，本节就详细描述如何对数据进行累计和分组。

关于在 Pandas 中进行数据的累计与分组计算，如果熟悉 SQL 语言的读者应该也非常熟悉，在这些工具中，可以编写如下代码。

```
SELECT Column1, Column2, mean(Column3), sum(Column4)
FROM SomeTable
GROUP BY Column1, Column2
```

本节的目标就是利用 Pandas 库实现上述的操作，group By 的过程如下，我们将处理 group By 的每个功能，然后提供一些重要的示例来说明用法。

- 分割：将 DataFrame 按照指定的键分割成若干组。
- 应用：对每个组应用聚合函数，通常是累计、转换或过滤函数。
- 组合：将每个组的结果合并成一个输出数组。

4.7.1　分组

Pandas 对象可以在任何轴上被分割，分组的抽象定义就是提供标签到组名称的映射，Pandas 库有多种方式来拆分对象，比如：

- obj.groupby（'key'）

- obj.groupby(['key1' , 'key2'])
- obj.groupby(key,axis=1)

下面我们通过实际案例来说明分组的操作，比如我们创建如下数据帧，并对此数据帧进行分组操作。首先，创建数据帧，具体代码如下所示。

```
import pandas as pd
import numpy as np
classinfo=pd.read_csv("D:/Pythondata/data/class.csv")
classinfo.head()
```

运行上述程序，结果如图 4.29 所示。

	Name	Sex	Age	Height	Weight
0	Alfred	M	14	69.0	112.5
1	Alice	F	13	56.5	84.0
2	Barbara	F	13	65.3	98.0
3	Carol	F	14	62.8	102.5
4	Henry	M	14	63.5	102.5

图 4.29　classinfo 的前 5 个观测样本

下面我们看下如何对数据组 classinfo 进行分组操作。

```
print(classinfo.groupby('Sex'))
```

运行程序，结果如下。

```
<pandas.core.groupby.generic.DataFrameGroupBy
object at 0x000002C7DD806320>
```

如果我们要看分组结果，则代码如下。

```
print(classinfo.groupby('Sex').groups)
```

运行程序，结果如下。

```
{'F': Int64Index([1, 2, 3, 6, 7, 10, 11, 12, 13], dtype='int64'),
'M': Int64Index([0, 4, 5, 8, 9, 14, 15, 16, 17, 18], dtype='int64')}
```

再比如，我们可以按照性别、年龄进行分组，代码如下。

```
print(classinfo.groupby(['Sex','Age']).groups)
```

运行程序，结果如下。

```
{('F', 11): Int64Index([10], dtype='int64'),
('F', 12): Int64Index([6, 12], dtype='int64'),
('F', 13): Int64Index([1, 2], dtype='int64'),
('F', 14): Int64Index([3, 11], dtype='int64'),
```

```
('F', 15): Int64Index([7, 13], dtype='int64'),
('M', 11): Int64Index([17], dtype='int64'),
('M', 12): Int64Index([5, 9, 15], dtype='int64'),
('M', 13): Int64Index([8], dtype='int64'),
('M', 14): Int64Index([0, 4], dtype='int64'),
('M', 15): Int64Index([16, 18], dtype='int64'),
('M', 16): Int64Index([14], dtype='int64')}
```

如果我们要把一个组取出来，则使用 get_group 函数即可，比如，我们选择性别为"F"的组，代码如下所示。

```
Sex_grouped = classinfo.groupby('Sex')
print (Sex_grouped.get_group('F'))
```

运行程序，结果如下所示。

```
     Name Sex  Age  Height  Weight
1    Alice   F   13    56.5    84.0
2  Barbara   F   13    65.3    98.0
3    Carol   F   14    62.8   102.5
6     Jane   F   12    59.8    84.5
7    Janet   F   15    62.5   112.5
10   Joyce   F   11    51.3    50.5
11    Judy   F   14    64.3    90.0
12  Louise   F   12    56.3    77.0
13    Mary   F   15    66.5   112.0
```

4.7.2　聚合

聚合函数为每个组返回单个聚合值。当创建了分组 (group by) 对象，就可以对分组数据执行多个聚合操作。

比如，我们计算每组的年龄均值，则代码如下。

```
import pandas as pd
import numpy as np
grouped = classinfo.groupby('Sex')
print (grouped['Age'].agg(np.mean))
```

运行上述程序后，结果如下，其中性别为 F 的年龄均值为 13.22，性别为 M 的年龄均值为 13.4。

```
Sex
F    13.222222
M    13.400000
Name: Age, dtype: float64
```

同样，我们可以查看每个分组的大小，其方法是应用 size 函数，代码如下所示。

```
print (grouped.agg(np.size))
```

运行上述程序后，结果如下，性别为 F 的组的样本为 9 个，性别为 M 的组的样本为 10 个。

```
     Name   Age  Height  Weight
Sex
F       9     9     9.0     9.0
M      10    10    10.0    10.0
```

通过分组系列，还可以传递函数的列表或字典来进行聚合，并生成 DataFrame 作为输出，比如，我们计算每个年龄组的体重 Weight 的和、均值与标准差，具体代码如下所示。

```
grouped = classinfo.groupby('Age')
agg = grouped['Weight'].agg([np.sum, np.mean, np.std])
print (agg)
```

运行上述程序后，结果如下。

```
        sum        mean         std
Age
11    135.5   67.750000   24.395184
12    472.0   94.400000   20.528639
13    266.0   88.666667    8.082904
14    407.5  101.875000    9.213893
15    469.5  117.375000   10.419333
16    150.0  150.000000         NaN
```

一般情况下，Pandas 库为数据帧提供了 describe 方法，可以一次性计算出每一列上的若干常用统计值，但是在对数据进行分析时，我们更多的是查看各个分组的若干常用统计指标。借用 group by 的功能，可以让每组数据都调用 describe 方法，比如，我们按照性别分组计算变量的若干统计值，代码如下所示。首先，使用 describe 方法进行计算，然后用 group by 对象进行计算。

```
classinfo.describe()
```

运行上述程序，结果如图 4.30 所示。

下面我们利用 group by 进行分组计算，具体代码如下，这里需要注意的是，这些简单的累计方法默认都是对列进行统计，如果想要统计行的数据的特性，可以加上参数 axis=1。

```
classinfo.groupby('Sex')
['Height','Weight'].describe().T
```

运行上述程序，结果如图 4.31 所示。

	Age	Height	Weight
count	19.000000	19.000000	19.000000
mean	13.315789	62.336842	100.026316
std	1.492672	5.127075	22.773933
min	11.000000	51.300000	50.500000
25%	12.000000	58.250000	84.250000
50%	13.000000	62.800000	99.500000
75%	14.500000	65.900000	112.250000
max	16.000000	72.000000	150.000000

图 4.30　调用 describe 方法计算的若干统计值

Sex		F	M
Height	count	9.000000	10.000000
	mean	60.588889	63.910000
	std	5.018328	4.937937
	min	51.300000	57.300000
	25%	56.500000	59.875000
	50%	62.500000	64.150000
	75%	64.300000	66.875000
	max	66.500000	72.000000
Weight	count	9.000000	10.000000
	mean	90.111111	108.950000
	std	19.383914	22.727186
	min	50.500000	83.000000
	25%	84.000000	88.625000
	50%	90.000000	107.250000
	75%	102.500000	124.125000
	max	112.500000	150.000000

图 4.31　利用 group by 进行分组计算的结果

表 4.13 给出了分组结果的内置聚合函数，供读者参考。

表 4.13　内置聚合函数列表

函数	说明
count	分组中非 NA 值的数量
sum	非 NA 值的和
mean	非 NA 值的算术平均数
median	非 NA 值的算数中位数
std,var	无偏标准差和方差
min,max	非 NA 值的最小最大值
prod	非 NA 值的积
first,last	第一个和最后一个非 NA 值

4.8 时间序列处理

日期功能扩展了时间序列，在时间序列的数据分析中起主要作用，在处理日期数据的同时，我们经常会遇到以下情况：

- 生成固定频率日期和时间跨度的序列；
- 将时间序列整合或转换为特定频率；
- 基于各种非标准时间增量（例如，在一年的最后一个工作日之前的 5 个工作日）计算"相对"日期，以及向前或向后"滚动"日期，使用 Pandas 可以轻松完成以上任务。

4.8.1 创建日期序列

1. date.range 函数

Pandas 中和时间、日期相关的常用创建方法有多种，通过指定周期和频率，使用 date.range 函数就可以创建日期序列，默认情况下范围的频率是天，参考以下示例代码。

```
import pandas as pd
datelist = pd.date_range('2019/12/2', periods=5)
print(datelist)
```

运行上述程序，结果如下，从 2019 年 12 月 2 日开始，系统默认的频率为天。

```
DatetimeIndex(['2019-12-02',
'2019-12-03',
'2019-12-04',
'2019-12-05',
'2019-12-06'],
              dtype='datetime64[ns]', freq='D')
```

当然，Series 与 DataFrame 也可以直接把时间序列当成数据。

```
pd.Series(pd.date_range('2019', freq='D', periods=3))
```

运行程序，结果如下所示。

```
0    2019-01-01
1    2019-01-02
2    2019-01-03
3    2019-01-04
4    2019-01-05
dtype: datetime64[ns]
```

2. period_range 函数

除 data_range 函数外，还有 period_range 函数可以创建新的时间序列，比如以下程序。

```
pd.Series(pd.period_range('12/1/2019', freq='M', periods=5))
```

运行程序，结果如下所示，频率为月，给出了 5 个时间点。

```
0    2019-12
1    2020-01
2    2020-02
3    2020-03
4    2020-04
dtype: period[M]
```

Pandas 用 NaT 表示日期时间、时间差及时间段的空值，代表了缺失日期或空日期的值，类似于浮点数的 np.nan。

```
print(pd.Timestamp(pd.NaT))
print(pd.Period(pd.NaT))
```

运行上述程序，结果如下所示。

```
NaT
NaT
```

3. bdate_range 函数

除了上述函数之外，bdate_range 函数主要用来表示商业日期范围，不同于 date_range 函数，它不包括星期六和星期天。

```
import pandas as pd
datelist = pd.bdate_range('2019/12/01', periods=10)
print(datelist)
```

运行上述程序，结果如下所示，可以观测一下打印出的日期，2019 年 12 月 1 日是星期日，所以没有显示。

```
DatetimeIndex(['2019-12-02', '2019-12-03', '2019-12-04',
'2019-12-05','2019-12-06',  '2019-12-09',
'2019-12-10', '2019-12-11', '2019-12-12',
 '2019-12-13'],
             dtype='datetime64[ns]', freq='B')
```

像 date_range 和 bdate_range 这样的便利函数利用了各种频率别名，date_range 的默认频率是日历中的自然日，而 bdate_range 的默认频率是工作日，表 4.14 给出了各种频率的缩写，可以根据情况自主使用。

表 4.14 时间序列的频率

关键字	描述
B	工作日频率
BQS	商务季度开始频率

关键字	描述
D	日历 / 自然日频率
A	年度 (年) 结束频率
W	每周频率
BA	商务年底结束
M	月结束频率
BAS	商务年度开始频率
SM	半月结束频率
BH	商务时间频率
SM	半月结束频率
BH	商务时间频率
BM	商务月结束频率
H	小时频率
MS	月起始频率
T, min	分钟的频率
SMS	SMS 半开始频率
S	秒频率
BMS	商务月开始频率
L, ms	毫秒
Q	季度结束频率
U, us	微秒
BQ	商务季度结束频率
N	纳秒
BQ	商务季度结束频率
QS	季度开始频率

4.8.2 字符串与日期格式的转换

在我们进行数据分析的时候，遇到的很多日期格式数据的存储格式为文本类型，这时就需要把文本格式转换为日期格式，通过 to_datetime 能快速将字符串转换为时间戳。to_datetime 函数用于转换字符串、纪元式及混合的日期 Series 或日期列表。转换的是 Series 时，返回的是具有相同索引的 Series，日期时间列表则会被转换为 DatetimeIndex。

表 4.15 给出了时间日期格式的列表，需要转换为什么样的格式，指定对应的格式即可。

表 4.15　日期格式

代码	说明
%Y	4 位数的年
%y	2 位数的年
%m	2 位数的月 [01,12]
%d	2 位数的日 [01，31]
%H	时（24 小时制）[00,23]
%I	时（12 小时制）[01,12]
%M	2 位数的分 [00,59]
%S	秒 [00,61] 有闰秒的存在
%w	用整数表示的星期几
%F	%Y-%m-%d 简写形式，例如 2017-06-27
%D	%m/%d/%y 简写形式

下面我们通过案例说明如何转换日期格式，代码如下。

```
pd.to_datetime(pd.Series(["Dec 1, 2019", "2019-12-02", None]))
```

运行程序后的结果如下所示。

```
0    2019-12-01
1    2019-12-02
2           NaT
dtype: datetime64[ns]
```

再比如以下代码。

```
pd.to_datetime(["2019/12/02", "2019.12.02"])
```

运行程序后的结果如下所示。

```
DatetimeIndex(['2019-12-01', '2019-12-02'],
```

```
dtype='datetime64[ns]',
freq=None)
```

4.8.3　日期索引

DatetimeIndex 主要用作 pandas 对象的索引，DatetimeIndex 对象支持全部常规 Index 对象的基本用法，以及一系列简化频率处理的高级时间序列专有方法，下面我们通过实际案例来说明 DatetimeIndex 的用法。

比如，我们创建新的时间序列，代码如下所示。

```
rng = pd.date_range("2019-12-1", periods=10, freq="W")
ts = pd.Series(range(len(rng)), index=rng)
ts
```

运行上述程序后结果如下所示。

```
2019-12-01    0
2019-12-08    1
2019-12-15    2
2019-12-22    3
2019-12-29    4
2020-01-05    5
2020-01-12    6
2020-01-19    7
2020-01-26    8
2020-02-02    9
Freq: W-SUN, dtype: int64
```

首先我们看一下上述时间序列的索引，代码如下。

```
ts.index
```

运行程序后的结果如下所示。

```
DatetimeIndex(['2019-12-01', '2019-12-08', '2019-12-15',
'2019-12-22', '2019-12-29', '2020-01-05',
'2020-01-12', '2020-01-19', '2020-01-26',
'2020-02-02'],
 dtype='datetime64[ns]', freq='W-SUN')
```

我们可以通过日期访问数据，比如以下代码。

```
ts["2020-01-12"]
```

运行程序后的结果如下所示。

```
6
```

也可以通过日期区间访问数据切片，代码如下。

```
ts["2019-12-20": "2020-01-20"]
```

运行程序后，结果如下所示。

```
2019-12-22    3
2019-12-29    4
2020-01-05    5
2020-01-12    6
2020-01-19    7
Freq: W-SUN, dtype: int64
```

Pandas 为访问较长的时间序列提供了便捷的方法，比如我们查询 2020 年的所有观测样本，则代码如下所示。

```
ts["2020"]
```

运行程序后，结果如下所示。

```
2020-01-05    5
2020-01-12    6
2020-01-19    7
2020-01-26    8
2020-02-02    9
Freq: W-SUN, dtype: int64
```

除了可以使用字符串对 DateTimeIndex 进行索引外，还可以使用 datetime（日期时间）对象来进行索引，比如获取年份，代码如下所示。

```
ts.index.year
```

运行上述程序，结果如下所示。

```
Int64Index([2019, 2019, 2019, 2019, 2019, 2020,
2020, 2020, 2020, 2020],
dtype='int64')
```

同样，可以获取星期几，代码如下。

```
ts.index.dayofweek
```

运行上述程序，结果如下所示。

```
Int64Index([6, 6, 6, 6, 6, 6, 6, 6, 6, 6], dtype='int64')
```

4.9　缺失数据处理

几乎所有的数据分析挖掘项目中都会遇到缺失数据的情况，数据缺失会导致数据发生偏差，从而使数据分析项目产生严重的数据问题。对于数值型数据，panda 使用浮点数值 NaN 表示丢失的数据，本节的目标就是使用 Pandas 让处理丢失的数据变得尽可能轻松。

一般情况下，会使用变量的平均值填充数值型变量的缺失值，使用抽样模式填充类别变量的缺失值。对于数值型变量，缺失值一般暗示着变量的值为特定值（一般是 0），在事先理解业务的情况下，使用实际值来补缺远比使用补缺方法来猜测缺失值更有意义，使用平均值补缺会使记录看起来很特别，当缺失比例相对比较高时，会在分布中出现一个峰值，这可能会导致之前提及的数据分布问题。

变量是分类型的时候，缺失值可以作为单独的类别来处理，在含缺失值的记录所占比例比较小的情况时，这种方法可能会出错，因为它为了少量的记录而让模型增加了一个参数，这时比较合适的做法就是采用默认模式，如果整个变量对预测响应比较重要，还可以使用决策树。

4.9.1　检查缺失数据

为了更容易地检测缺失值，Pandas 提供了 isnull 和 notnull 函数，它们也是 Series 和 DataFrame 对象的方法，我们通过实际案例来展示函数用法。

```python
import pandas as pd
import numpy as np
data = pd.DataFrame({'food': ['bacon', 'Pulled Pork',
'bacon','Pastrami', 'Corned BEEF', 'Bacon', 'pastrami',
'honey Ham', 'NOVA LOX'],
'price': [4.2, 3.1, np.nan, np.nan, 8.5, 9.8,np.nan, 6.5, 7.6]})
print(' 原始数据: ')
print(data)
print(' 判断是否存在缺失值: ')
print (data['price'].isnull())
```

执行上面示例代码，得到以下结果。

```
原始数据:
          food  price
0        bacon    4.2
1  Pulled Pork    3.1
2        bacon    NaN
3     Pastrami    NaN
4  Corned BEEF    8.5
5        Bacon    9.8
6     pastrami    NaN
7    honey Ham    6.5
8     NOVA LOX    7.6
判断是否存在缺失值:
0    False
1    False
2     True
```

```
3      True
4      False
5      False
6      True
7      False
8      False
Name: price, dtype: bool
```

从结果可以看出，存在缺失值的输出为 True，否则为 False。同样我们可以调用 notnull 函数进行缺失值判断，代码如下所示。

```
print (data['price'].notnull())
```

执行上面示例代码，得到以下结果。

```
0      True
1      True
2      False
3      False
4      True
5      True
6      False
7      True
8      True
Name: price, dtype: bool
```

4.9.2　缺失数据的计算

这里需要特别注意的是在我们计算求和数据时，NA 将被视为 0，如果数据全部是 NA，那么结果将是 NA。

```
import pandas as pd
import numpy as np
data = pd.DataFrame({'food': ['bacon', 'Pulled Pork',
'bacon','Pastrami', 'Corned BEEF', 'Bacon', 'pastrami',
'honey Ham', 'NOVA LOX'],
'price': [4.2, 3.1, np.nan, np.nan, 8.5, 9.8,np.nan, 6.5, 7.6]})
print('计算 price 列之和: ')
print (data['price'].sum())
```

执行上面示例代码，得到以下结果。

```
#计算 price 列之和:
39.7
```

4.9.3 填充缺失数据

Pandas 提供了各种方法来清除缺失的值，fillna 函数可以通过好几种方法用非空数据填充缺失值，我们用实例来说明 fillna 的用法。

```
import pandas as pd
from numpy import nan as NA
df = pd.DataFrame(np.random.randn(7, 3))
df.iloc[1:5, 1] = NA
df.iloc[3:6, 2] = NA
df
```

执行上面示例代码，得到结果如图 4.32 所示。

首先我们用 0 值填充缺失值，代码如下所示。

```
df.fillna(0)
```

运行程序，结果如图 4.33 所示。

	0	1	2
0	-0.113990	0.112622	-1.667004
1	0.786330	NaN	-1.165618
2	1.192441	NaN	0.017421
3	0.386803	NaN	NaN
4	-0.513839	NaN	NaN
5	0.983438	0.255734	NaN
6	-2.113829	-0.204296	0.249786

图 4.32 含有缺失值的数据集

	0	1	2
0	-0.113990	0.112622	-1.667004
1	0.786330	0.000000	-1.165618
2	1.192441	0.000000	0.017421
3	0.386803	0.000000	0.000000
4	-0.513839	0.000000	0.000000
5	0.983438	0.255734	0.000000
6	-2.113829	-0.204296	0.249786

图 4.33 填充缺失值结果

接着，我们可以用 0.6 替换 1 列的缺失值，用 -1.0 替换 2 列的缺失值，代码如下所示。

```
df.fillna({1: 0.6, 2: -1.0})
```

运行程序，结果如图 4.34 所示。

可以利用前一个索引值来填充当前的缺失值，代码如下所示。

```
import pandas as pd
from numpy import nan as NA
df = pd.DataFrame(np.random.randn(5, 3))
df.iloc[2:, 1] = NA
df.iloc[3:, 2] = NA
df
```

运行程序，结果如图 4.35 所示。

	0	1	2
0	-0.113990	0.112622	-1.667004
1	0.786330	0.600000	-1.165618
2	1.192441	0.600000	0.017421
3	0.386803	0.600000	-1.000000
4	-0.513839	0.600000	-1.000000
5	0.983438	0.255734	-1.000000
6	-2.113829	-0.204296	0.249786

图 4.34　填充缺失值结果数据

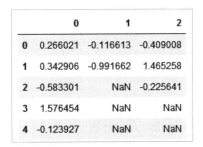

	0	1	2
0	0.266021	-0.116613	-0.409008
1	0.342906	-0.991662	1.465258
2	-0.583301	NaN	-0.225641
3	1.576454	NaN	NaN
4	-0.123927	NaN	NaN

图 4.35　含有缺失值的数据集

直接调用 ffill 方法来进行填充，代码如下。

```
df.fillna(method='ffill')
```

运行程序，结果如图 4.36 所示。

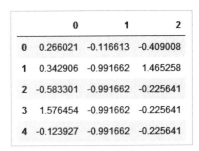

	0	1	2
0	0.266021	-0.116613	-0.409008
1	0.342906	-0.991662	1.465258
2	-0.583301	-0.991662	-0.225641
3	1.576454	-0.991662	-0.225641
4	-0.123927	-0.991662	-0.225641

图 4.36　利用索引填充缺失值的结果

我们也可以通过均值来填充缺失值，代码如下。

```
import pandas as pd
from numpy import nan as NA
data = pd.Series([4, NA,2.9, NA,8])
print(' 原始数据: ')
print(data)
cleaned=data.fillna(data.mean())
print(' 均值填充结果: ')
print(cleaned)
```

运行程序，结果如下所示。

```
原始数据:
0    4.0
1    NaN
2    2.9
3    NaN
4    8.0
dtype: float64
```

```
均值填充结果:
0    4.000000
1    4.966667
2    2.900000
3    4.966667
4    8.000000
dtype: float64
```

4.9.4　丢失缺失数据

如果只想排除缺少的值，则使用 dropna 函数和 axis 参数。默认情况下，axis=0，即在行上应用，这意味着如果行内的任何值是 NA，那么整个行被排除。

```
import pandas as pd
from numpy import nan as NA
data = pd.DataFrame([[1., 6.5, 3.], [1., NA, NA], [NA, NA, NA],
[NA, 6.5, 3.]])
print(' 原始数据: ')
print(data)
cleaned = data.dropna()
print(' 删除缺失值后的结果: ')
print(cleaned)
```

执行上面示例代码，得到以下结果。

```
原始数据:
     0    1    2
0  1.0  6.5  3.0
1  1.0  NaN  NaN
2  NaN  NaN  NaN
3  NaN  6.5  3.0
删除缺失值后的结果:
     0    1    2
0  1.0  6.5  3.0
```

我们可以通过设置参数 how='all'，来删除所有列均为缺失值的观测数据。

```
print(' 删除所有列均为缺失值后的结果: ')
cleaned = data.dropna(how='all')
print(cleaned)
```

执行上面示例代码，得到以下结果。

```
删除所有列均为缺失值后的结果:
     0    1    2
0  1.0  6.5  3.0
1  1.0  NaN  NaN
3  NaN  6.5  3.0
```

我们可以用同样的方式删除列，此时需要传递参数 axis=1。

```
data[4] = NA
print(' 原始数据：')
print(data)
print(' 删除都是缺失值的列后的结果：')
cleaned=data.dropna(axis=1, how='all')
print(cleaned)
```

执行上面示例代码，得到以下结果，第四列被删除。

```
原始数据：
     0    1    2    4
0  1.0  6.5  3.0  NaN
1  1.0  NaN  NaN  NaN
2  NaN  NaN  NaN  NaN
3  NaN  6.5  3.0  NaN
删除都是缺失值的列后的结果：
     0    1    2
0  1.0  6.5  3.0
1  1.0  NaN  NaN
2  NaN  NaN  NaN
3  NaN  6.5  3.0
```

4.10　函数

4.10.1　数值函数

统计方法有助于理解和分析数据的行为。现在我们将学习一些统计函数，可以将这些函数应用到 Pandas 的对象上。

1. pct_change 函数

系列和数据帧都有 pct_change 函数，此函数将每个元素与其前一个元素进行比较，并计算变化的百分比。

```
import pandas as pd
data = {'province': ['beijing', 'beijing', 'beijing' ,
'beijing', 'beijing'],
'year': [2000,2001,2002,2003,2004],
'gdp': [2.1,2.9,3.8,4.2,4.9]}
frame1 = pd.DataFrame(data)
print(frame1)
frame1['gdp'].pct_change()
```

执行上面示例代码，得到以下结果。

```
   province  year  gdp
0  beijing   2000  2.1
1  beijing   2001  2.9
2  beijing   2002  3.8
3  beijing   2003  4.2
4  beijing   2004  4.9
0       NaN
1  0.380952
2  0.310345
3  0.105263
4  0.166667
Name: gdp, dtype: float64
```

默认情况下 pct_change 函数对列进行操作，如果想应用到行上，那么可使用 axis = 1 参数。

2. 协方差

协方差适用于系列数据，Series 对象有一个 cov 函数用来计算序列对象之间的协方差，其中缺失值 NA 将被自动排除。

```
import pandas as pd
import numpy as np
s1 = pd.Series(np.random.randn(5))
s2 = pd.Series(np.random.randn(5))
print(s1)
print(s2)
print (s1.cov(s2))
```

执行上面示例代码，得到以下结果，s1 和 s1 的协方差为 -0.65。

```
0   -0.849492
1    1.541043
2    1.437257
3   -0.834043
4    1.386639
dtype: float64
0   -0.182571
1    0.477504
2   -0.757826
3    0.458232
4   -2.400695
dtype: float64
-0.6548452818230452
```

当应用于 DataFrame 时，协方差方法计算所有列之间的协方差值。

```
import pandas as pd
import numpy as np
frame = pd.DataFrame(np.random.randn(6,4), columns=['a', 'b',
```

```
'c', 'd'])
print(frame)
print('a 和 b 列的协方差 : ')
print (frame['a'].cov(frame['b']))
print(' 所有列的协方差 : ')
print (frame.cov())
```

执行上面示例代码，得到以下结果。

```
          a         b         c         d
0 -0.133003 -1.257127 -1.164416 -0.606679
1  0.286251  0.959249 -0.956041  1.751782
2  1.517059  0.566785 -0.992906 -0.505023
3  1.976560  0.306585 -0.410401  1.983061
4  0.750116 -0.239051 -1.621916  0.451017
5  0.014514  1.084802 -0.088355  1.299034
a 和 b 列的协方差 :
0.13981580583514985
所有列的协方差 :
          a         b         c         d
a  0.725444  0.139816  0.038828  0.175482
b  0.139816  0.762610  0.277966  0.606058
c  0.038828  0.277966  0.299347  0.337572
d  0.175482  0.606058  0.337572  1.265564
```

观察第一个语句中 a 和 b 列之间的协方差结果值，其与由 DataFrame 上的协方差矩阵返回的值相同。

3. 相关性

相关性显示了任何两个数值之间的线性关系，有多种方法来计算相关系数，下面我们通过实例来展示如何计算相关系数。

```
import pandas as pd
import numpy as np
frame = pd.DataFrame(1000*np.random.randn(6, 4), columns=['a',
'b', 'c', 'd'])
print(frame)
print('a 和 b 列的相关系数 : ')
print (frame['a'].corr(frame['b']))
print(' 所有列的相关系数 : ')
print (frame.corr())
```

执行上面示例代码，得到以下结果。

```
           a            b            c            d
0  1367.786201  -399.584794 -1061.178812   947.535482
1  -980.319745   398.757229  -742.909547  1019.750901
2  1027.376666   130.372875   870.662699  1447.689353
3  -115.997953  -573.032341  -351.691601  -262.547743
4  -307.959577  1602.167628  1845.969305   125.936188
```

109

```
5    259.963063    855.678010    -929.858197    1574.546565
```
a 和 b 列的相关系数：
```
-0.4039109405770844
```
所有列的相关系数：
```
          a           b           c           d
a  1.000000  -0.403911  -0.102422   0.367958
b -0.403911   1.000000   0.576763   0.096845
c -0.102422   0.576763   1.000000  -0.314941
d  0.367958   0.096845  -0.314941   1.000000
```

4. 离散化与分箱

在某些数据分析挖掘过程中，需要对连续数据进行离散化或以其他方式分成"箱"以便进行分析，比如在信用评分卡模型的开发过程中，就需要对自变量进行分箱处理，再比如我们经常在客户群研究中，需要针对不同年龄组的客户群进行行为特征分析。

```python
import pandas as pd
import numpy as np
ages = [20,27,21,23,37,61,45,32,67]
print('年龄: ')
print(ages)
bins = [18, 25, 35, 60, 100]
print('年龄分段结果: ')
cats = pd.cut(ages, bins)
print(cats)
```

运行上述程序，结果如下所示。

```
年龄:
[20, 27, 21, 23, 37, 61, 45, 32, 67]
年龄分段结果:
[(18, 25], (25, 35], (18, 25], (18, 25], (35, 60], (60, 100],
(35, 60], (25, 35], (60, 100]]
Categories (4, interval[int64]): [(18, 25] < (25, 35] <
(35, 60] < (60, 100]]
```

下面我们介绍一个非常重要的函数，即 qcut 函数。基于样本的分位数来对数据进行分箱，使用 cut 函数通常不会导致每个"箱"都有相同数量的数据点，但是根据定义，qcut 函数分割数据时使用的是样本分位数，所以我们会得到大致相同大小的"箱"。

```python
import pandas as pd
import numpy as np
data = np.random.randn(1000)
cats = pd.qcut(data, 4)
cats
```

运行上述程序，结果如下所示。

```
[(-0.0942, 0.684], (0.684, 2.739], (0.684, 2.739], (-3.237, -0.742],
 (-3.237, -0.742], ..., (-0.742, -0.0942], (-0.742, -0.0942], (-3.237,
```

```
-0.742], (-3.237, -0.742], (-0.0942, 0.684]]
Length: 1000
Categories (4, interval[float64]): [(-3.237, -0.742] < (-0.742,
-0.0942] < (-0.0942, 0.684] < (0.684, 2.739]]
```

我们可以查看每个分箱的数据个数，代码如下。

```
pd.value_counts(cats)
```

运行上述程序，结果如下所示。

```
(0.684, 2.739]          250
(-0.0942, 0.684]        250
(-0.742, -0.0942]       250
(-3.237, -0.742]        250
dtype: int64
```

4.10.2　文本函数

Pandas 提供了一组字符串函数，可以方便地对字符串数据进行操作，表 4.1 给出了一系列字符串处理函数，然后我们通过实际案例来说明表中函数的用法。

表 4.16　字符串函数

参数	说明
lower()	将 Series/Index 中的字符串转换为小写
upper()	将 Series/Index 中的字符串转换为大写
len()	计算字符串长度
strip()	帮助从两侧的系列 / 索引中的每个字符串中删除空格 (包括换行符)
split(' ')	用给定的模式拆分每个字符串
cat(sep=' ')	使用给定的分隔符连接系列 / 索引元素
get_dummies()	返回具有独热编码值的数据帧 (DataFrame)
contains(pattern)	如果元素中包含子字符串，则返回每个元素的布尔值 True，否则为 False
replace(a,b)	将值 a 替换为值 b
repeat(value)	重复每个元素指定的次数
count(pattern)	返回模式中每个元素的出现总数
startswith(pattern)	如果系列 / 索引中的元素以模式开始，则返回 True
endswith(pattern)	如果系列 / 索引中的元素以模式结束，则返回 True

参数	说明
find(pattern)	返回模式第一次出现的位置
findall(pattern)	返回模式所有出现的列表
swapcase	变换字母大小写
islower()	检查系列／索引中每个字符串中的所有字符是否小写，返回布尔值
isupper()	检查系列／索引中每个字符串中的所有字符是否大写，返回布尔值
isnumeric()	检查系列／索引中每个字符串中的所有字符是否为数字，返回布尔值

首先创建数据帧，代码如下所示。

```
import pandas as pd
import numpy as np
data = pd.DataFrame({'food': ['bacon','Pulled Pork',
'bacon','Pastrami','Corned BEEF','Bacon','pastrami',
'honey Ham', 'NOVA LOX'],
'price': [4.2, 3.1, 12.8, 5.8, 8.5, 9.8, 5.3, 6.5, 7.6]})
data
```

执行上面示例代码，得到结果如图 4.37 所示，数据帧为每种食物的价格。

	food	price
0	bacon	4.2
1	Pulled Pork	3.1
2	bacon	12.8
3	Pastrami	5.8
4	Corned BEEF	8.5
5	Bacon	9.8
6	pastrami	5.3
7	honey Ham	6.5
8	NOVA LOX	7.6

图 4.37　每种食物的价格表

1. lower 函数示例

考虑到数据帧已经建立，下面的代码，我们直接调用函数即可。

```
import pandas as pd
import numpy as np
data = pd.Series(['bacon', 'Pulled Pork', 'bacon','Pastrami',
'Corned BEEF', 'Bacon', 'pastrami', 'honey Ham', 'NOVA LOX'])
```

```
print(' 原始系列: ')
print(data)
print(' 字母转换为小写后的系列: ')
print(data.str.lower())
```

执行上面示例代码，得到以下结果。

```
原始系列:
0            bacon
1      Pulled Pork
2            bacon
3         Pastrami
4      Corned BEEF
5            Bacon
6         pastrami
7        honey Ham
8         NOVA LOX
dtype: object
字母转换为小写后的系列:
0            bacon
1      pulled pork
2            bacon
3         pastrami
4      corned beef
5            bacon
6         pastrami
7        honey ham
8         nova lox
dtype: object
```

2. upper 函数示例

调用 upper 函数对原始系列中的字母进行转换，代码如下。

```
print(' 字母转换为大写后的系列: ')
print(data.str.upper())
```

执行上面示例代码，得到以下结果。

```
字母转换为大写后的系列:
0            BACON
1      PULLED PORK
2            BACON
3         PASTRAMI
4      CORNED BEEF
5            BACON
6         PASTRAMI
7        HONEY HAM
8         NOVA LOX
dtype: object
```

3. len 函数示例

计算字符的长度，调用 len 函数。

```
print(' 字符长度：')
print(data.str.len())
```

执行上面示例代码，得到以下结果。

```
字符长度：
0      5
1     11
2      5
3      8
4     11
5      5
6      8
7      9
8      8
dtype: int64
```

4. get_dummies 函数示例

get_dummies 函数获取具有独热编码值的数据帧，代码如下所示。

```
data.str.get_dummies()
```

执行上面示例代码，得到图 4.38 的结果。

	Bacon	Corned BEEF	NOVA LOX	Pastrami	Pulled Pork	bacon	honey Ham	pastrami
0	0	0	0	0	0	1	0	0
1	0	0	0	0	1	0	0	0
2	0	0	0	0	0	1	0	0
3	0	0	0	1	0	0	0	0
4	0	1	0	0	0	0	0	0
5	1	0	0	0	0	0	0	0
6	0	0	0	0	0	0	0	1
7	0	0	0	0	0	0	1	0
8	0	0	1	0	0	0	0	0

图 4.38　独热编码结果

4.11　描述性统计

Pandas 提供了大量的描述性统计函数，表 4.17 给出了我们常用的一系列重要函数，其中最常用的函数当属 describe，可以一次性地给出所有列的重要统计信息，便于进行数据分析，本节重点讲述 describe 函数的用法。

表 4.17　描述性统计函数

参数	说明
argmin,argmax	分别计算获得最小值或最大值的索引位置 (整数)
count	非空观测数量
Cummin,cummax	累积最小值或最大值
cumprod	累计乘积
cumsum	累计总和
describe	计算汇总统计信息集
diff	计算一阶差分 (适用于时间序列)
idxmin,idxmax	分别计算获得最小值或最大值的索引标签
kurt	计算样本峰度
mad	与平均值的平均绝对偏差
mean	所有值的平均值
median	所有值的中位数
min,max	最小值、最大值
pct_change	计算百分比变化
prod	数组元素的乘积
quantile	样本分位点
skew	计算样本偏度
std	样本标准差
sum	所有元素之和
var	方差
abs	绝对值

describe 属性是用来计算有关 DataFrame 列的统计信息。我们通过建立数据集 class，来计算各

个列的描述性统计信息，数据集 class 表示某个班级中每位同学的姓名（name）、性别（sex）、年龄（age）、身高（height）和体重（weight），参考代码如下所示。

```
import pandas as pd
import numpy as np
# 创建数据集
data = {'Name':pd.Series(['Alfred','Alice','Barbara','Carol',
'Henry','James','Jane','Janet','Jeffrey','John','Joyce',
'Judy','Louise','Mary','Philip','Robert','Ronald','Thomas',
'William']),
'Sex':pd.Series(['M','F','F','F','M','M','F','F','M','M',
'F','F','F','F','M','M','M','M','M']),
'Age':pd.Series([14,13,13,14,14,12,12,15,13,12,11,14,12,15,
16,12,15,11,15]),
'Height':pd.Series([69  ,56.5,65.3,62.8,63.5,57.3,59.8,62.5,
62.5,59  ,51.3,64.3,56.3,66.5,72  ,64.8,67  ,57.5,66.5]),
'Weight':pd.Series([112.5,84,98,102.5,102.5,83,84.5,112.5,84,
99.5,50.5,90,77,112,150,128,133,85,112])}
df = pd.DataFrame(data)
df
```

执行上面示例代码，得到以下结果，生成数据集 data，如图 4.39 所示。

	Name	Sex	Age	Height	Weight
0	Alfred	M	14	69.0	112.5
1	Alice	F	13	56.5	84.0
2	Barbara	F	13	65.3	98.0
3	Carol	F	14	62.8	102.5
4	Henry	M	14	63.5	102.5
5	James	M	12	57.3	83.0
6	Jane	F	12	59.8	84.5
7	Janet	F	15	62.5	112.5
8	Jeffrey	M	13	62.5	84.0
9	John	M	12	59.0	99.5
10	Joyce	F	11	51.3	50.5
11	Judy	F	14	64.3	90.0
12	Louise	F	12	56.3	77.0
13	Mary	F	15	66.5	112.0
14	Philip	M	16	72.0	150.0
15	Robert	M	12	64.8	128.0
16	Ronald	M	15	67.0	133.0
17	Thomas	M	11	57.5	85.0
18	William	M	15	66.5	112.0

图 4.39　class 数据集

我们直接调用describe属性，即可计算 Age、Height 和 Weight 的描述性统计信息，代码如下所示。

```
df.describe()
```

运行上述程序，结果如图 4.40 所示。

	Age	Height	Weight
count	19.000000	19.000000	19.000000
mean	13.315789	62.336842	100.026316
std	1.492672	5.127075	22.773933
min	11.000000	51.300000	50.500000
25%	12.000000	58.250000	84.250000
50%	13.000000	62.800000	99.500000
75%	14.500000	65.900000	112.250000
max	16.000000	72.000000	150.000000

图 4.40　描述性统计信息结果

该 describe 属性给出了样本数、平均值、标准差、最大值、最小值以及 3 个分位点数据，而且统计结果排除了字符列，并给出关于数字列的摘要。

我们可以通过 include 参数来设置需要考虑的列，默认情况下，计算数字列的描述性统计信息有如下三个选择项。

● Object：汇总字符串列。

● Number：汇总数字列。

● All：将所有列汇总在一起 (不应将其作为列表值传递)。

现在，我们在上述程序中加入 include 参数选择项，并查看输出结果。首先我们计算字符型列的描述性信息，代码如下。

```
df.describe(include=['object'])
```

执行上面示例代码，得到以下结果，如图 4.41 所示。

	Name	Sex
count	19	19
unique	19	2
top	Janet	M
freq	1	10

图 4.41　字符型列的统计信息

接着我们计算数字型列的描述性统计信息，代码如下。

```
df.describe(include=['number'])
```

117

执行上面示例代码，得到以下结果，如图 4.42 所示。

计算所有列的描述性统计信息，代码如下。

```
df.describe(include='all')
```

执行上面示例代码，得到以下结果，如图 4.43 所示。

	Age	Height	Weight
count	19.000000	19.000000	19.000000
mean	13.315789	62.336842	100.026316
std	1.492672	5.127075	22.773933
min	11.000000	51.300000	50.500000
25%	12.000000	58.250000	84.250000
50%	13.000000	62.800000	99.500000
75%	14.500000	65.900000	112.250000
max	16.000000	72.000000	150.000000

图 4.42　数字型列的统计信息

	Name	Sex	Age	Height	Weight
count	19	19	19.000000	19.000000	19.000000
unique	19	2	NaN	NaN	NaN
top	Janet	M	NaN	NaN	NaN
freq	1	10	NaN	NaN	NaN
mean	NaN	NaN	13.315789	62.336842	100.026316
std	NaN	NaN	1.492672	5.127075	22.773933
min	NaN	NaN	11.000000	51.300000	50.500000
25%	NaN	NaN	12.000000	58.250000	84.250000
50%	NaN	NaN	13.000000	62.800000	99.500000
75%	NaN	NaN	14.500000	65.900000	112.250000
max	NaN	NaN	16.000000	72.000000	150.000000

图 4.43　所有列的统计信息

4.12　绘制图形

Matplotlib 虽然功能强大，但是 Matplotlib 相对而言较为底层，画图时步骤较为烦琐，要画一张完整的图表，需要实现很多的基本组件，比如图像类型、刻度、标题、图例、注解等，在后续章节中，会详细介绍 Matplotlib 的绘图功能。目前有很多的开源框架所实现的绘图功能基本都是基于 Matplotlib 的，Pandas 便是其中之一，对于 Pandas 数据，直接使用 Pandas 本身实现的绘图方法比 Matplotlib 更加方便简单。

Pandas 的两类基本数据结构"系列"和"数据帧"都提供了一个统一的接口 plot 函数，Series 的 plot 语法格式如下所示。

```
Series.plot(kind='line',
ax=None,
figsize=None,
use_index=True,
title=None,
grid=None,
legend=False,
style=None,
```

```
logx=False,
logy=False,
loglog=False,
xticks=None,
yticks=None,
xlim=None,
ylim=None,
rot=None,
fontsize=None,
colormap=None,
table=False,
yerr=None,
xerr=None,
label=None,
secondary_y=False,
**kwds)
```

其中，主要参数的说明如表 4.18 所示。

表 4.18　Series.plot 函数参数说明

参数	说明
label	用于图例的标签
ax	matplotlib 轴对象
style	将要传给 matplotlib 的风格字符串
alpha	图表的填充不透明度 (0 到 1 之间)
kind	指定所绘制的图形类型，可以是 line、bar、barh、kde 等
logy	在 y 轴上使用对数标尺
use index	将对象的索引用作刻度标签
rot	旋转刻度标签 (0 到 360)
xticks	用作 x 轴刻度的值
yticks	用作 y 轴刻度的值
xlimx	x 轴的界限
ylimy	y 轴的界限
grid	显示轴网格线 (默认打开)

DataFrame 的 plot 语法格式如下所示。

```
DataFrame.plot(x=None,
y=None,
kind='line',
```

```
ax=None,
subplots=False,
sharex=None,
sharey=False,
layout=None,
figsize=None,
use_index=True,
title=None,
grid=None,
legend=True,
style=None,
logx=False,
logy=False,
loglog=False,
xticks=None,
yticks=None,
xlim=None,
ylim=None, rot=None,
fontsize=None,
colormap=None,
table=False,
yerr=None,
xerr=None,
secondary_y=False,
sort_columns=False,
**kwds)
```

其中，主要参数的说明如表 4.19 所示。

表 4.19　DataFrame.plot 函数的参数列表

参数	说明
x	指定数据框的列或位置参数，可以缺失
y	指定数据框的列或位置参数，可以缺失
ax	matplotlib 轴对象
kind	指定绘制图形类型，折线图、条形图、横向条形图、柱状图、箱线图等
subplots	判断图片中是否有子图
sharex	如果有子图，子图共 *x* 轴刻度标签
sharey	如果有子图，子图共 *y* 轴刻度标签
layout	子图的行列布局
figsize	图片尺寸大小

续表

参数	说明
use index	默认用索引做 x 轴
title	图片的标题用字符串
legend	子图的图例，添加一个 subplot 图例 (默认为 True)
style	对每列折线图设置线的类型
xticks	用作 x 轴刻度的值
yticks	用作 y 轴刻度的值
xlimx	x 轴的界限
ylimy	y 轴的界限
rot	设置轴标签（轴刻度）的显示旋转度数

下面，我们通过实际案例来说明 Pandas 绘制图形的用法。

4.12.1　条形图

条形图可以通过以下方式来创建，代码如下所示。

```
import pandas as pd
import numpy as np
df = pd.DataFrame(np.random.rand(5,3),columns=['a','b','c'])
df.plot.bar()
```

运行上述程序，结果如图 4.44 所示。

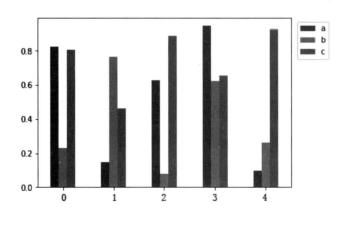

图 4.44　条形图

bar 函数有一个重要的参数为 stacked，默认为 false，表示不堆积，设置为 True 则表示为堆积。

```
import pandas as pd
```

```
df = pd.DataFrame(np.random.rand(5,3),columns=['a','b','c'])
df.plot.bar(stacked=True)
```

运行上述程序，结果如图 4.45 所示。

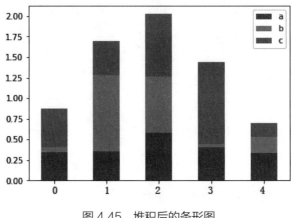

图 4.45　堆积后的条形图

上述是直立的条形图，如果我们要获取水平的直方图，则需要使用 barh 函数，具体代码如下所示。

```
df = pd.DataFrame(np.random.rand(5,3),columns=['a','b','c'])
df.plot.barh()
```

运行上述程序，结果如图 4.46 所示。

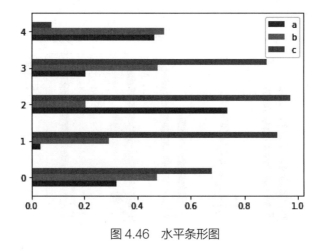

图 4.46　水平条形图

4.12.2　直方图

直方图又称质量分布图，是一种统计报告图，由一系列高度不等的纵向条纹或线段表示数据分布的情况。一般用横轴表示数据类型，纵轴表示分布情况。在 Pandas 库中我们可以使用 plot.hist 函数方法绘制直方图，其中分箱数量可以自主设定。

比如，我们随机生成一个数据帧，并设定分箱数量为 20 个，则直方图的绘制代码如下所示。

```
import pandas as pd
import numpy as np
df = pd.DataFrame({'a':np.random.randn(100)+1,
                   'b':np.random.randn(100)},
                  columns=['a', 'b'])
df.plot.hist(bins=20)
```

运行上述程序，结果如图 4.47 所示。

要为每列绘制不同的直方图，则代码如下所示。

```
df.hist(bins=20)
```

运行上述程序，结果如图 4.48 所示。

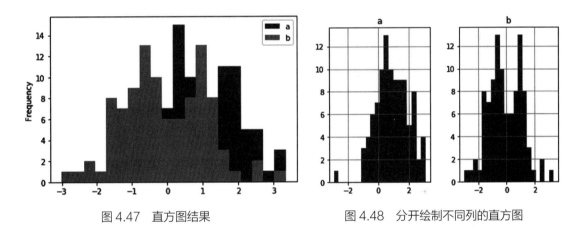

图 4.47　直方图结果　　　　　图 4.48　分开绘制不同列的直方图

4.12.3　箱形图

箱形图（Box-plot）又称盒须图、盒式图或箱线图，是一种用作显示一组数据分散情况的统计图。Box-plot 可以调用 Series.plot.box 和 DataFrame.plot.box(或 DataFrame.boxplot) 来绘制每列中数据的分布。

```
import pandas as pd
import numpy as np
df = pd.DataFrame(np.random.rand(10, 3), columns=['a', 'b', 'c'])
df.plot.box()
```

运行上述程序，结果如图 4.49 所示。

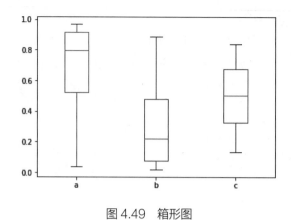

图 4.49　箱形图

4.12.4　面积图

可以使用 Series.plot.area 或 DataFrame.plot.area 方法绘制面积图，代码如下所示。

```
import pandas as pd
import numpy as np
df = pd.DataFrame(np.random.rand(7, 3), columns=['a', 'b', 'c'])
df.plot.area()
```

运行上述程序，结果如图 4.50 所示。

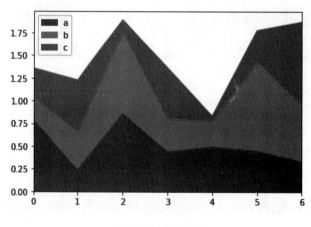

图 4.50　面积图

4.12.5　散点图

在数据分析项目中，散点图是我们经常绘制的图形，它是指在回归分析中，数据点在直角坐标系平面上的分布图，散点图表示因变量随自变量而变化的大致趋势，据此可以选择合适的函数对数据点进行拟合。

```
import pandas as pd
import numpy as np
df = pd.DataFrame(np.random.rand(100, 2), columns=['a', 'b'])
df.plot.scatter(x='a', y='b')
```

运行上述程序，结果如图 4.51 所示。

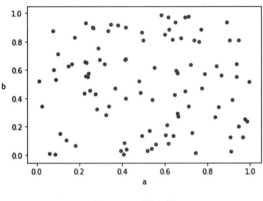

图 4.51　散点图

4.12.6　饼状图

饼状图显示一个数据系列中各项的大小与各项总和的比例，在变量分析过程中，我们常用饼状图来查看数据的分布占比。在 Pandas 中饼状图可以使用 DataFrame.plot.pie 方法创建，比如下面案例。

```
import pandas as pd
import numpy as np
df = pd.DataFrame(10 * np.random.rand(5),
index=['a', 'b', 'c','d','e'],
columns=['x'])
df.plot.pie(subplots=True)
```

运行上述程序，结果如图 4.52 所示。

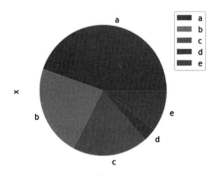

图 4.52　饼状图

第五章
Scikit-Learn数据挖掘

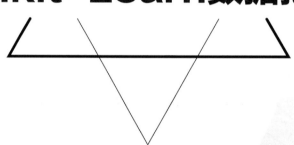

　　Scikit-Learn 是一个紧密结合 Python 科学计算库（Numpy、Scipy、Matplotlib），集成经典机器学习算法的 Python 模块。值得一提的是，Scikit-Learn 最先是由 David Cournapeau 在 2007 年发起的一个 Google Summer of Code 项目，从那时起这个项目就已经拥有很多的贡献者。机器学习无疑是当前数据分析领域的一个热点内容，很多人在平时的工作中或多或少都会用到机器学习的算法。Scikit-Learn 最大的特点就是，为用户提供各种机器学习的算法接口，可以让用户简单、高效地进行数据挖掘和数据分析，本章内容将主要讲述如何利用 Scikit-Learn 工具箱进行机器学习的基本流程。

5.1 机器学习问题

一般来说，机器学习问题可以这样来理解，假如我们有 n 个样本的数据集，想要预测未知数据的属性，如果描述每个样本的数字不止一个，比如一个多维的条目（也叫作多变量数据），那么这个样本就有多个属性或者特征。

我们可以将学习问题分为以下两类：一类是有监督机器学习，另一类是无监督机器学习。

有监督学习指的是数据集中原本就包括了我们将要预测的属性，有监督学习问题一般有以下两个分类。

● 分类：样本属于两个或多个类别，我们希望通过从已标记类别的数据中学习，来预测未标记数据的分类。例如，识别手写数字就是一个分类问题，其目标是将每个输入向量对应到有穷的数字类别。

● 回归：如果希望输出的是一个或多个连续的变量，那么这项任务被称作"回归"，比如根据时间、气候、云层、风速等因素来预测明天的气温。

无监督学习的训练数据包括了输入向量 X 的集合，但没有相对应的目标变量，这类问题的目标可以是发掘数据中相似样本的分组，被称作"聚类"，也可以是确定输入样本空间中的数据分布，被称作"密度估计"，还可以将数据从高维空间投射到二维或三维空间，以便进行数据可视化。

5.2 机器学习的基本流程

与常规的数据挖掘项目流程一致，如果仅从技术角度考虑，机器学习实现的基本流程如图 5.1 所示。首先载入分析数据集，然后调用 Scikit-Learn 工具箱中的机器学习模型进行学习和预测，最后部署模型并对接生产系统进行应用。

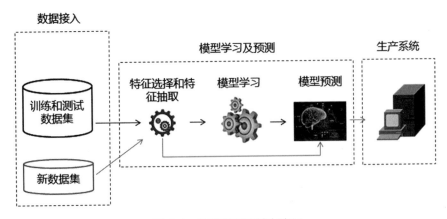

图 5.1　机器学习的基本流程

5.3　数据处理

数据处理是进行数据挖掘项目过程中最重要、最基础的一环，包括数据字段清洗、缺失值和极端值处理、训练和测试数据集划分等，本节主要介绍如何把待分析的数据集载入 Python，如何对数据集进行操作，以满足机器学习算法的需要。

5.3.1　数据接入

数据接入技术的方法有很多，一般和实际业务情况紧密联系，比如企业的所有数据如果存储在 Oracle 数据库中，则需要利用 Python 连接数据库，如果数据以 csv 格式存放在本地，则可以直接利用 Pandas 库的 read_csv 函数进行数据读取。

根据数据源的不同，载入数据集的方法也不同，这里通过 Scikit-Learn 自带的标准数据集来说明，在后续章节中会详细介绍不同数据源的接入问题，这里简单说明一下操作方法。我们以系统自带数据集 iris 为例来说明，Scikit-Learn 载入数据集的代码如下所示。

```
from sklearn import datasets
iris = datasets.load_iris()
```

Scikit-Learn 载入的数据集是以类似于字典的形式存放的，该对象中包含了所有有关该数据的数据信息，其中的数据值统一存放在 .data 的成员中，比如我们要将 iris 数据显示出来，只需显示 iris 的 data 成员。

```
Print(iris.data)
```

运行上述程序，结果如下所示。

```
[[5.1 3.5 1.4 0.2]
 [4.9 3.  1.4 0.2]
 [4.7 3.2 1.3 0.2]
 [4.6 3.1 1.5 0.2]
 [5.  3.6 1.4 0.2]
... ...
 [6.7 3.  5.2 2.3]
 [6.3 2.5 5.  1.9]
 [6.5 3.  5.2 2. ]
 [6.2 3.4 5.4 2.3]
 [5.9 3.  5.1 1.8]]
```

数据都是以 n 维（n 个特征）矩阵形式存放和展现的，iris 数据中每个实例有 4 维特征，分别为：sepal length、sepal width、petal length 和 petal width。

如果是对于监督学习，比如分类问题，数据中会包含对应的分类结果，其存在 .target 成员中，比如我们查看 iris.target 的分类标签数据，代码如下。

```
print(iris.target)
```

运行上述程序，结果如下所示。

```
[0 0 0 0 0 0 0 0 0 0 0 0 0 0 0 0 0 0 0 0 0 0 0 0 0
 0 0 0 0 0 0 0 0 0 0 0 0 0 0 0 0 0 0 0 0 0 0 0 1 1 1 1 1 1
 1 1 1 1 1 1 1 1 1 1 1 1 1 1 1 1 1 1 1 1 1 1 1 1 1 1 1 1
 1 1 1 1 1 1 1 1 1 1 1 1 1 2 2 2 2 2 2 2 2 2 2 2 2
 2 2 2 2 2 2 2 2 2 2 2 2 2 2 2 2 2 2 2 2 2 2 2 2 2 2
 2 2 2 2 2 2 2 2 2]
```

5.3.2 数据集分割

我们在进行建模的时候，一般会把数据集分为训练数据集和测试数据集，为的是能在训练数据集上拟合模型，而在测试数据集上测试模型的性能，以便获取一个最佳的模型结果。在 Scikit-Learn 中对一个整理好的数据集进行随机划分，分别作为训练集和测试集，使用的是 train_test_split 函数，调用形式如下所示。

```
X_train, X_test, y_train, y_test =
cross_validation.train_test_split(
train_data, # 要分割的数据集
train_target, # 目标变量
test_size=0.4, # 测试数据集的样本占比
train_size=0.6, # 训练数据集的样本占比
random_state=0 # 随机数种子
)
```

其中 test_size 是样本占比，如果是整数的话就是样本的数量，random_state 是随机数的种子，不同的种子会造成不同的随机采样结果，相同的种子采样结果相同。

我们通过实际案例来说明用法，比如以下案例。

```
import numpy as np
from sklearn.model_selection import train_test_split
X, y = np.arange(10).reshape((5, 2)), range(5)
print(X)
print(y)
```

运行上述程序，结果如下所示。

```
[[0 1]
 [2 3]
 [4 5]
 [6 7]
 [8 9]]
range(0, 5)
```

下面，我们就使用函数 train_test_split 进行数据分割，比如将测试数据集抽取 30%，则具体代码如下所示。

```
X_train, X_test, y_train, y_test = train_test_split(X,
y,
test_size=0.3,
random_state=12345)
print('X_train 结果：')
print(X_train)
print('X_test 结果：')
print(X_test)
print('y_train 结果：')
print(y_train)
print('y_test 结果：')
print(y_test)
```

运行上述程序，结果如下所示。

```
X_train 结果：
[[6 7]
 [2 3]
 [4 5]]
X_test 结果：
[[0 1]
 [8 9]]
y_train 结果：
[3, 1, 2]
y_test 结果：
[0, 4]
```

再比如，我们对 Scitkit-Learn 自带的数据集 iris 进行分割，并进行建模，程序如下所示，首先导入数据。

```
import numpy as np
from sklearn import model_selection
from sklearn import datasets
from sklearn import svm
# 下载 iris 数据集
iris = datasets.load_iris()
# 获取数据集 iris 的结构
iris.data.shape, iris.target.shape
```

运行上述程序后，结果如下所示，数据集有 150 个样本，4 个自变量，1 个目标变量。

```
((150, 4), (150,))
```

接着我们对数据集进行分割，其中测试数据集占比 30%，训练数据集占比 70%，代码如下。

```
# 调用 train_test_split 函数分割数据集 iris
X_train, X_test, y_train, y_test = model_selection.train_test_split(
```

```
iris.data,
iris.target,
test_size=0.3,
random_state=0)
print(X_train.shape, y_train.shape)
print(X_test.shape, y_test.shape)
```

运行程序，结果如下所示，训练数据集有 105 个样本，测试数据集有 45 个样本。

```
(105, 4) (105,)
(45, 4) (45,)
```

最后，我们调用支持向量机模型接口，在训练数据集上进行模型训练，并对测试数据集进行模型性能测试，代码如下所示。

```
# 调用 SVM 模型进行学习
clf = svm.SVC(kernel='linear', C=1).fit(X_train, y_train)
# 计算在测试集上模型准确率
clf.score(X_test, y_test)
```

运行上述程序，输出结果如下所示，模型的准确率约为 97.8%。

```
0.9777777777777777
```

5.4　特征选择

本节主要讲述如何利用处理好的数据进行学习和预测，由于我们会经常对变量进行衍生，而衍生后的变量可能会有数百甚至数千个。为了降低模型学习的难度，提升训练效率，进行学习之前一般会对变量进行特征工程操作。所以首先我们介绍如何进行特征选择和特征抽取，然后介绍模型学习及预测。

特征抽取和特征选择都是从原始特征中找出最有效（同类样本的不变性、不同样本的鉴别性、对噪声的鲁棒性）的特征。特征抽取指的是将原始特征转换为一组具有明显统计意义的特征，特征选择是从特征集合中挑选一组最具统计意义的特征，从而达到降维的目的。两者作用都在于减少数据存储和输入数据带宽、减少冗余，低纬上分类性往往会提高，同时能发现更有意义的潜在变量，帮助对数据产生更深入的了解。

特征抽取和特征选择是降维（Dimensionality Reduction）的两种方法，针对维灾难（the curse of dimensionality）都可以达到降维的目的，但是这两个有所不同，从图 5.2 中可以明显看到特征选择和特征抽取的区别。

● 特征抽取（Feature Extraction）：特征抽取后的新特征是原来特征的一个映射。

● 特征选择（Feature Selection）：特征选择后的特征是原来特征的一个子集。

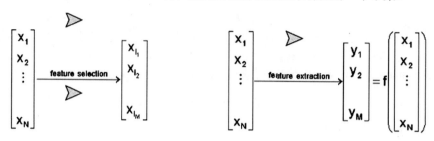

图5.2　特征选择和特征抽取

Scikit-Learn 库中的 sklearn.feature_selection 和 sklearn.feature_extraction 的作用是特征选择和特征抽取，特征选择方法包括以下几种，如表 5.1 所示。特征抽取和特征选择是极不相同的，特征抽取可以由任意数据组成，比如文本或者图片，利用特征抽取可以把图片或者文本转换为适用于机器学习的数字。因为本书没有涉及文本挖掘和图像识别分类的问题，所以只讲述特征选择的方法，读者可以自行参考 Scikit-Learn 的官方文档，了解特征抽取的技术。

表5.1　特征选择方法列表

特征选择方法	说明
GenericUnivariateSelect	一般的单变量选择方法
SelectPercentile	单变量特征选择的原理是分别单独地计算每个变量的某个统计指标，根据该指标来判断哪些指标重要，别除那些不重要的指标。SelectKBest 选择指标排名排在前 n 个的变量。SelectPercentile 选择指标排名排在前 $n\%$ 的变量。
SelectKBest([score_func, k])	比如对于 regression 问题，可以使用 f_regression 指标，对于 classification 的问题，可以使用 chi2 或者 f_classif 变量
SelectFpr([score_func, alpha])	根据误判率（false positive rate）来进行选择
SelectFdr([score_func, alpha])	根据错误发现率（false discovery rate）来进行选择，其意义是错误拒绝的个数占所有被拒绝的原假设个数比例的期望值
SelectFromModel(estimator)	基于模型的特征选择，比如线性回归模型（在线性回归模型中，有的时候会得到 sparse solution，意思是说很多变量前面的系数都等于 0 或者接近于 0，这说明这些变量不重要，那么可以将这些变量去除）；决策树模型（用模型计算变量的重要性）
SelectFwe([score_func, alpha])	根据族系误差率（familywise error rate，FWER）进行选择

特征选择方法	说明
RFE(estimator[, ...])	不单独地检验某个变量的价值，而是将其聚集在一起检验。它的基本思想是对于一个数量为 d 的 feature 集合，它的所有子集个数是 2 的 d 次方减 1（包含空集）。指定一个外部的学习算法，比如 SVM 之类的，通过该算法计算所有子集的 validation error，选择 error 最小的那个子集作为所挑选的特征
RFECV(estimator[, step, ...])	RFE：递归特征消除法 RFECV：基于交叉验证的递归特征消除法
VarianceThreshold([threshold])	删除方差达不到阈值的特征。默认情况下，删除所有方差为 0 的特征

5.4.1　方差阈值特征选择

此方法是特征选择的简单方法，删除方差达不到阈值的特征，在默认情况下，删除所有方差为 0 的特征。

假设我们想要删除超过 80% 的样本数都是 0 或都是 1 的所有特征，由于布尔特征是 bernoulli 随机变量，所以方差为 $\mathrm{Var}[X] = p*(1-p)$，因此我们可以使用阈值 0.8*(1-0.8)，具体代码如下所示。

```python
from sklearn.feature_selection import VarianceThreshold
X = [[0, 0, 1],
[0, 1, 0],
[1, 0, 0],
[0, 1, 1],
[0, 1, 0],
[0, 1, 1]]
print('X:')
print(X)
sel = VarianceThreshold(threshold=(.8 * (1 - .8)))
print(' 变量筛选后的 X:')
sel.fit_transform(X)
```

运行上述程序后，结果如下所示。

```
X:
[[0, 0, 1], [0, 1, 0], [1, 0, 0], [0, 1, 1], [0, 1, 0], [0, 1, 1]]
变量筛选后的 X:
Out[63]:
array([[0, 1],
       [1, 0],
       [0, 0],
       [1, 1],
       [1, 0],
       [1, 1]])
```

5.4.2 单变量的特征选择

单变量特征选择的原理是分别单独地计算每个变量的某个统计指标，根据该指标来判断哪些指标重要，剔除那些不重要的指标。sklearn.feature_selection 模块中主要有以下两个方法。

- feature_selection.SelectKBest：选择指标排名在前 n 个的变量。
- feature_selection.SelectPercentile：选择指标排名在前 $n\%$ 的变量。

比如对于 regression 问题，可以使用 f_regression 指标，对于 classification 问题，可以使用 chi2 或者 f_classif 变量。

例如，我们可以对样本集使用卡方检测，进而选择最好的两个特征，比如我们对数据集 iris 的 4 个变量进行操作，代码如下。

```
from sklearn.datasets import load_iris
from sklearn.feature_selection import SelectKBest
from sklearn.feature_selection import chi2
iris = load_iris()
X, y = iris.data, iris.target
X.shape
```

运行上述程序，结果如下所示，数据集 iris 共计有 150 个观测，4 个变量。

```
(150, 4)
```

然后调用 SelectKBest 函数进行变量选择，代码如下。

```
X_new = SelectKBest(chi2, k=2).fit_transform(X, y)
X_new.shape
```

运行上述程序，结果如下所示，数据集 iris 共计有 150 个观测，2 个变量。

```
(150, 2)
```

5.4.3 循环特征选择

不单独地检验某个变量的价值，而是将其聚集在一起检验。它的基本思想是，对于一个数量为 d 的 feature 集合，他的所有子集的个数是 2 的 d 次方减 1（包含空集）。指定一个外部的学习算法，比如 SVM 之类的，通过该算法计算所有子集的 validation error。选择 error 最小的那个子集作为所挑选的特征。

此算法由以下两个方法实现。

- sklearn.feature_selection.RFE：递归特征消除法。
- sklearn.feature_selection.RFECV：基于交叉验证的递归特征消除法。

5.4.4　基于线性模型的特征选择

L1-based feature selection 方法的原理是在 linear regression 模型中，有时会得到稀疏解，即很多变量前面的系数都等于 0 或者接近于 0，说明这些变量不重要，那么可以将这些变量去除，剩下的变量即是多选择的变量。

例如，如下的线性回归模型中使用了该方法选择特征。

```
from sklearn.svm import LinearSVC
from sklearn.datasets import load_iris
from sklearn.feature_selection import SelectFromModel
iris = load_iris()
X, y = iris.data, iris.target
X.shape
```

运行上述程序，结果如下。

```
(150, 4)
```

然后，我们调用线性回归模型进行变量筛选，代码如下。

```
lsvc = LinearSVC(C=0.01, penalty="l1", dual=False).fit(X, y)
model = SelectFromModel(lsvc, prefit=True)
X_new = model.transform(X)
X_new.shape
```

运行上述程序，结果如下所示，筛选了 3 个变量，删除 1 个变量。

```
(150, 3)
```

5.4.5　基于决策树的特征选择

基于决策树算法做出特征选择，特征选择主要功能是减少特征数量、降维，使模型泛化能力更强，减少过拟合，增强对特征和特征值之间的理解，此方法与基于线性模型的特征选择类似。

5.5　模型调用

Scikit-Learn 机器学习工具箱已经把我们常用的算法封装成黑箱，所以要使用模型，直接调用模型关键字即可。Scikit-Learn 提供了各种机器学习算法的接口，用户可以很方便地使用，对于用户来说，只需要根据自己的需求设置相应的参数即可。算法参数的选择对于最后的结果很重要，后面的章节会逐步介绍。

比如，调用最常用的支持向量分类机模型，代码如下所示。

```
from sklearn import svm
clf = svm.SVC(gamma=0.001, C=100.)
# 不希望使用默认参数，用户可以自己设定模型参数
Print(clf)
```

分类器的具体信息和参数如下所示。

```
SVC(C=100.0,
cache_size=200,
class_weight=None,
coef0=0.0,
      decision_function_shape='ovr',
degree=3,
gamma=0.001,
kernel='rbf',
      max_iter=-1,
probability=False,
random_state=None,
shrinking=True,
      tol=0.001,
verbose=False)
```

分类器的学习和预测可以分别利用 fit(X,y) 和 predict(T) 来实现，例如，将 digit 数据划分为训练集和测试集，前 $n-1$ 个实例为训练集，最后一个为测试集，然后利用 fit 和 predict 分别完成学习和预测，代码如下所示。

```
from sklearn import datasets
from sklearn import svm
# 接入数据
digits = datasets.load_digits()
# 调用模型
clf = svm.SVC(gamma=0.001, C=100.)
# 进行模型训练
clf.fit(digits.data[:-4], digits.target[:-4])
result=clf.predict(digits.data[-4:])
# 打印模型结果
print(result)
```

运行上述程序，结果如下所示。

```
[0 8 9 8]
```

我们可以通过程序来查看测试集中的手写体实例的图像，比如我们查看倒数第二个数字的图像，代码和结果如下所示。

```
import matplotlib.pyplot as plot
plot.figure(1, figsize=(3, 3))
plot.imshow(digits.images[-2], cmap=plot.cm.gray_r, interpolation='nearest')
plot.show()
```

倒数第二个手写体的图像如图 5.3 所示，显然模型的预测结果是正确的。

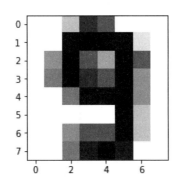

图 5.3　倒数第二个手写体的图像

再如，我们可以直接调用随机森林模型的关键字进行分类模型训练，并对测试集进行模型性能的测试，具体代码如下所示。

```python
import numpy as np
from sklearn import model_selection
from sklearn import datasets
from sklearn import metrics # 导入度量模块以对模型结果进行评估
# 首先调用 scikit-learn 工具箱中的组合算法类 ensemble，并导入随机森林算法
from sklearn.ensemble import RandomForestClassifier
# 下载 iris 数据集
iris = datasets.load_iris()
# 获取数据集 iris 的结构
iris.data.shape, iris.target.shape
# 调用 train_test_split 函数分割数据集 iris
X_train, X_test, y_train, y_test = model_selection.train_test_split(
    iris.data,
    iris.target,
    test_size=0.3,
    random_state=0)
# 设置随机森林算法的参数，这里设置树的棵数为 8
model = RandomForestClassifier(n_estimators=8)
# 对训练数据进行拟合
model.fit(X_train, y_train)
# 打印模型结果
print(model)
# 利用拟合的模型进行预测计算
expected = y_test
predicted = model.predict(X_test)
# 模型效果汇总输出
print(metrics.classification_report(expected, predicted))
print(metrics.confusion_matrix(expected, predicted))
```

运行上述程序，结果如下所示，首先输出的是模型，接着输出的是模型效果，最后输出的是模型在测试数据集上的分类结果。

```
RandomForestClassifier(bootstrap=True,
class_weight=None,
criterion='gini',
max_depth=None,
max_features='auto',
max_leaf_nodes=None,
min_impurity_decrease=0.0,
min_impurity_split=None,
min_samples_leaf=1,
min_samples_split=2,
min_weight_fraction_leaf=0.0,
n_estimators=8,
n_jobs=None,
oob_score=False,
random_state=None,
verbose=0,
warm_start=False)
              precision    recall  f1-score   support
           0       1.00      1.00      1.00        16
           1       1.00      0.94      0.97        18
           2       0.92      1.00      0.96        11
    accuracy                           0.98        45
   macro avg       0.97      0.98      0.98        45
weighted avg       0.98      0.98      0.98        45

[[16  0  0]
 [ 0 17  1]
 [ 0  0 11]]
```

5.6 模型参数说明

本节主要讲述 Scikit-Learn 机器学习工具箱中各种算法及其参数说明，在进行模型训练的时候，模型调参也是一件非常棘手的工作，所以我们必须非常详细地了解模型的各个参数的功能，以便找到最佳的模型参数，确保模型的性能最佳。

5.6.1 组合方法

所谓组合方法（Ensemble Methods），就是把几种机器学习的算法组合到一起，或者把一种算法的不同参数组合到一起，组合方法基本上分为如下两类。

● Averaging Methods（平均方法）：就是利用训练数据的全集或者一部分数据，训练出几个算法或者一个算法的几个参数，最终的算法是所有这些算法的算术平均。比如 Bagging Methods（装袋算法)、Forest of Randomized Trees(随机森林)等。实际上这个比较简单,主要的工作在于训练数据的选择,比如是不是随机抽样、是不是有放回、选取多少的数据集、选取多少训练数据。后续的训练就是对各个算法的分别训练,然后进行综合平均。这种方法的基础算法一般会选择很强、很复杂的算法,然后对其进行平均,因为单一的强算法很容易就导致过拟合(overfit)现象,而经过汇总之后就消除了这种问题。

● Boosting Methods(提升算法):就是利用一个基础算法进行预测,然后在后续的其他算法中利用前面算法的结果,重点处理错误数据,从而不断地减少错误率。其动机是使用几种简单的弱算法来达到很强大的组合算法。所谓提升就是把"弱学习算法"提升为"强学习算法",是一个逐步提升、逐步学习的过程,从某种程度上说,和 neural network 有些相似性。经典算法有 AdaBoost(自适应提升)、Gradient Tree Boosting(GBDT)算法等。

基于平均方法的组合算法,下面给出我们常用的随机森林算法的参数说明,表 5.2 给出了随机森林分类算法的参数说明,表 5.3 给出了随机森林回归算法的参数说明。

表 5.2　随机森林分类算法的参数说明

参数	含义
n_estimators=10,	子模型的数量,默认为 10
criterion='gini',	判断节点继续分裂采用的计算方法,默认 gini
max_depth=None,	最大深度,如果 max_leaf_nodes 参数指定则忽略
min_samples_split=2,	分裂所需的最小样本数,默认为 2
min_samples_leaf=1,	叶节点最小样本数,默认为 1
min_weight_fraction_leaf=0.0,	叶节点最小样本权重总值
max_features='auto',	节点分裂时参与判断的最大特征数
max_leaf_nodes=None,	最大叶节点数
bootstrap=True,	是否有放回的采样
oob_score=False,	是否计算袋外得分
n_jobs=1,	并行数,因为是 bagging 方法,所以可以并行
random_state=None,	随机器对象
verbose=0,	日志冗长度
warm_start=False,	是否热启动
class_weight=None	类别的权值

随机森林算法的属性如下所示。

● fit(x,y,)：根据训练数据建立基于树的森林模型。

● predict_proba(x)：给出带有概率值的结果。每个点在所有 label 的概率和为 1。

● predict(x)：直接给出预测结果。内部还是调用的 predict_proba()，根据概率的结果看哪个类型的预测值最高就是哪个类型。

● predict_log_proba(x)：和 predict_proba 基本上一样，只是把结果做了 log() 处理。

● score：输出在测试数据集上的平均准确率。

表 5.3　随机森林回归算法的参数说明

参数	含义
n_estimators=10,	子模型的数量，默认为 10
criterion='mse',	判断节点继续分裂采用的计算方法，默认采用 mse
max_depth=None,	最大深度，如果 max_leaf_nodes 参数指定则忽略
min_samples_split=2,	分裂所需的最小样本数，默认为 2
min_samples_leaf=1,	叶节点最小样本数，默认为 1
min_weight_fraction_leaf=0.0,	叶节点最小样本权重总值
max_features='auto',	节点分裂时参与判断的最大特征数
max_leaf_nodes=None,	最大叶节点数
bootstrap=True,	是否有放回的采样
oob_score=False,	是否计算袋外得分
n_jobs=1,	并行数，因为是 bagging 方法，所以可以并行
random_state=None,	随机器对象
verbose=0,	日志冗长度
warm_start=False	是否热启动

基于提升方法的组合算法，表 5.4 给出了梯度提升分类算法的参数说明，表 5.5 给出了梯度提升回归算法的参数说明。

表 5.4　梯度提升分类算法参数说明

参数	含义
loss='deviance',	损失函数
learning_rate=0.1,	学习率（缩减）
n_estimators=100,	子模型的数量
subsample=1.0,	子采样率
min_samples_split=2,	分裂所需的最小样本数
min_samples_leaf=1,	叶节点最小样本数
min_weight_fraction_leaf=0.0,	叶节点最小样本权重总值
max_depth=3,	最大深度，如果 max_leaf_nodes 参数指定，则忽略
init=None,	初始子模型
random_state=None,	随机器对象
max_features=None,	节点分裂时参与判断的最大特征数
verbose=0,	日志冗长度
max_leaf_nodes=None,	最大叶节点数
warm_start=False,	是否热启动
presort='auto'	是否预排序，预排序可以加速查找最佳分裂点

表 5.5　梯度提升回归算法参数说明

参数	含义
loss='ls',	损失函数
learning_rate=0.1,	学习率（缩减）
n_estimators=100,	子模型的数量
subsample=1.0,	子采样率
min_samples_split=2,	分裂所需的最小样本数
min_samples_leaf=1,	叶节点最小样本数
min_weight_fraction_leaf=0.0,	叶节点最小样本权重总值
max_depth=3,	最大深度，如果 max_leaf_nodes 参数指定，则忽略

续表

参数	含义
init=None,	初始子模型
random_state=None,	随机器对象
max_features=None,	节点分裂时参与判断的最大特征数
alpha=0.9,	损失函数为 huber 或 quantile 时，alpha 为损失函数参数
verbose=0,	日志冗长度
max_leaf_nodes=None,	最大叶节点数
warm_start=False,	是否热启动
presort='auto'	是否预排序，预排序可以加速查找最佳分裂点

自适应提升算法同样是基于提升方法的组合算法，其参数说明如下，其中表 5.6 给出了自适应提升分类算法参数说明，表 5.7 给出了自适应提升回归算法参数说明。

表 5.6　自适应提升分类算法参数说明

参数	含义
base_estimator=None,	指定训练模型，默认为决策树
n_estimators=50,	最大迭代次数，默认为 50
learning_rate=1.0,	迭代次数的每个弱分类器权重设置参数
algorithm='SAMME.R',	SAMME.R 对应概率预测的弱分类器，SAMME 针对离散变量
random_state=None	随机器对象

表 5.7　自适应提升回归算法参数说明

参数	含义
base_estimator=None,	指定训练模型，默认为回归树
n_estimators=50,	最大迭代次数，默认为 50
learning_rate=1.0,	迭代次数的每个弱分类器权重设置参数
loss='linear',	损失函数
random_state=None	随机器对象

下面，我们通过一个案例来说明上述组合算法中的 AdaBoostRegressor 算法的用法，原始数据集为我们随机构造的数据，具体代码如下所示。

```
# 导入必要的模块
import numpy as np
import matplotlib.pyplot as plt
from sklearn.tree import DecisionTreeRegressor
from sklearn.ensemble import AdaBoostRegressor
# 创建分析数据集
rng = np.random.RandomState(1)
X = np.linspace(0, 6, 100)[:, np.newaxis]
y = np.sin(X).ravel() + np.sin(6 * X).ravel() +
rng.normal(0, 0.1, X.shape[0])
# 调用拟合回归模型
regr_1 = DecisionTreeRegressor(max_depth=4)
regr_2 = AdaBoostRegressor(DecisionTreeRegressor(max_depth=4),
n_estimators=300, random_state=rng)
regr_1.fit(X, y)
regr_2.fit(X, y)
# 预测
y_1 = regr_1.predict(X)
y_2 = regr_2.predict(X)
# 绘制拟合结果
plt.figure()
plt.scatter(X, y, c="k", label="training samples")
plt.plot(X, y_1, c="g", label="n_estimators=1", linewidth=2)
plt.plot(X, y_2, c="r", label="n_estimators=300", linewidth=2)
plt.xlabel("data")
plt.ylabel("target")
plt.title("Boosted Decision Tree Regression")
plt.legend()
plt.show()
```

运行上述程序后，结果如图 5.4 所示。

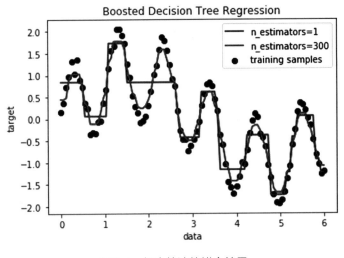

图 5.4　组合算法的拟合结果

5.6.2 广义线性模型

常用的广义线性模型主要有线性回归、逻辑回归、岭回归等，下面我们介绍逻辑回归的模型参数，具体如表 5.8 所示。

表 5.8 逻辑回归的模型参数

参数	含义
penalty='l2',	正则化方式
dual=False,	
tol=0.0001,	算法收敛条件
C=1.0,	
fit_intercept=True,	模型是否有截距
intercept_scaling=1,	
class_weight=None,	类别权重，考虑类的不平衡，类似于代价敏感
random_state=None,	随机器对象
solver='liblinear',	
max_iter=100,	最大迭代次数
multi_class='ovr',	
verbose=0,	
warm_start=False,	
n_jobs=1	并行数

5.6.3 支持向量机

支持向量机（Support Vector Machine，SVM）是一类按监督学习方式对数据进行二元分类的广义线性分类器，其决策边界是对学习样本求解的最大边距超平面。

支持向量机的模型参数如表 5.9 和表 5.10 所示。

表 5.9　支持向量机模型的参数说明

参数	含义
C=1.0,	误差项的惩罚参数
kernel='rbf',	指定核函数类型，只能是 'linear', 'poly', 'rbf', 'sigmoid', 'precomputed' 或者自定义的。如果没有指定，默认使用 'rbf'
degree=3,	用多项式核函数 ('poly') 时，多项式核函数的参数 d，用其他核函数，这个参数可忽略
gamma='auto',	'rbf', 'poly' and 'sigmoid' 核函数的系数。如果 gamma 是 0，实际将使用特征维度的倒数值进行运算。也就是说，如果特征是 100 个维度，实际的 gamma 是 1/100
coef0=0.0,	核函数的独立项，'poly' 和 'sigmoid' 核时才有意义
shrinking=True,	
probability=False,	
tol=0.001,	算法收敛条件
cache_size=200,	
class_weight=None,	类别权重，考虑类的不平衡，类似于代价敏感
verbose=False,	
max_iter=-1,	最大迭代次数，-1 表示无限制次数
decision_function_shape=None,	
random_state=None	随机器对象

表 5.10　线性分类支持向量机模型的参数说明

参数	含义
penalty='l2',	正则化方法
loss='squared_hinge',	
dual=True,	
tol=0.0001,	算法收敛条件
C=1.0,	误差项的惩罚参数
multi_class='ovr',	多分类方法，默认 'ovr'，即 one-vs-rest
fit_intercept=True,	模型是否有截距

续表

参数	含义
intercept_scaling=1,	
class_weight=None,	类别权重，考虑类的不平衡，类似于代价敏感
verbose=0,	
random_state=None,	随机器对象
max_iter=1000	最大迭代次数

5.6.4　决策树模型

决策树 (Decision Tree）是在已知各种情况发生概率的基础上，通过构成决策树来求取净现值的期望值大于等于零的概率，评价风险，判断其可行性的决策分析方法，是直观运用概率分析的一种图解法，由于这种决策分支画成图形很像一棵树的枝干，故称决策树。

决策树模型的参数如表 5.11 和表 5.12 所示。

表 5.11　决策分类模型的参数说明

参数	含义
criterion='gini',	衡量分类的质量。支持的标准有 'gini' 代表的是 Gini impurity(不纯度) 与 'entropy' 代表的是 information gain（信息增益）
splitter='best',	一种用来在节点中选择分类的策略。支持的策略有 'best'，选择最好的分类，'random' 选择最好的随机分类
max_depth=None,	表示树的最大深度。如果是 'None'，则节点会一直扩展直到所有的叶子都是纯的或者所有的叶子节点都包含少于 min_samples_split 个样本点。忽视 max_leaf_nodes 是不是 None
min_samples_split=2,	区分一个内部节点需要的最少的样本数
min_samples_leaf=1,	一个叶节点所需要的最小样本数
min_weight_fraction_leaf=0.0,	一个叶节点的输入样本所需要的最小的加权分数
max_features=None,	在进行分类时需要考虑的特征数
random_state=None,	随机器对象
max_leaf_nodes=None,	设置决策树的最大叶子节点个数，该参数与 max_depth 等参数一起，限制决策树的复杂度，默认为 None，表示不加限制

续表

参数	含义
class_weight=None,	表示在表 {class_label:weight} 中的类的关联权值。如果没有指定，所有类的权值都为 1
presort=False	是否预分类数据以加速训练时最好分类的查找

表 5.12　决策回归模型的参数说明

参数	含义
criterion='mse',	衡量分类的质量。默认 'mse'，即 mean squared error
splitter='best',	一种用来在节点中选择分类的策略。支持的策略有 "best"，选择最好的分类，'random' 选择最好的随机分类
max_depth=None,	表示树的最大深度。如果是 'None'，则节点会一直扩展直到所有的叶子都是纯的，或者所有的叶子节点都包含少于 min_samples_split 个样本点。忽视 max_leaf_nodes 是不是为 None
min_samples_split=2,	区分一个内部节点需要的最少的样本数
min_samples_leaf=1,	一个叶节点所需要的最小样本数
min_weight_fraction_leaf=0.0,	一个叶节点的输入样本所需要的最小的加权分数
max_features=None,	在进行分类时需要考虑的特征数
random_state=None,	随机器对象
max_leaf_nodes=None,	设置决策树的最大叶子节点个数，该参数与 max_depth 等参数一起，限制决策树的复杂度，默认为 None，表示不加限制
presort=False	是否预分类数据以加速训练时最好分类的查找

5.6.5　主成分分析

主成分分析也称主分量分析，旨在利用降维的思想，把多指标转化为少数几个综合指标。在统计学中，主成分分析是一种简化数据集的技术，它是一个线性变换，这个变换把数据变换到一个新的坐标系统中，使得任何数据投影的第一大方差在第一个坐标（称为第一主成分）上，第二大方差在第二个坐标（第二主成分）上，以此类推。主成分分析经常有减少数据集的维数，同时保持数据集对方差贡献最大的特征。

主成分分析模型的参数见表 5.13，在后续的章节中我们也会介绍该分析方法在数据降维中的应用。

表 5.13　主成分分析模型的参数说明

参数	含义
n_components=None,	PCA算法中所要保留的主成分个数 n，即保留下来的特征个数 n。 类型为 int 或者 string，缺省时默认为 None，表示所有成分被保留； 当赋值为 int 类型时，比如 n_components=1，将把原始数据降到一个维度。 当赋值为 string 类型时，比如 n_components='mle'，将自动选取特征个数 n，使得满足所要求的方差百分比
copy=True,	表示是否在运行算法时，将原始数据复制一份。默认为 True 时，则运行 PCA 算法后，原始数据的值不会有任何改变，因为是在原始数据的副本上进行运算的
whiten=False	白化。所谓白化，就是对降维后的数据的每个特征进行归一化，让方差都为 1。对于 PCA 降维本身来说，一般不需要白化。如果 PCA 降维后有后续的数据处理动作，可以考虑白化。默认值是 False，即不进行白化
svd_solver	即指定奇异值分解 SVD 的方法，由于特征分解是奇异值分解 SVD 的一个特例，一般的 PCA 库都是基于 SVD 实现的。有 4 个可以选择的值：auto、full、arpack、randomized。randomized 一般适用于数据量大，数据维度多且主成分数目比例又较低的 PCA 降维，它使用了一些加快 SVD 的随机算法。full 则是传统意义上的 SVD，使用了 scipy 库对应的实现。arpack 和 randomized 的适用场景类似，区别是 randomized 使用的是 scikit-learn 自己的 SVD 实现，而 arpack 直接使用了 scipy 库的 sparse SVD 实现。当 svd_solve 设置为 arpack 时，保留的成分必须少于特征数，即不能保留所有成分。默认是 auto，即 PCA 类会自己去在前面讲到的三种算法里面去权衡，选择一个合适的 SVD 算法来降维。一般来说，使用默认值就够了

5.7　交叉验证

交叉验证（Cross Validation）主要用于模型训练或建模应用中，如分类预测、回归建模等。在给定的样本空间中，拿出大部分样本作为训练集来训练模型，剩余的小部分样本使用刚建立的模型进行预测，并求这小部分样本的预测误差或者预测精度，同时记录它们的加权平均值。这个过程迭代 K 次，即 K 折交叉，其中，把每个样本的预测误差平方加和，称为 PRESS（Predicted Error Sum of Squares）。

5.7.1　目的

用交叉验证的目的是得到可靠稳定的模型，在分类建立 PCA 或 PLS（偏最小二乘法）模型时，一个很重要的因素是取多少个主成分的问题，用 cross validation 校验每个主成分下的 PRESS 值，选择 PRESS 值小的主成分数，或 PRESS 值不再变小时的主成分数。

常用的精度测试方法主要是交叉验证，例如 10 折交叉验证 (10-fold cross validation)，将数据集分成十份，轮流将其中 9 份做训练，1 份做验证，10 次结果的均值作为对算法精度的估计，一般还需要进行多次 10 折交叉验证求均值，例如 10 次 10 折交叉验证，以求更精确一点。

总之，使用交叉验证方法的目的主要有 3 个：

● 从有限的学习数据中获取尽可能多的有效信息；

● 交叉验证从多个方向开始学习样本，可以有效地避免陷入局部最小值；

● 可以在一定程度上避免过拟合问题。

采用交叉验证方法时需要将学习数据样本分为两部分，即训练数据样本和验证数据样本。为了得到更好的学习效果，无论训练样本还是验证样本都要尽可能参与学习。一般选取 10 折交叉验证即可达到好的学习效果。

5.7.2　交叉验证形式

1. Holdout 验证

将原始数据随机分为两组，一组作为训练集，另一组作为验证集，利用训练集训练分类器，然后利用验证集验证模型，记录最后的分类准确率为此 Hold-Out Method 下分类器的性能指标。Hold-Out Method 相对于 K-fold Cross Validation 又称 Double cross-validation，或相对 K-CV 称 2-fold cross-validation(2-CV)。

一般来说，Holdout 验证并非一种交叉验证，因为数据并没有交叉使用。随机从最初的样本中选出部分，形成交叉验证数据，而剩余的就当作训练数据。一般来说，少于原本样本三分之一的数据被选做验证数据。

● 优点：处理简单，只需随机把原始数据分为两组即可。

● 缺点：严格意义来说 Hold-Out Method 并不能算是 CV，因为这种方法没有达到交叉的思想，由于是随机地将原始数据分组，所以最后验证集分类准确率的高低与原始数据的分组有很大的关系，因此这种方法得到的结果其实并不具有说服性。

2. 折交叉验证

K 折交叉验证，初始采样分割成 K 个子样本，一个单独的子样本被保留作为验证模型的数据，其他 $K-1$ 个样本用来训练。交叉验证重复 K 次，每个子样本验证一次，平均 K 次的结果或者使用其他结合方式，最终得到一个单一估测。这个方法的优势在于，同时重复运用随机产生的子样本进行训练和验证，每次的结果验证一次，10 折交叉验证是最常用的。

● 优点：K-CV 可以有效地避免过学习以及欠学习状态的发生，最后得到的结果也比较具有说服性。

● 缺点：K 值的选取，模型开发过程中如何选取合适的 K 值并不是那么容易，一般情况下选取若干个 K 值同时进行交叉验证，最终选择学习效果最佳的 K 值。

3. 留一验证

正如名称所示，留一验证（LOOCV）意指只使用原本样本中的一项来当作验证资料，而剩余的则留下来当作训练资料，这个步骤一直持续到每个样本都被当作一次验证资料。事实上，这等同于 K-fold 交叉验证，其中 K 为原本样本个数。

5.7.3 交叉验证函数

1. train_test_split 函数

对一个数据集进行随机划分，分别作为训练集和测试集。使用的是 train_test_split 函数，调用形式为：

```
X_train,X_test,y_train,y_test =model_selection.train_test_split(
train_data,
train_target,
test_size=0.4,
random_state=0)
```

其中 test_size 是样本占比，如果是整数的话就是样本的数量，random_state 是随机数的种子，不同的种子会造成不同的随机采样结果，相同的种子采样结果相同。

上述内容中已有数据分割案例，在此不再赘述。

2. cross_val_score 函数

Scikit-Learn 中的 cross validation 函数模块，最主要的函数是 cross_val_score，该函数接受分类器、数据集、对应的类标号以及 K-fold 的数目，返回 K-fold 模型评分分数，对应每次的评价分数，其调用形式如下。

```
scores = cross_validation.cross_val_score(clf,
        raw_data,
        raw_target,
        cv=5,
        score_func=None)
```

参数解释如下。

● clf：表示的是不同的分类器，可以是任何的分类器，比如支持向量机分类器。

● raw_data：原始数据。

● raw_target：原始类别标号。

● cv：代表的就是不同的 cross validation 的方法，如果 cv 是一个 int 数字的话，那么默认使用的是 KFold 或者 StratifiedKFold 交叉，如果指定了类别标签则使用的是 StratifiedKFold。

● cross_val_score：这个函数的返回值就是对于每次不同地划分 raw_data 时，在 test_data 上得到的分类的准确率，至于准确率的算法可以通过 score_func 参数指定，如果不指定的话，是用 clf 默认自带的准确率算法。

3. cross_val_predict 函数

除了 cross_val_score 函数，Scikit-Learn 中还提供一个 cross_val_predict 函数，它的功能就是返回每条样本作为 CV 中的测试集时，该样本在模型上的预测结果，这就要求使用的 CV 策略能保证每一条样本都有机会作为测试数据，否则会报异常。

5.8　模型部署

可以使用 Python 的自带模块 pickle 来保存 scikit 中的模型，比如我们对数据集 iris 训练如下模型。

```
import pickle
from sklearn.externals import joblib
from sklearn.svm import SVC
from sklearn import datasets
# 定义一个分类器
svm = SVC()
iris = datasets.load_iris()
X = iris.data
y = iris.target
# 训练模型
svm.fit(X,y)
```

运行上述程序，结果如下所示。

```
SVC(C=1.0, cache_size=200, class_weight=None,
coef0=0.0,decision_function_shape='ovr', degree=3,
gamma='auto_deprecated',kernel='rbf', max_iter=-1,
probability=False, random_state=None,
shrinking=True, tol=0.001, verbose=False)
```

模型训练完成之后，则可以通过调用 pickle 进行持久化，具体代码如下所示。

```
# 保存成 Python 支持的文件格式 Pickle
# 在当前目录下可以看到 svm.pickle
with open('svm.pickle','wb') as fw:
    pickle.dump(svm,fw)
# 加载 svm.pickle
with open('svm.pickle','rb') as fr:
    new_svm1 = pickle.load(fr)
print(new_svm1)
```

运行上述程序，则新的模型 new_svm1 如下所示，与之前拟合的模型一致。

```
SVC(C=1.0, cache_size=200, class_weight=None,
```

```
coef0=0.0,decision_function_shape='ovr', degree=3,
gamma='auto_deprecated',kernel='rbf', max_iter=-1,
probability=False, random_state=None,
shrinking=True, tol=0.001, verbose=False)
```

接着，我们就可以调用保存的模型进行预测了，代码如下所示。

```
print (new_svm1.predict(X[0:1]))
```

运行程序后的结果如下。

```
[0]
```

我们再与实际的 y 值对比一下。

```
y[0]
```

运行程序后的结果如下，结果保持一致。

```
0
```

对于 Scikit-Learn，也许使用 joblib 替代 pickle 更有趣，因为它在处理自带数据时更高效。但遗憾的是，它只能把数据持久化到硬盘而不是一个字符串。

```
# 保存成 sklearn 自带的文件格式 Joblib
joblib.dump(svm,'svm.pkl')
# 加载 svm.pkl
new_svm2 = joblib.load('svm.pkl')
```

以后就可以加载这个保存的模型，如下所示。

```
print (new_svm2.predict(X[0:1]))
```

运行后的结果如下所示。

```
[0]
```

第六章
数据可视化

当前，我们正生活在一个大数据的时代，数据被描述为各种商业的原材料。随着技术的发展，商业、工业、研究机构等各个行业领域的数据量都在迅速增长。我们收集和分析的数据越多，就越有能力参与做出重要的商业决策。然而，随着海量数据的增长，企业越来越难以从原始数据中提取重要的信息应用于决策。这时候，数据可视化就变得极其重要，数据可视化通过大量的总结和简单呈现，帮助人们理解数据的意义，使得沟通更加清晰有效。

数据可视化就是使用一种图形或图形格式对数据进行解释和表示的过程。任何企业的决策者都希望能通过高度可视化的分析系统帮助其快速做出正确决策，这也是为什么当前BI工具会成为企业决策支持的主流平台，BI仪表板是一种很好的数据可视化产品，可以为决策者提供业务表现和需要改进的各个方面。

正如人们所说，一幅画胜过千言万语，人类理解数据的最佳方式是通过图片，而不是按行或者列读取数字。因此，如果数据以图形格式表示，人们能够更有效地找到相关性，并发现重要的问题。

数据可视化帮助企业实现许多目标：

- 将业务数据转换为用于服务业务目标的动态解释；
- 将数据转换成视觉上吸引人的、交互式的各种数据仪表板，为业务提供具有洞察力的服务；
- 创建更有吸引力的各种图形表示数据；
- 通过简单的数据钻取获取真知灼见的数据信息以支持做出适当的决策；
- 通过数据找出模式、趋势和相关性，以确定在哪里改进业务策略，从而实现业务的增长或者优化；
- 提供更全面的分析数据；
- 从海量数据中直观地组织和呈现重要的发现；
- 利用数据可视化做出更好、更快、更明智的决策。

Matplotlib 和 Seaborn 是 Python 绘图领域使用最广泛的工具，它能让使用者很轻松地将数据图形化，并且提供多样化的输出格式，本章将会探索 Matplotlib 和 Seaborn 的常见用法。

6.1　Matplotlib 绘制图形

Python 语言提供了大量的数据可视化库来绘制数据，最常用和最常见的数据可视化库是 Matplotlib、Seaborn、Plotly 和 Ggplot，每个库都有自己的特性，其中一些库依赖于其他库，例如 Seaborn 是一个统计数据可视化库，其依赖于 Matplotlib，此外，同样需要 Pandas 和 NumPy 来对数据进行预处理，以便进行数据可视化展示。

首先，我们介绍 Matplotlib 绘制图形，可以通过 Anaconda 安装 Matplotlib 库，在进行数据绘图时需要通过 import 导入。

```
import matplotlib as mlp
import matplotlib.pyplot as plt
```

6.1.1　改变线条的颜色和粗细

可以通过调用函数展示数据，代码如下所示。

```
plt.plot([3,5,9,7,3,6,10,4,7,8])
plt.plot([4,6,1,5,2], [2,8,4,6,7], 'ro') #'ro' 表示圆点
```

运行上述程序，结果如图 6.1 和图 6.2 所示。

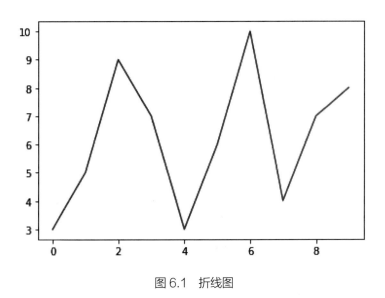

图 6.1　折线图

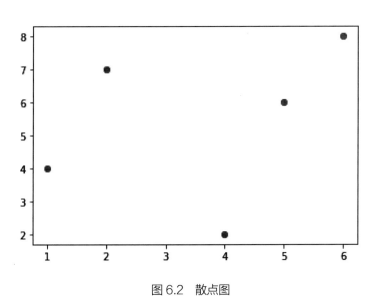

图 6.2　散点图

如图 6.1 所示，我们可以创建一条折线，同样我们也可以通过修改参数 linewidth 自定义线的颜色和类型，代码如下所示。

```
x = [ 40, 55, 75, 55]
y = [112, 154, 145, 188]
plt.plot(x, y, linewidth = 4.0)#linewidth 表示线宽
```

运行上述程序，结果如图 6.3 所示。

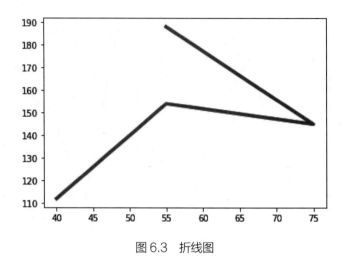

图 6.3　折线图

同样，我们也可以用 linestyle 参数或者 ls 参数来修改线的类型，比如下面的程序，我们修改为虚线。

```
plt.plot(x, y, linewidth = 2.0, linestyle = '--')
```

运行上述程序，结果如图 6.4 所示。

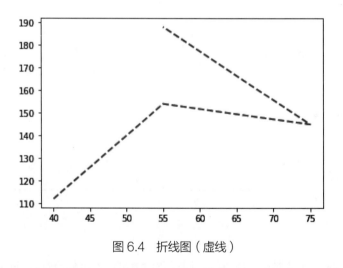

图 6.4　折线图（虚线）

可以通过 marker 参数和 markersize 参数设置数据点的展示形式和大小，如下程序所示。

```
plt.plot(x, y,
linewidth = 1.0,
ls = '--',
marker = "o",
markersize = 10)
```

运行上述程序，结果如图 6.5 所示。

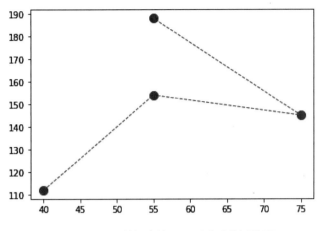

图 6.5 设置数据点的展示形式后的折线图

我们还可以通过编辑参数 markerfacecolor 进一步定制数据点的标记，例如设置数据点的内部颜色为白色。

```
plt.plot(x, y, linewidth = 1.0, ls = '-', marker = "o",
markersize = 10, markerfacecolor = 'white')
```

运行上述程序，结果如图 6.6 所示。

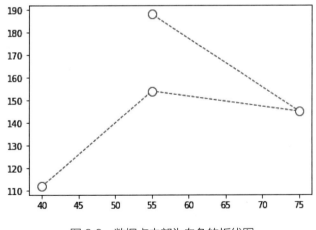

图 6.6 数据点内部为白色的折线图

6.1.2 标题、轴名和颜色控制

接下来，我们可以添加参数 title、xlabel 和 ylabel 来给图形添加标题和轴名，如下程序所示。

```
plt.plot(x, y)
plt.title("TITLE") # 添加标题
plt.xlabel("Axis X") # 添加 X 轴说明
```

```
plt.ylabel("Axis Y") # 添加 Y 轴说明
```

运行上述程序，结果如图 6.7 所示。

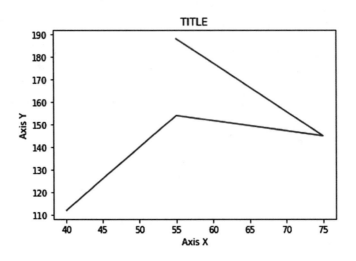

图 6.7　添加图标题和轴标签的折线图

我们可以通过更改所有图表的颜色来进一步定制图表元素。

```
plt.plot(x, y, color = "red")              # 数据连线设置为 red
plt.title("TITLE", color = "blue")         # 图标题的颜色设置为 blue
plt.xlabel("Axis X", color = "purple")     # X 轴说明的颜色设置为 purple
plt.ylabel("Axis Y", color = "green")      # Y 轴说明的颜色设置为 green
```

运行上述程序，结果如图 6.8 所示。

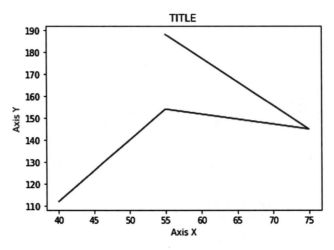

图 6.8　定制图表颜色的折线图

6.1.3　添加网格和图例

我们还可以通过使用"grid"参数添加网格，使用"legend"参数添加说明。

```
plt.plot(x, y, color = "red")            # 数据连线设置为 red
plt.title("TITLE", color = "blue")
plt.xlabel("Axis X", color = "purple")
plt.ylabel("Axis Y", color = "green")
plt.grid(True)
plt.legend(['Legend1'])                  # 增加图线的说明 Legend1
```

运行上述程序，结果如图 6.9 所示。

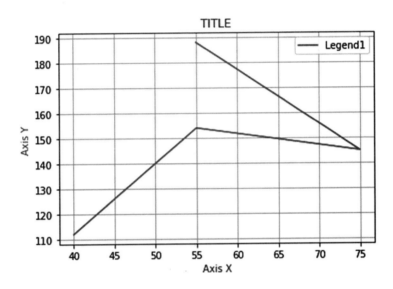

图 6.9　增加图线说明后的折线图

我们可以通过改变"loc"参数将图例移动到图表指定的位置。

```
plt.plot(x, y, color = "red")            # 数据连线设置为 red
plt.title("TITLE", color = "blue")
plt.xlabel("Axis X", color = "purple")
plt.ylabel("Axis Y", color = "green")
plt.grid(True)
plt.legend(['Legend2'], loc = 2)
```

运行上述程序，结果如图 6.10 所示。

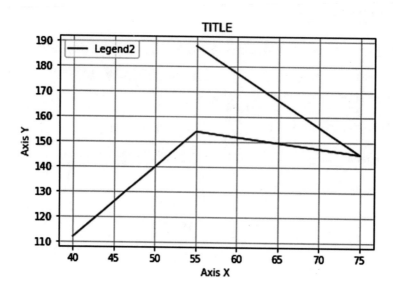

图 6.10　移动图片说明至左上角后的折线图

如表 6.1 所示，loc 参数选择项给出了图片标识所在的位置。

表 6.1　loc 参数选择说明

参数	位置说明
0	自动选择显示位置
1	右上角
2	左上角
3	左下角
4	右下角
5	右边中间
6	左边中间
7	右边中间
8	下方中间
9	上方中间
10	图片中间

表 6.2 给出了颜色设置的参数说明。

表 6.2　数据线的颜色

参数	颜色说明
b	蓝色
c	青色
g	绿色
m	洋红色
r	红色
y	黄色
k	黑色
w	白色

我们可以绘制不同形状不同颜色的散点图，代码如下，运行后结果如图 6.11 所示。

```
plt.plot([2,2,3,4],[3,4,8,14],'g*')
plt.plot([3,3,5,7],[2,6,6,12],'b^')
plt.plot([4,2,3,5],[2,7,4,11],'ro')
plt.legend(['green','blue','red'],loc=5)
```

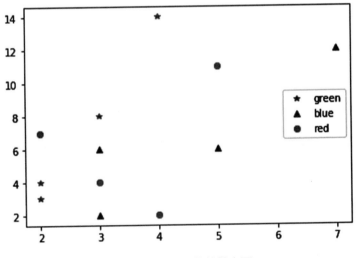

图 6.11　不同形状的散点图

6.1.4　子图绘制

在进行数据分析的时候，有时候我们需要从多个角度对数据进行对比，为此 Matplotlib 提出了子图的概念，即在较大的图形中同时放置一组较小的坐标轴，这些子图可能是画中画、网格图或者是其他更复杂的布局形式。

我们需要使用 subplot 函数创建子图表，具体代码如下所示。

```
plt.subplot(2,2,1)
plt.plot([1,3,4,5],[2,4,11,15],'b*')
plt.subplot(2,2,2)
plt.plot([2,3,5,7],[1,5,8,12],'g^')
plt.subplot(2,2,3)
plt.plot([1,4,3,5],[2,5,7,12],'ro')
plt.subplot(2,2,4)
plt.plot([2,4,5,1],[2,4,9,12],'b')
```

运行上述程序，结果如图 6.12 所示。

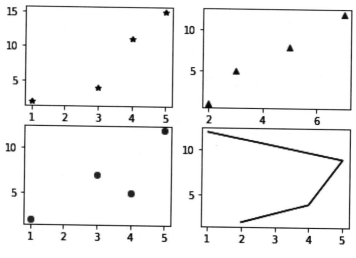

图 6.12　含有 4 个子图的图形

同样可以根据情况自主设置显示几张图表，代码如下所示。

```
plt.subplot(1,2,1)
plt.plot([1,2,3,4],[1,4,8,15],'b*')
plt.subplot(1,2,2)
plt.plot([1,3,5,7],[3,8,4,12],'g')
```

运行上述程序，结果如图 6.13 所示。

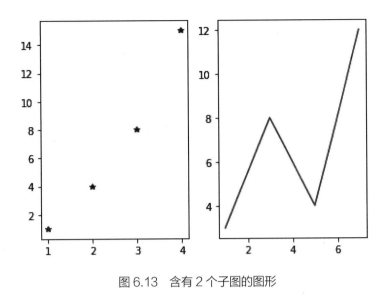

图 6.13　含有 2 个子图的图形

6.2 ■ Seaborn 绘制图形

上一节中，我们讲述了如何利用 Matplotlib 进行绘图的功能，尽管 Matplotlib 库非常复杂，但其绘图并没有那么精细，并不是数据图表发布的首选。Seaborn 是基于 Matplotlib 的 Python 数据可视化库，它提供了一个高级界面，用于绘制引人入胜且内容丰富的统计图形。如下列出了一些 Seaborn 的功能。

- 计算多变量间关系的面向数据集接口。
- 可视化类别变量的观测与统计。
- 可视化单变量或多变量分布，并与其子数据集比较。
- 控制线性回归的不同因变量，并进行参数估计与作图。
- 对复杂数据进行易行的整体结构可视化。
- 对多表统计图的制作高度抽象，并简化可视化过程。
- 提供多个内建主题渲染 Matplotlib 的图像样式。
- 提供调色板工具生动再现数据。

Seaborn 框架旨在以数据可视化为中心来挖掘与理解数据，它提供的面向数据集制图函数主要是对行、列、索引和数组的操作，包含对整个数据集进行内部的语义映射与统计整合，以此生成富含信息的图表。

6.2.1 绘图风格设计

绘制有吸引力的图像是十分重要的，当你在探索一个数据集并作图的时候，制作一些让人看了心情愉悦的图像，可视化地向观众传达量化的简介也是很重要的，在这种情况下，制作能够牢牢吸引住查看者的图像就更有必要了。Seaborn 提供了许多定制好的主题和高级接口，用于控制 Matplotlib 所制作的图像外观。

1. 背景风格设置

下面，通过实际的案例来说明不同绘图风格的设计。首先，通过 Matplotlib 来绘制一个直方图，代码如下所示。

```
import numpy as np
import seaborn as sns
from scipy import stats, integrate
import matplotlib.pyplot as plt
%matplotlib inline
np.random.seed(sum(map(ord, "distributions")))# 每次产生的随机数相同
x = np.random.gamma(6,size=1000)
plt.hist(x,bins=20)
```

运行上述程序后，结果如图 6.14 所示，其为 Matplotlib 默认参数下的结果。

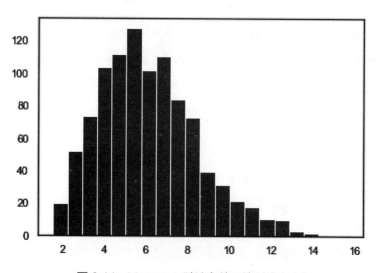

图 6.14　Matplotlib 默认参数下绘制的直方图

然后，我们可以调用 Seaborn 库绘制默认参数下的直方图，代码如下。

```
sns.distplot(x,bins=20,hist = True)
```

运行上述程序，结果如图 6.15 所示，很明显，两种绘图的风格是不一样的。

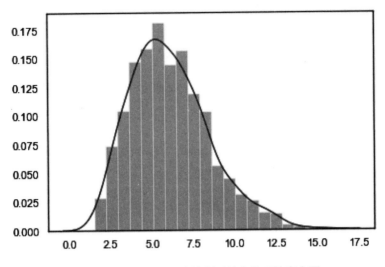

图 6.15 Seaborn 库绘制默认参数下的直方图

Seaborn 将 Matplotlib 的参数划分为两个独立的组合。第一组是设置绘图的外观风格，第二组主要将绘图的各种元素按比例缩放，以便可以嵌入不同的背景环境中，操控这些参数的接口主要有两对方法。

● 控制风格：axes_style()，set_style()。

● 缩放绘图：plotting_context()，set_context()。

每对方法中的第一个方法，即 axes_style()、plotting_context() 会返回一组字典参数；而第二个方法，即 set_style()、set_context() 会设置 Matplotlib 的默认参数。

在 Seaborn 库中，有五种 Seaborn 风格，它们各自适合不同的应用和个人喜好，五种风格如下所示，默认的主题是 darkgrid。

● darkgrid。

● whitegrid。

● dark。

● white。

● ticks。

比如，我们设置绘图风格为 darkgrid，则重新绘制的直方图代码及结果如下。

```
sns.set_style("darkgrid")
sns.distplot(x,bins=20,hist = True)
```

运行上述程序，结果如图 6.16 所示。

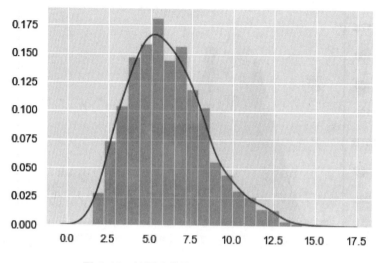

图 6.16　绘图风格为 darkgrid 下的直方图

如果风格设置为 dark，则绘图代码及结果如下，直方图的背景颜色为灰色。

```
sns.set_style("dark")
sns.distplot(x,bins=20,hist = True)
```

运行上述程序，结果如图 6.17 所示。

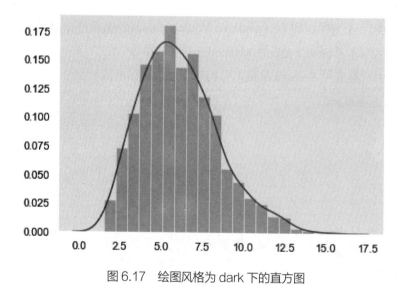

图 6.17　绘图风格为 dark 下的直方图

2. 坐标轴控制

white 和 ticks 两个风格都能够移除顶部和右侧不必要的轴脊柱，通过 matplotlib 参数是做不到这一点的，但是你可以使用 seaborn 的 despine() 方法来移除它们，比如下面的程序。

```
sns.set_style("white")
```

```
sns.distplot(x,bins=20,hist = True)
sns.despine()
```

运行上述程序，结果如图 6.18 所示。

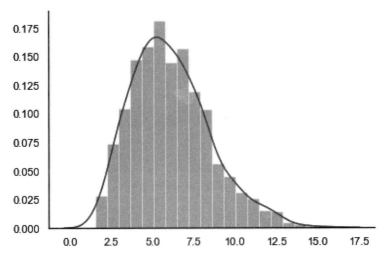

图 6.18　移除顶部和右侧的轴脊柱后的直方图

也可以通过参数 despine 控制哪个脊柱将被移除，比如下面的程序。

```
sns.set_style("white")
sns.distplot(x,bins=20,hist = True)
sns.despine(left=True)
```

运行后的结果如图 6.19 所示，左侧的轴被删除。

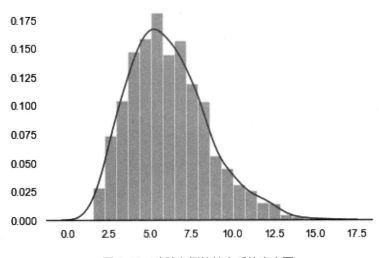

图 6.19　移除左侧的轴之后的直方图

3. 元素比例缩放

有一系列单独的参数可以用于控制图形元素的缩放，这样我们就可以使用同样的代码来控制图片以便适应不同的应用场景。

首先我们先重置所有的设置，代码如下。

```
sns.set()
```

我们有四种预设的背景，按照相对大小来排序，分别是 paper、notebook、talk 和 poster。上文的那些图片使用的都是默认的 notebook 风格。

比如，我们设置为 paper 参数，则代码如下。

```
sns.set_context("paper")
sns.distplot(x,bins=20,hist = True)
```

运行上述程序，结果如图 6.20 所示，很明显，坐标轴数据标签的字体及大小已经改变。

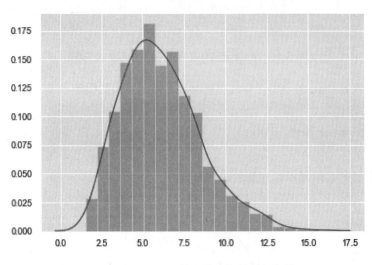

图 6.20　paper 风格下的坐标轴数据标签

再比如，我们设置为 talk 参数，则代码如下。

```
sns.set_context("talk")
sns.distplot(x,bins=20,hist = True)
```

运行上述程序，结果如图 6.21 所示，很明显，坐标轴数据标签的字体已经变大。

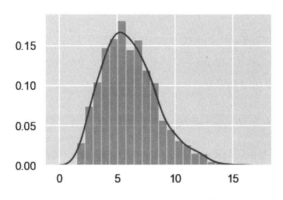

图 6.21　talk 风格下的坐标轴数据标签

6.2.2　颜色风格设计

在 Seaborn 的使用中，可以针对数据类型而选择合适的颜色，并且使用选择的颜色进行可视化，节省了大量的可视化颜色调整工作。

Seaborn 中使用离散调色板过程中最重要函数是 color_palette()，在没有参数的情况下调用 color_palette() 函数将会返回当前默认的颜色循环。还有一个相应的函数 set_palette，它接受与 color_palette 一样的参数，并会对所有绘图的默认色循环进行设置。

在不了解数据特征的情况下，通常也不可能知道哪种调色板或 Colormap 最适合一组数据。接下来，我们将通过三种常见的调色板，即定性调色板、顺序调色板和发散调色板，来介绍 color_palette() 函数的使用方法以及其他 seaborn 函数。

1. 定性调色板

当想要区分不具有内在顺序的离散数据块时，定性调色板是最佳方案。导入 seaborn 的同时，会引入默认的颜色循环，由 6 种颜色构成，并将调用标准 matplotlib 颜色循环，看起来也更加赏心悦目。

```
current_palette = sns.color_palette()
sns.palplot(current_palette)
```

运行上述程序，结果如图 6.22 所示。

图 6.22　定性调色板

定性调色板的默认主题有六种变体，分别为 deep、muted、pastel、bright、dark 和 colorblind，如下代码所示，输出了 6 种主题，结果如图 6.23 所示。

```
themes = ['deep', 'muted', 'pastel', 'bright', 'dark', 'colorblind']
for theme in themes:
    current_palette = sns.color_palette(theme)
    sns.palplot(current_palette)
```

运行上述程序，结果如图 6.23 所示。

图 6.23　6 种主题的调色板

当您要区分任意数量的类别而不强调任何类别时，最简单的方法是在循环颜色空间中绘制间距相等的颜色，这是大多数 Seaborn 函数在处理需要区分的数据集超过颜色循环中的 6 种颜色时所使用的默认方法，最为常用的方法是使用 hls 颜色空间，比如，我们设置 8 种颜色的调色板，代码如下。

```
sns.palplot(sns.color_palette("hls",8))
```

运行上述程序，结果如图 6.24 所示。

图 6.24　具有 8 种颜色的调色板

2. 顺序调色板

调色板的第二大类被称为顺序调色板，这种调色板对于有从低到高过渡的数据非常适合，比如下面的调色板，以灰色为主色彩，色彩随数据变换，比如数据越来越重要则颜色越来越深。

```
sns.palplot(sns.color_palette("Greys"))
```

运行上述程序后，结果如图 6.25 所示。

图 6.25　以灰色为主色彩的顺序调色板

如果想要翻转颜色渐变，可以在面板名称中添加一个 _r 后缀即可。

```
sns.palplot(sns.color_palette("Greys_r"))
```

运行上述程序后，结果如图 6.26 所示。

图 6.26　以灰色为主色彩的翻转顺序调色板

3. 发散调色板

第三类调色板称为"发散调色板"，当数据集的低值和高值都很重要，且数据集中有明确定义的中点时，这会是最佳选择。系统提供了一些精心挑选的发散调色板，我们可以直接调用使用，如以下程序。

```
sns.palplot(sns.color_palette("RdBu",9))
```

运行上述程序，结果如图 6.27 所示。

图 6.27　发散调色板

与顺序调色板一样，如果需要翻转颜色，则直接加后缀即可。

```
sns.palplot(sns.color_palette("RdBu_r",9))
```

运行上述程序，结果如图 6.28 所示。

图 6.28　发散调色板

6.2.3　数据集的可视化分布

在处理一组数据时，我们通常想做的第一件事就是了解变量的分布情况，以便为后续的特征选择做准备，下面就介绍 Seaborn 中用于检查单变量和双变量分布的一些工具。

在 Seaborn 中想要快速查看单变量分布最方便的方法是使用 distplot() 函数。默认情况下，该方法将会绘制直方图 histogram 并拟合内核密度估计 KDE，比如，我们随机生成 1000 个数据，满足正态分布并绘制直方图，代码如下。

```
x = np.random.normal(size=1000)
sns.distplot(x)
```

运行上述程序，结果如图 6.29 所示，绘制的是直方图，对于直方图我们很熟悉，而且在 Matplotlib 中已经存在 hist 函数。

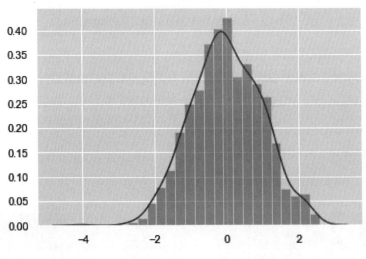

图 6.29　随机生成 1000 个数据的直方图

当然，我们可以设置绘制的直方图是分箱数量的，比如设置分箱数为 10，则代码如下所示。

```
sns.distplot(x,bins=10)
```

运行上述程序，结果如图 6.30 所示。

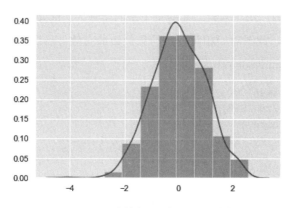

图 6.30 分箱为 10 的直方图分布

除了上述直方图的绘制之外，我们也可以绘制散点图等展示二元关系的图形，在 seaborn 中，最简单的方法就是使用 jointplot() 函数，它创建了一个多面板图形，显示了两个变量之间的二元关系，以及每个变量在单独轴上的一元分布。

比如，我们绘制学生信息表中变量 Weight 和 Height 的散点图，代码如下。

```
import pandas as pd
import numpy as np
studentinfo=pd.read_csv("D:/Pythondata/data/class.csv")
sns.jointplot(x="Weight", y="Height", data=studentinfo)
```

运行上述程序，结果如图 6.31 所示。

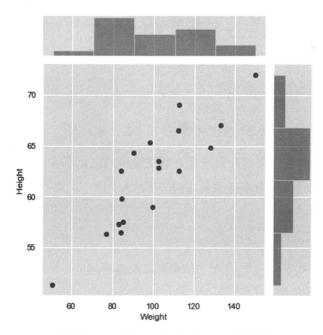

图 6.31 变量 Weight 和 Height 的散点图

类似于单变量的直方图，用于描绘二元变量关系的图称为"hexbin"图，因为它显示了落入六边形"桶"内的观察计数，此图对于相对较大的数据集最有效。可以通过调用 matplotlib 中的 plt.hexbin 函数获得，并且在 jointplot() 作为一种样式。

```
x = np.random.normal(size=1000)
y = np.random.normal(size=1000)
with sns.axes_style("white"):
    sns.jointplot(x=x, y=y, kind="hex", color="k")
```

运行上述程序，结果如图 6.32 所示。

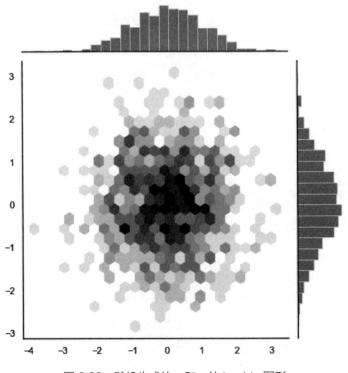

图 6.32　随机生成的 x 和 y 的 hexbin 图形

在进行数据分析的时候，我们经常需要查看变量两两之间的关系，在 Seaborn 中可以使用 pairplot() 函数一次性绘制数据集中各个变量之间的两两关系图，比如，我们绘制数据集 studentinfo 的变量关系图，代码如下所示。

```
sns.pairplot(studentinfo)
```

运行上述程序，结果如图 6.33 所示，显示的是变量 Age、Weight 和 Height 三者两两之间的关系图。

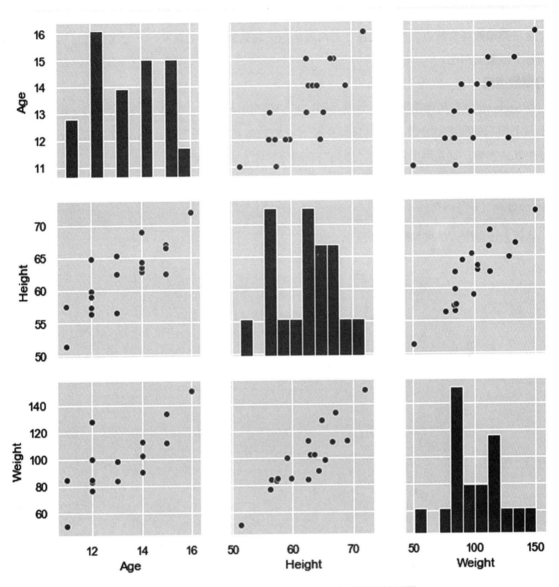

图 6.33　Age、Height、Weight 变量两两关系图

6.2.4　分类数据的可视化

　　数据集中的数据类型有很多种，除了连续的特征变量之外，最常见的就是类目型的数据类型了，常见的有人的性别、学历、职业等，这些数据类型都不能用连续的变量来表示，而是用分类的数据来表示，Seaborn 针对分类型的数据有专门的可视化函数，这些函数可大致分为三种。

- 分类数据散点图：swarmplot()、stripplot()。
- 分类数据的分布图：boxplot()、violinplot()、boxenplot()。

● 分类数据的统计估算图：barplot()、pointplot()、countplot()。

这三类函数各有特点，可以从各个方面展示分类数据的可视化效果，下面我们通过实际案例来说明各个函数的用法。

1. 分类散点图

在 Seaborn 中有两种不同的分类散点图，它们采用不同的方法来表示分类数据。其中一种是属于一个类别的所有点，将沿着与分类变量对应的轴落在相同位置，stripplot() 方法是 catplot() 中 kind 的默认参数，它是用少量随机"抖动"调整分类轴上点的位置。

比如我们绘制数据集 studentinfo 中的年龄 Age 和性别 Sex 的散点图，代码如下所示。

```
sns.catplot(x="Sex", y="Age", data=studentinfo)
```

运行上述程序，结果如图 6.34 所示。

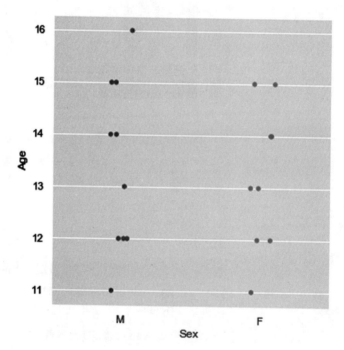

图 6.34　年龄 Age 和性别 Sex 的散点图

catplot 函数中的 jitter 参数控制抖动的大小，我们可以完全禁用抖动，代码如下所示。

```
sns.catplot(x="Sex", y="Age", jitter=False,data=studentinfo)
```

运行上述程序，结果如图 6.35 所示，与图 6.34 比较，图中的点明显不再抖动，保持在一条直线之上。

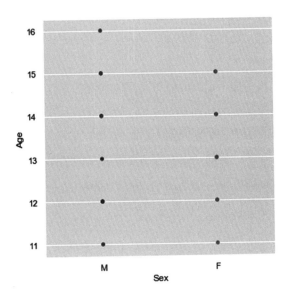

图 6.35 禁止抖动的散点图

另一种方法是使用防止它们重叠的算法,沿着分类轴调整点。我们可以用它更好地表示观测分布,但是只适用于相对较小的数据集,这种绘图有时被称为"beeswarm",可以使用 Seaborn 中的 swarmplot() 绘制,通过在 catplot() 中设置 kind="swarm" 来激活,代码如下所示。

```
sns.catplot(x="Sex", y="Age", kind="swarm",data=studentinfo)
```

运行上述程序,结果如图 6.36 所示。

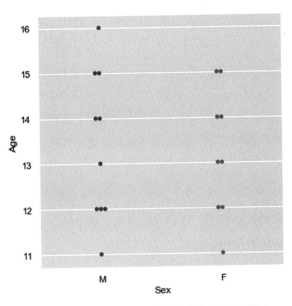

图 6.36 沿着分类轴调整点的分布后的散点图

上述内容介绍了基本的分类变量散点图的绘制，还有很多参数可以对散点图的展示细节进行控制，在此不再赘述。

2. 分类数据分布图

虽然分类变量的散点图很有用，但有时候想要快速查看各分类下的数据分布就不是很直观了，所以需要通过其他的方式解决这个问题。

第一个是熟悉的boxplot()函数，即箱图绘制函数，它可以显示分布的三个四分位数值以及极值，超出此范围的观察值会独立显示。比如，我们绘制变量 Age 的箱图分布，代码如下。

```
sns.catplot(x="Sex", y="Age", kind="box", data=studentinfo)
```

运行上述程序，结果如图 6.37 所示。

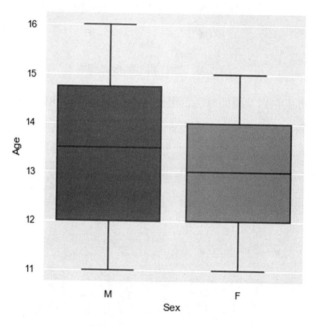

图 6.37　变量年龄的箱图

另一种方法是 violinplot() 函数，它将箱线图与核密度估算程序结合起来，比如，我们绘制变量 Weight 的小提琴图。

```
sns.catplot(x="Weight", y="Sex",kind="violin",  data=studentinfo);
```

运行上述程序，结果如图 6.38 所示，这种方法使用核密度估计来更好地描述值的分布。此外，小提琴内还显示了箱体四分位数和四分位距。

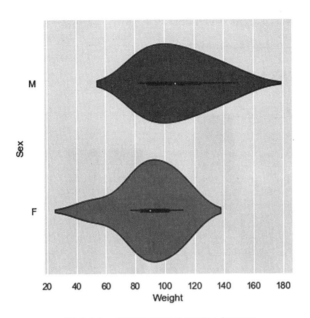

图 6.38　变量体重与性别的小提琴图

3. 分类数据的统计估算图

　　有些情况下，我们可能希望显示变量值的集中趋势估计，而不是显示每个类别中的数据分布。在 Seaborn 中有两种主要方式来显示这些信息：一个是条形图，绘制函数为 barplot；另一个是点图，绘制函数为 pointplot，函数的基本参数与上面讨论的函数相同。

　　首先，我们来绘制条形图，代码如下。

```
sns.barplot(x="Age", y="Weight", hue="Sex" , data=studentinfo)
```

　　运行上述程序，结果如图 6.39 所示。

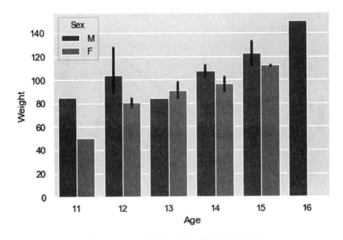

图 6.39　变量年龄与体重的条形图

如果要显示样本量，则直接使用 countplot() 函数即可，代码如下所示。

```
sns.countplot(x="Age", data=studentinfo)
```

运行上述程序，结果如图 6.40 所示。

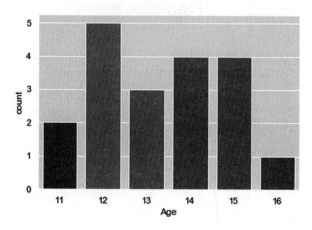

图 6.40　显示样本数的条形图

点图绘制函数 pointplot 提供了估计可视化的另一种风格，该函数会用高度估计值对数据进行描述，而不是显示一个完整的条形，它只绘制点估计和置信区间。

我们使用 Kaggle 数据科学社区的案例数据集 titanic 来描述点图的绘制，比如我们查看不同等级舱位中不同性别的生存率，则代码如下所示。

```
import seaborn as sns
titanic = sns.load_dataset("titanic")
sns.pointplot(x="sex", y="survived", hue="class", data=titanic)
```

运行上述程序，则结果如图 6.41 所示。

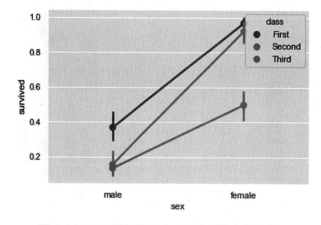

图 6.41　不同等级舱位中不同性别的生存率点图

6.2.5　结构化多图格

在探索多维度数据时，经常需要在数据集的不同子集上绘制同一类型图的多个实例，这种技术即被称为"网格"绘图。

当在数据集的不同子集中分别可视化变量分布或多个变量之间的关系时，FacetGrid 函数非常有用，比如，我们初始化表格，代码如下。

```
g = sns.FacetGrid(studentinfo, col="Sex")
```

运行后的结果如图 6.42 所示，仅仅是初始化了轴，并没有绘制内容。

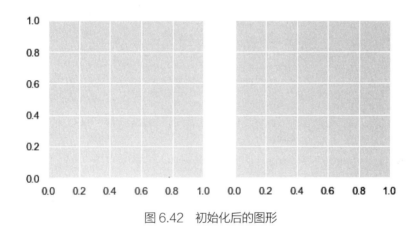

图 6.42　初始化后的图形

在网格上可视化数据的主要方法是 FacetGrid.map，为此方法提供绘图函数以及要绘制的数据框变量名作为参数，比如，我们绘制年龄的直方图，代码如下。

```
g = sns.FacetGrid(studentinfo, col="Sex")
g.map(plt.hist, "Age")
```

运行上述程序后，结果如图 6.43 所示。

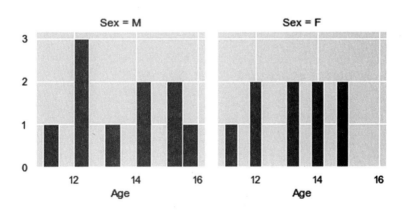

图 6.43　年龄的直方图

要绘制关系图，只需传递多个变量名称即可，比如我们绘制年龄与体重的关系图，代码如下所示。

```
g = sns.FacetGrid(studentinfo, col="Sex")
g.map(plt.scatter, "Age","Weight")
```

运行上述程序后，结果如图 6.44 所示。

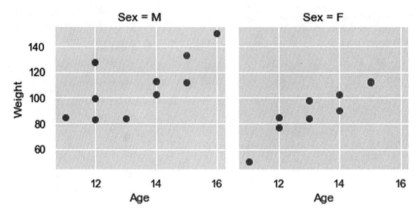

图 6.44　年龄与体重的散点图

有很多选项参数可以传递给 FacetGrid 的构造函数，用以控制网格的样式，在此不再赘述，可以参考官方文档内容。

PairGrid 允许使用相同的绘图类型快速绘制子图的网格，在 PairGrid 中，每个行和列都分配给一个不同的变量，结果显示数据集中的每个对变量的关系，这种图有时被称为"散点图矩阵"，这是显示成对关系的最常见方式。

PairGrid 的基本用法与 FacetGrid 非常相似，首先初始化网格，然后将绘图函数传递给 map 方法，并在每个子图上调用它。比如，我们绘制数据集 studentinfo 中的所有数值型变量的关系图，代码如下所示。

```
g = sns.PairGrid(studentinfo)
g.map(plt.scatter)
```

运行上述程序，结果如图 6.45 所示。

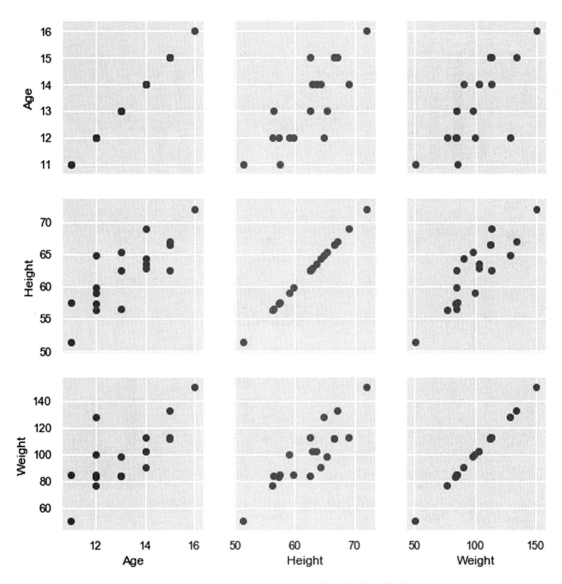

图 6.45　Age、Height、Weight 变量两两之间的关系图

可以在对角线上绘制不同的函数，以显示每列中变量的单变量分布，但请注意，轴刻度与该绘图的计数或密度轴不对应。

```
g = sns.PairGrid(studentinfo)
g.map_diag(plt.hist)
g.map_offdiag(plt.scatter)
```

运行上述程序，结果如图 6.46 所示。

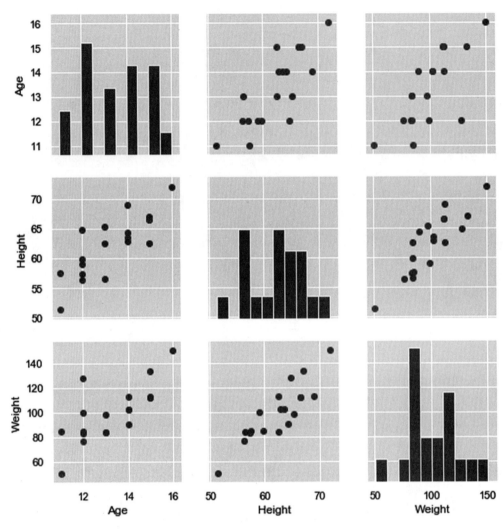

图 6.46   对角线上获知直方图

6.3   重要类型图形的绘制

6.3.1   散点图

散点图又称散点分布图，是以一个变量为横坐标，另一变量为纵坐标，利用散点（坐标点）的分布形态反映变量统计关系的一种图形。特点是能直观地表现出影响因素和预测对象之间的总体关系趋势。优点是能通过直观醒目的图形方式反映变量间关系的变化形态，以便决定用何种数学表达方式来模拟变量之间的关系。散点图不仅可传递变量间关系类型的信息，也能反映变量间关系的明确程度。

散点图表示因变量随自变量而变化的大致趋势，据此可以选择合适的函数对数据点进行拟合。散点图将序列显示为一组点，值由点在图表中的位置表示，类别由图表中的不同标记表示。散点图通常用于比较跨类别的聚合数据。

散点图通常用于显示和比较数值，例如科学数据、统计数据和工程数据。当在不考虑时间的情况下比较大量数据点时，建议使用散点图。散点图中包含的数据越多，比较的效果就越好。

例如，我们可以建立一个散点图，代码如下所示，散点图可以非常有效地反映两个变量之间的关系，运行程序后，结果如图 6.47 所示。

```
import matplotlib as mlp
import matplotlib.pyplot as plt
x = [ 10,30,50,80,100]
y = [20,55,85,40,66]
plt.scatter(x, y)
```

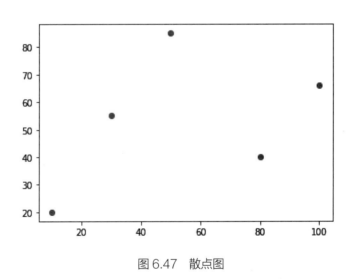

图 6.47　散点图

6.3.2　条形图

条形图将序列显示为按类别分组的多组水平图条，值通过由 x 轴度量的图条的长度来表示，类别标签显示在 y 轴上。条形图通常用于比较不同类别的值。

我们可以使用 plt.bar 函数创建条形图。

```
import matplotlib as mlp
import matplotlib.pyplot as plt
x = [ 10,30,50,80,100]
y = [20,55,85,40,66]
```

```
plt.bar(x,y)
```

运行上述程序后，结果如图 6.48 所示。

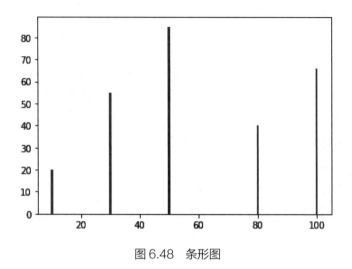

图 6.48 条形图

我们可以改变条形图的方向，通过调用 barh 函数进行绘制即可，代码如下所示。

```
import matplotlib as mlp
import matplotlib.pyplot as plt
x = [ 10,30,50,80,100]
y = [20,55,85,40,66]
plt.barh(x,y)
```

运行上述程序后，结果如图 6.49 所示。

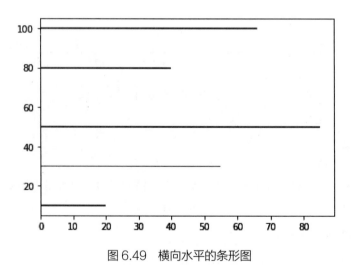

图 6.49 横向水平的条形图

6.3.3 饼状图

仅排列在工作表的一列或一行中的数据可以绘制到饼状图中，饼图显示一个数据系列中各项的大小与各项总和的比例，饼状图中的数据点显示为整个饼图的百分比，使用饼状图的情况有如下几种：

- 仅有一个要绘制的数据系列；
- 要绘制的数值没有负值；
- 要绘制的数值几乎没有零值；
- 类别数目不超过七个；
- 各类别分别代表整个饼状图的一部分。

下面我们通过实际案例来说明如何绘制饼状图，案例代码如下所示。

```
import matplotlib as mlp
import matplotlib.pyplot as plt
x = [ 10,30,50,80,100]
plt.pie(x)
```

运行上述程序后，结果如图 6.50 所示。

当然，我们可以通过 colors 参数改变图表的颜色。

```
# 设置颜色
col1 = ["yellow","blue", "red", "purple", "orange"]
# 绘制新的图
plt.pie(x, colors = col1)
```

运行程序，结果如图 6.51 所示。

图 6.50　饼状图实例　　　　图 6.51　修改颜色后的饼状图

为了查看方便，还可以设置数据标签，程序如下。

```
# 设置数据标签
lab1 = ['A','B','C','D','E']
plt.pie(x, colors = col1, labels = lab1)
```

运行程序，结果如图 6.52 所示。

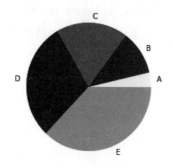

图 6.52　设置数据标签后的饼状图

6.3.4　折线图

Series 和 DataFrame 都有一个 plot 属性，用于生成一些基本的图形，默认情况下，plot 生成的是折线图，如下程序所示。

```
import pandas as pd
import numpy as np
s1 = pd.Series(np.random.randn(10).cumsum(),
index=np.arange(0, 100, 10))
s1.plot()
```

运行上述程序，结果如图 6.53 所示。

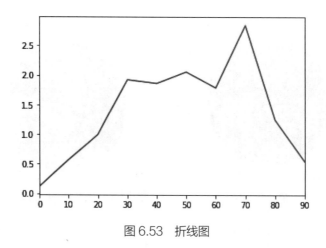

图 6.53　折线图

数据帧 DataFrame 的 plot 方法会把每一列数据绘制成一条折线图，代码如下所示。

```
data1 = pd.DataFrame(np.random.randn(10, 4).cumsum(0),
columns=['A', 'B', 'C', 'D'],
```

```
index=np.arange(0, 100, 10))
data1.plot()
```

运行上述程序，则结果如图 6.54 所示，而且数据帧的 plot 方法会自动把折线说明显示在折线图之上。

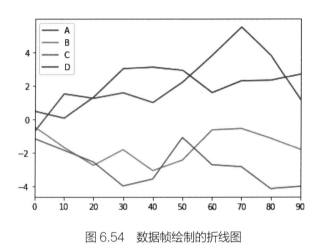

图 6.54　数据帧绘制的折线图

6.3.5　直方图

直方图由竖立在 x 轴上的相邻矩形组成，矩阵的面积与样本发生的频率成正比，这种图形常被用于统计研究中的样本分布分析。

为了绘制直方图，pyplot 提供了一个名为 hist 的特殊函数，这个图形函数有一个其他生成图表的函数所没有的特性，即除绘制直方图之外，其返回值的元组还是直方图计算的结果。事实上，hist 函数可以实现直方图的计算，也就是说，它足以提供一系列的作为参数值的样本和要划分的桶数，然后计算每个桶的事件。

下面我们通过实际案例来理解函数 hist 的功能，首先我们创建新的系列用于直方图的绘制，代码如下所示。

```
import matplotlib.pyplot as plt
import numpy as np
s2 = np.random.randint(0,100,100)
```

然后，我们直接调用 hist 函数绘制直方图，代码如下所示。

```
plt.hist(s2,bins=10)
```

运行上述程序，结果如图 6.55 所示。

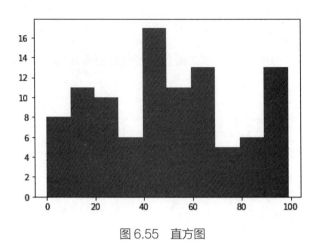

图 6.55　直方图

6.3.6　热度图

热度图可以很清楚地看到数据的变化情况以及变化过程中的最大值和最小值，我们在对变量进行相关分析时会常常用到热度图，下面通过实际案例来说明如何绘制热度图。

比如，我们随机生成 5 行 6 列的矩阵，则绘制热度图的代码如下。

```
import numpy as np
import seaborn as sns
np.random.seed(12345)
data = np.random.rand(5, 6)
a = sns.heatmap(data)
```

运行上述程序，结果如图 6.56 所示。

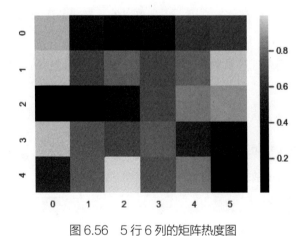

图 6.56　5 行 6 列的矩阵热度图

如果要在图中方格内显示数值，则通过关键字设置即可实现，代码如下所示。

```
b = sns.heatmap(data, annot=True)
```

运行上述程序，结果如图 6.57 所示。

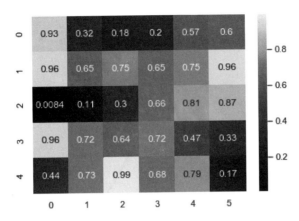

图 6.57　方格内显示数值的热度图

可以指定显示的颜色，通过关键字 cmap 参数设置即可，代码如下所示。

```
c = sns.heatmap(data, cmap="YlGnBu")
```

运行上述程序，结果如图 6.58 所示。

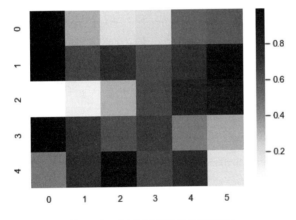

图 6.58　指定显示颜色的热度图

Heatmap 函数的参数还有很多，用以控制热度图的显示内容，在此不再赘述，请参考官方文档说明。

第七章
数据导入与导出

　　一个完整的数据分析项目主要有五个步骤，包括数据采集、数据清理、数据探索、建立模型以及数据可视化，其中数据获取是第一步，在第四章中，我们熟悉了 Pandas 数据分析的基本功能，在本章中我们将看到 Pandas 是如何读取和保存各种类型的数据文件，并引导读者学习使用 Python 获取数据的方法。

7.1 连接数据库

Python 自带的模块中有很多用于操控文件，我们可以把文件的数据读出来，经过处理还可以将数据写入文件中，但是对于数据的管理和分析来说，数据库还是专业一些，如果 Python 能和数据库结合在一起，那么就能结合两种的优势，提高效率。本章以连接 Oracle 数据库为例来说明如何操作，Python 连接其他数据库的操作基本类似，在此不再赘述。

Python 有一个模块 cx_Oracle 可以与 Oracle 相连，要使用 cx_Oracle，就要先下载安装。本节将通过一些简单的例子来演示如何使用 Python 来访问 Oracle 进行基本操作。

```
#coding=UTF-8
import cx_Oracle # 导入 cx_Oracle 模块
import time # 导入时间模块
import os  # 导入操作系统模块
import pandas as pd # 导入 pandas 模块，进行数据集操作
# 解决中文编码问题
os.environ['NLS_LANG']='SIMPLIFIED CHINESE_CHINA.UTF8'
# 读取数据开始计时
start_time = time.time()
# 建立数据库连接，输入数据库的用户名和密码
orcl=cx_Oracle.connect('Tom','PSW','dmdb')
# 如果连接成功，则打印 Oracle 数据库版本
print orcl.version
# 获取操作游标
curs=orcl.cursor()
# 输出表时包括字段
printHeader =True
# 执行 SQL，读取一张表
sql = "select * from shangtao.st_dx_3_sample_02_val"
curs.execute(sql)
# 读取所有样本数据至数据框 data 中，并分割为 train_x 和 train_y
data=pd.DataFrame(curs.fetchall())
train_y=data.ix[:,1] # 读取目标变量，并赋给 train_y
train_x=data.ix[:,2:] # 读取建模自变量，并赋给 train_x
# 关闭连接，释放资源
curs.close()
print " 读取数据花费时间: %fs !"  % (time.time()-start_time )
print "Completed" # 执行完成，打印提示信息
```

这里需要读者特别注意的是，读取完数据库中的数据后，务必及时把连接关闭，释放资源。

7.2 读取外部数据

Pandas 是一个专门用于数据分析的库，提供了大量的 I/O API 函数，我们可以利用 Pandas 提供的一系列数据读写的功能来读写外部数据文件，数据读取这一步对于数据分析项目非常重要，因为它是数据分析工作的开始。

Pandas 具有许多将表格数据读取为数据流的函数对象，表 7.1 总结了其中的一些数据读取函数，其中的 read_csv 和 read_excel 是最常使用的。

表 7.1　读取数据的函数列表

数据读取函数	函数功能说明
read_csv	读取使用逗号作为分隔符的数据文件
read_table	读取使用 tab ('\t') 作为默认分隔符的数据文件
read_fwf	读取固定宽度列格式的数据 (没有分隔符)
read_clipboard	从剪贴板读取数据
read_excel	从 Excel XLS 或 XLSX 文件中读取表格数据
read_hdf	读取 panda 写的 HDF5 文件
read_html	读取给定 HTML 文档中的所有表
read_json	从 JSON (JavaScript 对象表示法) 字符串表示中读取数据
read_msgpack	读取使用 MessagePack 二进制格式编码的 panda 数据
read_pickle	读取以 Python pickle 格式存储的任意对象
read_sas	读取存储在 SAS 系统的 SAS 数据集
read_sql	将 SQL 查询的结果 (使用 SQLAlchemy) 作为 panda 数据帧读取
read_stata	从 Stata 文件格式中读取数据集
read_feather	读取二进制文件格式

7.2.1　读取 CSV 数据

CSV 格式是非常常用的一种数据存储格式，而且其存储量要比 Excel 电子表格大很多，下面我们就来看看如何利用 Python 读取 CSV 格式的数据文件。

比如，我们读取如下文件，数据之间用逗号分隔符隔开。

```
Name,Sex,Age,Height,Weight
Ronald,M,15,67,133
```

```
William,M,15,66.5,112
Philip,M,16,72,150
Joyce,F,11,51.3,50.5
Jeffrey,M,13,62.5,84
```

读取代码如下，直接调用 read_csv 函数即可。

```
import pandas as pd
import numpy as np
studentinfo=pd.read_csv("D:/Pythondata/data/studentinfo.csv")
studentinfo.head()
```

运行上述程序，则我们可以查看数据集的前 5 个样本，如图 7.1 所示。

	Name	Sex	Age	Height	Weight
0	Ronald	M	15	67.0	133.0
1	William	M	15	66.5	112.0
2	Philip	M	16	72.0	150.0
3	Joyce	F	11	51.3	50.5
4	Jeffrey	M	13	62.5	84.0

图 7.1　数据集前 5 个观测样本

因为 read_csv 函数默认数据分隔符为逗号，所以在上述读取数据时，不用特意指定分隔符，但是在一般情况下，数据文件中各个数据字段的分隔符可能不是逗号，在这些情况下，就需要我们利用参数进行分隔符的设置，指定分隔符的参数为 sep，比如下面程序，读取的结果与上图一致。

```
studentinfo_02=pd.read_table('D:/Pythondata/data/
studentinfo.csv', sep=',')
```

当然，有些数据文件可能不含有字段名称，这种情况下有两个方法选项，一是可以允许 panda 分配默认值列名，二是可以自己指定列名。

其他 read_csv 函数的使用在此不再赘述，读者可以参考 Pandas 一章里的详细叙述。

7.2.2　读取 Excel 数据

通常情况下，数据会以 Excel 文件的形式提供给我们，下面学习如何从 Excel 文件加载数据，首先读取 Excel 数据文件，函数的语法格式如下所示。

```
pandas.read_excel(io,
sheet_name = 0,
header = 0,
names = None,
index_col = None,
dtype = None,
```

```
skiprows=,
skipfooter,
...)
```

各参数的功能说明见表 7.2，与函数 read_csv 的参数功能基本一致。

表 7.2　read_excel 函数的参数功能说明

参数名称	参数功能说明
io	表示文件的路径对象
sheet_name	表示所要读取的 sheet 名称，其中字符串用于工作表名称，整数用于零索引工作表位置，字符串列表或整数列表用于请求多个工作表，为 None 时获取所有工作表
Header	表示指定作为列名的行，默认 0，即取第一行的值为列名，数据为列名行以下的数据，如果数据不含列名，则设定 header = None
Names	表示要使用的列名列表，默认为 None，如不包含标题行，应显示传递 header=None
index_col	表示指定列为索引列，默认 None 列（零索引）用作 DataFrame 的行标签
dtype	列的类型名称或字典，默认为 None
skiprows	省略指定行数的数据，从第一行开始
skipfooter	省略指定行数的数据，从尾部数的行开始

下面通过实际案例来说明函数 read_excel 的用法，比如我们读取如下 Excel 数据文件，其中包含两个 sheet，一个是部门信息表 Department，另一个是员工信息表 Employee，Excel 数据文件如图 7.2 所示。

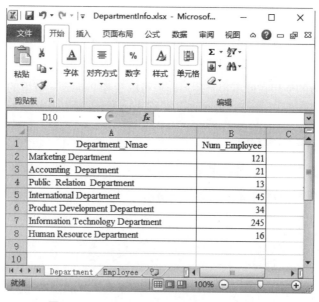

图 7.2　Department 和 Employee 数据表

如果我们读取第一个 sheet 表 Department，则代码如下所示。

```
DepartmentInfo=pd.read_excel('D:/Pythondata/data/
DepartmentInfo.xlsx')
DepartmentInfo.head()
```

运行上述程序，结果如图 7.3 所示。

	Department_Nmae	Num_Employee
0	Marketing Department	121
1	Accounting Department	21
2	Public Relation Department	13
3	International Department	45
4	Product Development Department	34

图 7.3 Department 数据表

当然，我们可以指定 sheet 的表名称来读取相应的表，直接利用 sheet_name 参数即可，具体代码如下，我们读取 Employee 表。

```
Employee=pd.read_excel('D:/Pythondata/data/DepartmentInfo.xlsx',
                        sheet_name='Employee')
Employee.head()
```

运行上述程序，则结果如图 7.4 所示。

	name	age	title	gender	salary
0	Abe	25	VP	M	35000
1	Tom	32	SVP	M	50000
2	James	24	ED	M	80000
3	Lily	41	VP	F	30000
4	Joyce	37	AS	F	18000

图 7.4 Employee 表

7.2.3 读取 SAS 数据

我们在做数据挖掘或者统计分析的时候，经常使用经典的统计分析工具对数据进行分析，比如 SAS、SPSS、R 等，如果要转到使用 Python 进行数据分析挖掘，则可能需要把原有的数据集成至 Python 中。那么问题来了，如果电脑没有安装 SAS 或 SPSS 这样大型的统计分析软件，该如何查看这些数据集呢？幸运的是 Python 的功能非常强大，可以读取很多种统计软件的数据集，下面我们介绍如何利用函数读取 SAS 数据集。

SAS 数据集的读取可以使用 Pandas 模块中的 read_sas 函数来操作，比如我们读取如下数据集 fitness，如图 7.5 所示。

VIEWTABLE: TMP1.fitness (Exercise/fitness study data set)

	Age in years	Weight in kg	Min. to run 1.5 miles	Heart rate while resting	Heart rate while running	Maximum heart rate	Oxygen consumption	Experimental group
1	57	73.37	12.63	58	174	176	39.407	2
2	54	79.38	11.17	62	156	165	46.08	2
3	52	76.32	9.63	48	164	166	45.441	2
4	50	70.87	8.92	48	146	155	54.625	2
5	51	67.25	11.08	48	172	172	45.118	2
6	54	91.63	12.88	44	168	172	39.203	2
7	51	73.71	10.47	59	186	188	45.79	2
8	57	59.08	9.93	49	148	155	50.545	2

图 7.5　SAS 格式的数据集 fitness

直接调用 read_sas 函数即可，代码如下所示，这里需要注意的是加上 encoding = 'utf-8' 编码，主要是避免数据格式非 utf-8 编码时，读入数据会出现的乱码情况。

```
fitness_sas = pd.read_sas('D:/SASDATA/fitness.sas7bdat',
encoding='utf8')
fitness_sas.head()
```

运行上述程序，结果如图 7.6 所示。

	age	weight	runtime	rstpulse	runpulse	maxpulse	oxygen	group
0	57.0	73.37	12.63	58.0	174.0	176.0	39.407	2.0
1	54.0	79.38	11.17	62.0	156.0	165.0	46.080	2.0
2	52.0	76.32	9.63	48.0	164.0	166.0	45.441	2.0
3	50.0	70.87	8.92	48.0	146.0	155.0	54.625	2.0
4	51.0	67.25	11.08	48.0	172.0	172.0	45.118	2.0

图 7.6　读入 Python 后的 fitness 数据集

7.2.4　读取 txt 数据

除了上述内容提到的利用 Pandas 库中的 read_csv 函数可以读取 txt 文件之外，NumPy 库下的函数也可以读取 txt 文件。NumPy 模块提供了几个函数来读取比较特殊的数据格式，比如 Genfromtxt 函数和 Loadtxt 函数，下面详细介绍这些函数的功能。

Genfromtxt 函数的调用格式如下。

```
numpy.genfromtxt(
    fname, #数据集的路径
    dtype=<type 'float'>,
    # 从文件读取的字符串序列要转换为其他类型数据时需设置 dtype 参数。默认是 float 类型。
    dtype=None 时，每个列的类型由自身数据决定。将参数设置成 None 效率较低，因为它会从布尔值开
    始检验，然后是整型，浮点型，复数，最后是字符串，直到满足条件为止。
    comments='#',
    #comments 参数是一个字符串，标志着一个注释的开始符号。默认是 "#"，在转换过程中注释标记可
    能发生在任何地方。任何字符出现在注释标记之后会被忽略。注意，这种行为有一个例外：如果可选
    的参数 names= True，第一行检查到注释行会被认为是名称。
    delimiter=None, # 分隔符，默认情况下分隔符为空格。
    missing_values=None,
    # 默认情况下使用空格表示缺失，我们可以使用更复杂的字符表示缺失，例如 'N/A' 或 '???'。
    filling_values=None, # 出现缺失值时，系统默认填充的值。
    usecols=None,
    # 在某些情况下，我们只对数据中的某些列感兴趣。我们可以使用 usecols 选择感兴趣的列。这个参
    数接受一个整数或一个整数序列作为索引。记住，按照惯例，第一列的索引为 0，-1 对应最后一列。
    如果列有名称，我们也可以将 usecols 参数设置为它们的名称，或者包含列名称一个字符串序列或逗
    号分隔的字符串。
    names=None,
    # 可以将 names 参数设置为 True 并跳过第一行，程序将把第一行作为列名称，即使第一行被注释掉
    了也会被读取。或可以使用 dtype 设置名称，也可以重写 names，默认的 names 是 None。
    autostrip=False,
    # 当把一行分割成一个字符串序列，序列中的每一项前后的多余空格还存在，可以将 autostrip 参数
    设置为 True，去掉空格。
)
```

下面通过案例来说明函数的用法，比如我们读取 pima_indians_diabetes.txt 文件，数据集有 9 个字段，其中前 8 个字段为自变量，最后一个变量为目标变量。

```
#coding=UTF-8
import sys
import numpy as np # 导入 numpy 模块
import scipy as sp # 导入 scopy 模块
import pandas as pd
# 利用 genfromtxt 函数导入 txt/csv 数据，分隔符为逗号
dataset=sp.genfromtxt("D:/Pythondata/data/
pima_indians_diabetes.txt",
delimiter=",",
names=True)# 首行是列名
df=pd.DataFrame(dataset)
df.head()
```

运行上述程序后，结果如图 7.7 所示。

	Pregnancies	Glucose	BloodPressure	SkinThickness	Insulin	BMI	DiabetesPedigreeFunction	Age	Outcome
0	6.0	148.0	72.0	35.0	0.0	33.6	0.627	50.0	1.0
1	1.0	85.0	66.0	29.0	0.0	26.6	0.351	31.0	0.0
2	8.0	183.0	64.0	0.0	0.0	23.3	0.672	32.0	1.0
3	1.0	89.0	66.0	23.0	94.0	28.1	0.167	21.0	0.0
4	0.0	137.0	40.0	35.0	168.0	43.1	2.288	33.0	1.0

图 7.7　数据集的前 5 个观测样本

Loadtxt 函数和 Genfromtxt 函数的功能一样，都是读入数据文件，但是有一些区别，load 不能处理缺失值，且数据文件要求每一行数据的格式相同，Loadtxt 函数有几个常用的参数，这里给出了参数的意义。

首先看一下 Loadtxt 函数的调用方式：

```
numpy.loadtxt(
fname, #数据集的路径，例如 D:/Dataset/iris.txt。
dtype=<type 'float'>, #数据类型。如 float，str 等。
comments='#', #comments 参数是一个字符串，标志着一个注释的开始符号。默认是 "#"。
delimiter=None, # 数据之间的分隔符。如使用逗号 ","。
usecols=None, # 选取数据的列。这里主要说一下 usecols 的用法。如果取 iris.txt 中的前 4 列，则
usecols=(0,1,2,3)。如果取第 5 列这一列，则 usecols=(4,)。
)
```

下面通过案例来说明函数的用法，整个语句如下：

```
iris=np.loadtxt("D:/Pythondata/data/iris.txt" ,
        delimiter = "," ,
        skiprows=1,
        usecols=(0,1,2,3) ,
        dtype=float)
# 读取数据及 iris.txt 的前四个字段，字段类型为 float。
iris_df=pd.DataFrame(iris)
iris_df.head()
```

运行上述程序后，结果如图 7.8 所示，其中参数 skiprows=1 表示在读取数据时，跳过第一行数据，从第二行开始读取。

	0	1	2	3
0	5.1	3.5	1.4	0.2
1	4.9	3.0	1.4	0.2
2	4.7	3.2	1.3	0.2
3	4.6	3.1	1.5	0.2
4	5.0	3.6	1.4	0.2

图 7.8　数据集的前 4 个字段

7.3 导出数据

数据分析挖掘完成之后，一般需要把分析结果导出至本地，便于进行再加工处理，所以把数据导出至 Excel 中是至关重要的操作，下面就讲述如何把数据导入至本地的 Excel 文件之中，其他导入至 txt、csv 等文件中的操作基本一致，在此不再赘述，感兴趣的读者可以参考 Pandas 官方说明文档内容。

首先，我们创建新的 Pandas 数据帧，代码如下所示。

```
import pandas as pd
import numpy as np
data = {'Name':pd.Series(['Alfred','Alice','Barbara','Carol',
'Henry','James','Jane','Janet','Jeffrey','John','Joyce','Judy',
'Louise','Mary','Philip','Robert','Ronald','Thomas','William']),
    'Sex':pd.Series(['M','F','F','F','M','M','F','F',
                     'M','M','F','F','F','F','M','M','M','M','M']),
    'Age':pd.Series([14,13,13,14,14,12,12,15,13,
                     12,11,14,12,15,16,12,15,11,15]),
'Height':pd.Series([69 ,56.5,65.3,62.8,63.5,57.3,59.8,
62.5,62.5,59,51.3,64.3,56.3,66.5,72 ,
64.8,67 ,57.5,66.5]),
    'Weight':pd.Series([112.5,84,98,102.5,102.5,83,84.5,112.5,84,
                        99.5,50.5,90,77,112,150,128,133,85,112])}
df = pd.DataFrame(data)
df.head()
```

运行上述程序，结果如图 7.9 所示，显示了数据集的前 5 个观测样本。

	Name	Sex	Age	Height	Weight
0	Alfred	M	14	69.0	112.5
1	Alice	F	13	56.5	84.0
2	Barbara	F	13	65.3	98.0
3	Carol	F	14	62.8	102.5
4	Henry	M	14	63.5	102.5

图 7.9 数据集的前 5 个观测样本

如果要导出至本地的 Excel 文件中，则利用函数 to_excel 即可，具体代码如下所示。

```
df.to_excel('D:/Pythondata/data/df.xlsx', sheet_name = 'df')
```

运行上述程序，结果如图 7.10 所示，输出的 sheet 的名称为 df。

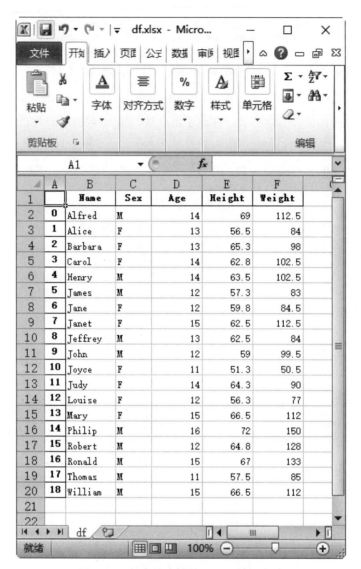

图 7.10　保存至本地的 Excel 数据文件

第八章
数据预处理

数据是企业最有价值的资产之一，在各种商业智能应用中都需要使用数据以实现复杂的分析和决策过程，从而使公司更具竞争力。但数据的价值显然依赖于它的质量，基于有缺陷数据的决策是不可信的，并且大大浪费公司的费用，所以，不管是把数据存储到数据仓库还是对数据进行数据挖掘，首先必须对数据进行清洗工作，然后才能在决策过程中使用它。

数据清洗分析过程，即从源数据中移除不正确或者有问题的数据，转换数据格式并进行数据探索分析的过程。从字面上看，数据清洗就是把数据集中的"脏"数据清洗掉，脏数据就是那些包含不正确的数据，不正确的含义可能是输入错误、格式错误、缺失值、拼写错误等。每个数据集都有其特定的数据清洗解决方案，这些和数据本身相关。另外，对一个数据集，不同的需求及其不断的演进也决定了数据清洗是一个不断持续的过程。

本章将引导读者学习Python数据处理的基本方法，包括数据变量和数据观测的处理。

8.1 数据去重

由于各种原因，数据帧 DataFrame 中可能存在重复的行数据，一般在进行数据分析时，需要删除重复的数据，在这种情况下，Pandas 提供一系列工具来分析大型数据结构中存在的重复数据。我们通过实际案例来讲述如何识别和删除重复行数据。首先，用一些重复的行创建一个简单的 DataFrame。

```
import pandas as pd
data = pd.DataFrame({ 'name': ['Tom','Tom','Abe','Abe','Tom'],
'age': [20,30,30,30,20] })
data
```

运行上述程序，结果如图 8.1 所示。

	name	age
0	Tom	20
1	Tom	30
2	Abe	30
3	Abe	30
4	Tom	20

图 8.1 含有重复行的数据帧

应用于 DataFrame 的 duplicate 函数可以检测出哪些行被复制，或存在重复情况。duplicate 函数会返回一系列的布尔值，其中每个元素对应一行，如果行被复制，则为 True，与前面的行不存在重复项，则为 False。

```
data.duplicated()
```

运行上述程序，结果如下。

```
0    False
1    False
2    False
3     True
4     True
dtype: bool
```

事实上，如果我们想知道哪些行是重复的，只需键入如下程序即可。

```
data[data.duplicated()]
```

运行上述程序，结果如图 8.2 所示。

一般情况下，在数据分析时，我们会直接删除重复行，所以在 Pandas 中 drop_duplicate() 函数可以提供此功能，该函数返回没有重复行的数据帧。

```
data.drop_duplicates()
```

运行上述程序，结果如图 8.3 所示。

	name	age
3	Abe	30
4	Tom	20

	name	age
0	Tom	20
1	Tom	30
2	Abe	30

图 8.2　重复行的数据　　　　图 8.3　删除重复行后的数据帧

8.2　缺失值处理

在统计学应用中，缺失数据可能是不存在或存在但未被观察到的数据（例如通过数据收集的问题）。在我们对缺失数据进行处理时，需要对丢失的数据本身进行分析以识别数据缺失的原因，是由于缺少数据而导致的收集问题，还是数据中的潜在偏差所导致的缺失。

在许多数据分析的过程之中，数据缺失是比较常见的，所以我们需要使用 Pandas 库的功能尽可能不费力地处理缺失的数据。例如，默认情况下，Pandas 对象的所有描述性统计信息都排除丢失的数据，对于数值型数据来说，Pandas 使用浮点值 nan（不是数字）表示缺失的数据，表 8.1 给出了 Pandas 处理缺失值的一些方法。

表 8.1　Pandas 处理缺失值的方法列表

函数	说明
dropna	根据每个标签的值是否有丢失的数据来筛选数据，对于要容忍的丢失数据量，阈值会有所不同
fillna	使用某些值或插值方法（如"ffill"或"bfill"）填充缺少的数据
isnull	返回布尔值，以指示缺少哪些值 /na
notnull	与 isnull 相反的操作

8.2.1　缺失值获取

如表 8.1 所示，获取缺失值的方法有 2 种，即 isnull 和 notnull 函数，会直接返回布尔值来指示缺失值，下面我们通过实际案例来了解如何识别缺失值，程序如下所示。

```
import numpy as np
import pandas as pd
data = pd.Series([1, 'two',np.nan, 4 ,'five'])
data
```

运行上述程序，结果如下所示。

```
0        1
1      two
2      NaN
3        4
4     five
dtype: object
```

直接调用 isnull 函数识别是否存在缺失值，代码如下所示。

```
data.isnull()
```

运行上述程序，结果如下所示，从结果可以看出如果存在缺失值，则会返回 False，否则返回 True。

```
0    False
1    False
2     True
3    False
4    False
dtype: bool
```

当然，我们也可以使用 notnull 函数来识别缺失值，代码如下所示。

```
data.notnull()
```

运行上述程序，结果如下所示，与 isnull 函数正好相反，从结果可以看出如果存在缺失值，则会返回 True，否则返回 False。

```
0     True
1     True
2    False
3     True
4     True
dtype: bool
```

8.2.2 缺失值过滤

如表 8.1 所示，剔除缺失值的函数为 dropna，下面我们通过实际案例来说明 dropna 的用法，首先我们创建带有缺失值的数据帧，代码如下所示。

```
import numpy as np
import pandas as pd
```

```
data1 = pd.DataFrame([[1, 2, 3, 4,  5],
                      [6.1, np.nan, 8.4, 9.2, np.nan],
                      [11, 12.5, np.nan, 14.8, np.nan],
                      [np.nan, np.nan, np.nan,  np.nan, np.nan],
                      [16, 17.9, 18.5, 19.3, 20.1]],
                      index   = ['one','two','three','four','five'],
                      columns = ['A', 'B', 'C', 'D','E'])
data1
```

运行上述程序，结果如图 8.4 所示。

首先，我们删除含有缺失值的所有数据行，直接调用 dropna 函数即可，代码如下所示。

```
data1.dropna()
```

运行上述程序，结果如图 8.5 所示。

	A	B	C	D	E
one	1.0	2.0	3.0	4.0	5.0
two	6.1	NaN	8.4	9.2	NaN
three	11.0	12.5	NaN	14.8	NaN
four	NaN	NaN	NaN	NaN	NaN
five	16.0	17.9	18.5	19.3	20.1

图 8.4　函数缺失值的数据帧

	A	B	C	D	E
one	1.0	2.0	3.0	4.0	5.0
five	16.0	17.9	18.5	19.3	20.1

图 8.5　删除含有缺失值的数据行后的数据帧

如果我们仅仅删除全部为缺失值的某一行数据，则直接设置 dropna 中的 how='all' 参数即可，代码如下所示。

```
data1.dropna(how='all')
```

运行上述程序，结果如图 8.6 所示。

同样，我们可以删除全为缺失值的某一列数据，这里需要注意的是，需要指定轴标签，即设置 axis=1，首先我们生成 F 列，全为缺失值，代码如下。

```
data1[6] = np.nan
data1
```

运行程序后，结果如图 8.7 所示，其中第 6 列全为缺失值。

	A	B	C	D	E
one	1.0	2.0	3.0	4.0	5.0
two	6.1	NaN	8.4	9.2	NaN
three	11.0	12.5	NaN	14.8	NaN
five	16.0	17.9	18.5	19.3	20.1

图 8.6　删除全部为缺失值的某一行数据后的数据帧

	A	B	C	D	E	6
one	1.0	2.0	3.0	4.0	5.0	NaN
two	6.1	NaN	8.4	9.2	NaN	NaN
three	11.0	12.5	NaN	14.8	NaN	NaN
four	NaN	NaN	NaN	NaN	NaN	NaN
five	16.0	17.9	18.5	19.3	20.1	NaN

图 8.7　含有全是缺失值列的数据帧

可以直接调用 dropna 中的 how='all' 参数来删除第 6 列，这里需要指定 axis=1，代码如下所示。

```
data1.dropna(axis=1, how='all')
```

运行程序后，结果如图 8.8 所示，其中第 6 列被删除。

	A	B	C	D	E
one	1.0	2.0	3.0	4.0	5.0
two	6.1	NaN	8.4	9.2	NaN
three	11.0	12.5	NaN	14.8	NaN
four	NaN	NaN	NaN	NaN	NaN
five	16.0	17.9	18.5	19.3	20.1

图 8.8　第 6 列被删除后的数据帧

8.2.3　缺失值填充

相比于直接删除缺失值，我们最常用的是想尽各种方法来填充缺失值，如表 8.1 所示，填充缺失值的函数为 fillna，一般我们是用一个常量（比如 0 值、均值）来替换缺失值。

这里需要特别注意的是，删除还是填充缺失值，需要根据具体的业务情况，以及数据分布特征来确定，而不是简单粗暴地删除或者填充。比如如果缺失值的占比较大，则缺失值对模型的影响可能会很惊人，因为完整记录所占的比例通常比较小，无法展示实际业务的情况。一般情况下，最佳的做法是根据业务实际情况，对缺失值进行填充。

比如，我们使用 0 来填充缺失值，代码如下所示。

```
data1.fillna(0)
```

运行程序后，结果如图 8.9 所示。

当然，我们也可以针对不同的列填充不同的缺失值，代码如下所示。

```
data1.fillna({'A':0 ,'B':1 ,'C':2 ,'D':3 ,'E':4 , 6: 5 })
```

运行程序后，结果如图 8.10 所示。

	A	B	C	D	E	6
one	1.0	2.0	3.0	4.0	5.0	0.0
two	6.1	0.0	8.4	9.2	0.0	0.0
three	11.0	12.5	0.0	14.8	0.0	0.0
four	0.0	0.0	0.0	0.0	0.0	0.0
five	16.0	17.9	18.5	19.3	20.1	0.0

图 8.9　用 0 值填充缺失值后的结果

	A	B	C	D	E	6
one	1.0	2.0	3.0	4.0	5.0	5.0
two	6.1	1.0	8.4	9.2	4.0	5.0
three	11.0	12.5	2.0	14.8	4.0	5.0
four	0.0	1.0	2.0	3.0	4.0	5.0
five	16.0	17.9	18.5	19.3	20.1	5.0

图 8.10　不同列填充不同值的结果

可以用所在列的均值填充缺失值，代码如下所示。

```
data1.fillna(data1.mean())
```

运行上述程序，结果如图 8.11 所示，由于第 6 列全是缺失值，没有均值，所以还是缺失值。

fillna 函数可以直接修改数据帧，而不用再重新创建一个新的数据帧，直接利用参数 inplace 即可，代码如下所示。

```
_ = data1.fillna(0, inplace=True)
data1
```

运行上述程序，结果如图 8.12 所示，缺失值全部被 0 值填充，而且没有创建新的数据帧。

	A	B	C	D	E	6
one	1.000	2.0	3.000000	4.000	5.00	NaN
two	6.100	10.8	8.400000	9.200	12.55	NaN
three	11.000	12.5	9.966667	14.800	12.55	NaN
four	8.525	10.8	9.966667	11.825	12.55	NaN
five	16.000	17.9	18.500000	19.300	20.10	NaN

图 8.11　用均值填充缺失值后的数据帧

	A	B	C	D	E	6
one	1.0	2.0	3.0	4.0	5.0	0.0
two	6.1	0.0	8.4	9.2	0.0	0.0
three	11.0	12.5	0.0	14.8	0.0	0.0
four	0.0	0.0	0.0	0.0	0.0	0.0
five	16.0	17.9	18.5	19.3	20.1	0.0

图 8.12　直接在原数据帧上填充缺失值

8.3 变量操作

变量选择在进行数据分析时是经常遇到的事情，所以我们务必掌握如何对变量进行操作，以满足在进行数据分析挖掘时对数据的要求。

8.3.1 修改变量名

对一个数据帧中的任意一列，如果我们要修改其列名，则可以直接调用 rename 函数。首先，创建新的数据帧 data，代码如下所示。

```
import pandas as pd
import numpy as np
data = pd.DataFrame(np.arange(0, 50).reshape(10, 5),
columns = ['A','B','C','D','E'],
index =['a','b','c','d','e','f','g','h','i','j'] )
data
```

运行上述程序，结果如图 8.13 所示。

接着，我们调用 rename 函数对 A 列和 D 列的名字进行修改，代码如下所示。

```
data.rename(index={'a': 'first','e':'five'},
columns = {'A':'One', 'D' : 'Four'})
```

运行上述程序，结果如图 8.14 所示，A 和 D 列的列名被修改为 One 和 Four，索引 a 和 e 被修改为 first 和 five。

	A	B	C	D	E
a	0	1	2	3	4
b	5	6	7	8	9
c	10	11	12	13	14
d	15	16	17	18	19
e	20	21	22	23	24
f	25	26	27	28	29
g	30	31	32	33	34
h	35	36	37	38	39
i	40	41	42	43	44
j	45	46	47	48	49

图 8.13 数据帧 data

	One	B	C	Four	E
first	0	1	2	3	4
b	5	6	7	8	9
c	10	11	12	13	14
d	15	16	17	18	19
five	20	21	22	23	24
f	25	26	27	28	29
g	30	31	32	33	34
h	35	36	37	38	39
i	40	41	42	43	44
j	45	46	47	48	49

图 8.14 修改列名后的数据帧

如果想直接影响数据帧 data，可以将参数 inplace 设置为 True，代码如下所示。

```
data.rename(index={'a': 'first','e':'five'},
columns = {'A':'One', 'D' : 'Four'},
inplace = True)
```

当然，我们利用 rename 也可以修改列名和索引的大小写，程序如下所示。

```
data.rename(index=str.title, columns=str.upper)
```

运行程序，结果如图 8.15 所示。

	ONE	B	C	FOUR	E
First	0	1	2	3	4
B	5	6	7	8	9
C	10	11	12	13	14
D	15	16	17	18	19
Five	20	21	22	23	24
F	25	26	27	28	29
G	30	31	32	33	34
H	35	36	37	38	39
I	40	41	42	43	44
J	45	46	47	48	49

图 8.15　转换列名和索引为大写的结果

8.3.2　根据条件创建变量

有时我们需要根据一个或多个条件对数据进行分类，例如确定每位学生的体重是否超重，下面我们将学习如何做到这一点，首先，我们还是导入数据，代码如下。

```
import pandas as pd
import numpy as np
studentinfo=pd.read_csv("D:/Pythondata/data/class.csv")
```

下面我们就根据 'Weight' 的值是否大于 130 判断每位同学是否超重，代码如下所示。

```
studentinfo['isOverWeight;'] =
np.where(studentinfo['Weight']>130,'yes', 'no')
studentinfo
```

运行上述程序，结果如图 8.16 所示，从结果可以看出，新变量 isOverWeigth 为根据 'Weight' 的值创建的变量。

	Name	Sex	Age	Height	Weight	isOverWeight;
0	Alfred	M	14	69.0	112.5	no
1	Alice	F	13	56.5	84.0	no
2	Barbara	F	13	65.3	98.0	no
3	Carol	F	14	62.8	102.5	no
4	Henry	M	14	63.5	102.5	no
5	James	M	12	57.3	83.0	no
6	Jane	F	12	59.8	84.5	no
7	Janet	F	15	62.5	112.5	no
8	Jeffrey	M	13	62.5	84.0	no
9	John	M	12	59.0	99.5	no
10	Joyce	F	11	51.3	50.5	no
11	Judy	F	14	64.3	90.0	no
12	Louise	F	12	56.3	77.0	no
13	Mary	F	15	66.5	112.0	no
14	Philip	M	16	72.0	150.0	yes
15	Robert	M	12	64.8	128.0	no
16	Ronald	M	15	67.0	133.0	yes
17	Thomas	M	11	57.5	85.0	no
18	William	M	15	66.5	112.0	no

图 8.16　生成新变量后的数据帧

8.3.3　创建哑变量

实际业务中会经常遇到分类变量，比如客户等级、客户使用手机型号、客户职业分类等，此时需要把分类变量转化为数值型变量，即将分类变量转换为"哑"或"指示符"矩阵，以便进入模型中参与变量选择。如果一个数据帧中的列有 k 个不同的值，则可以派生一个矩阵或数据帧，其中 k 列包含所有的 1 和 0，panda 中的 get_dummies 函数可以实现这一功能，下面我们通过实际案例来说明函数用法。

首先，我们读取案例数据帧，代码如下所示。

```
import pandas as pd
import numpy as np
data=pd.read_csv("D:/Pythondata/data/custinfo.csv")
data
```

运行上述程序，结果如图 8.17 所示。

我们直接调用 get_dummies 函数对数据帧中的 Education 列进行变量转换，代码如下所示。

```
pd.get_dummies(data['Education'])
```

运行上述程序，结果如图 8.18 所示。

	Name	Sex	Age	Education
0	John	M	32	bachelor
1	Joyce	F	25	undergraduate
2	Judy	F	33	master
3	Louise	F	45	doctor
4	Mary	F	43	bachelor
5	Philip	M	38	master
6	Robert	M	53	doctor
7	Ronald	M	29	bachelor
8	Thomas	M	41	master
9	William	M	37	bachelor

	bachelor	doctor	master	undergraduate
0	1	0	0	0
1	0	0	0	1
2	0	0	1	0
3	0	1	0	0
4	1	0	0	0
5	0	0	1	0
6	0	1	0	0
7	1	0	0	0
8	0	0	1	0
9	1	0	0	0

图 8.17 数据帧 custinfo   图 8.18 对变量 Education 进行转换后的结果

在大多数情况下，我们需要把转换后的列加上前缀，并与其他数据帧合并。

```
Education = pd.get_dummies(data['Education'], prefix='Edu')
data_new = data.join(Education)
data_new
```

运行上述程序，结果如图 8.19 所示。

	Name	Sex	Age	Education	E_bachelor	E_doctor	E_master	E_undergraduate
0	John	M	32	bachelor	1	0	0	0
1	Joyce	F	25	undergraduate	0	0	0	1
2	Judy	F	33	master	0	0	1	0
3	Louise	F	45	doctor	0	1	0	0
4	Mary	F	43	bachelor	1	0	0	0
5	Philip	M	38	master	0	0	1	0
6	Robert	M	53	doctor	0	1	0	0
7	Ronald	M	29	bachelor	1	0	0	0
8	Thomas	M	41	master	0	0	1	0
9	William	M	37	bachelor	1	0	0	0

图 8.19 关联哑变量后的数据帧

除了分类型变量需要进行哑变量处理之外，有时我们也对连续型变量进行分段处理，比如在评分卡模型开发阶段，需要对各种变量进行分组。Pandas 中一般是将 get_dummies 函数与诸如 cut 这样的离散化函数结合起来使用。比如我们对上述数据帧中的 Age 列进行分段处理，代码如下所示。

```
bins = [0, 30, 40, 50] #设计分段节点
Age_bins=pd.get_dummies(pd.cut(data['Age'], bins),prefix='Age')
data_new = data.join(Age_bins)
data_new
```

运行上述程序，结果如图 8.20 所示。

	Name	Sex	Age	Education	Age_(0, 30]	Age_(30, 40]	Age_(40, 50]
0	John	M	32	bachelor	0	1	0
1	Joyce	F	25	undergraduate	1	0	0
2	Judy	F	33	master	0	1	0
3	Louise	F	45	doctor	0	0	1
4	Mary	F	43	bachelor	0	0	1
5	Philip	M	38	master	0	1	0
6	Robert	M	53	doctor	0	0	0
7	Ronald	M	29	bachelor	1	0	0
8	Thomas	M	41	master	0	0	1
9	William	M	37	bachelor	0	1	0

图 8.20　对 Age 列进行哑变量操作后的数据帧

8.3.4　删除变量

删除 DataFrame 的列可以用 del 函数、pop 函数、drop 函数。del 函数直接影响原 DataFrame，pop 函数返回被删除的数据即某列，其结果是一个 Series，而 drop 可以指定多列删除。

首先，我们创建数据帧，代码如下所示。

```
data = pd.DataFrame(np.arange(10,35).reshape(5, 5),
columns = ['A','B','C','D','E'],
index =['one','two','three','four','five'] )
data
```

运行上述程序，结果如图 8.21 所示。

我们调用 del 函数删除 D 列，代码如下所示。

```
del data['D']
data
```

运行上述程序，结果如图 8.22 所示。

	A	B	C	D	E
one	10	11	12	13	14
two	15	16	17	18	19
three	20	21	22	23	24
four	25	26	27	28	29
five	30	31	32	33	34

图 8.21 数据帧

	A	B	C	E
one	10	11	12	14
two	15	16	17	19
three	20	21	22	24
four	25	26	27	29
five	30	31	32	34

图 8.22 删除 D 列后的数据帧

与 del 函数不同的是，pop 函数返回的是要删除的列，比如我们删除数据帧 data 中的 B 列，则代码如下所示。

```
data2 = data.pop('B')
data2
```

运行程序后的结果如下所示，从结果得知，pop 函数返回的是删除的列。

```
one      11
two      16
three    21
four     26
five     31
Name: B, dtype: int32
```

调用 drop 函数可以删除列，但是需要通过传递 axis=1 或 axis='columns' 从列中删除值，比如我们删除数据帧 data 中的 B、C 两列，则代码如下所示。

```
data2=data.drop(['B', 'C'], axis='columns')
data2
```

运行上述程序，结果如图 8.23 所示。

	A	D	E
one	10	13	14
two	15	18	19
three	20	23	24
four	25	28	29
five	30	33	34

图 8.23 删除 B 和 C 列后的数据帧

8.3.5 选择变量

在日常的数据分析工作中，我们常常需要对数据进行子选择，特别是在数据集有许多变量的情况下。在这里，我们学习如何选择部分变量创建子数据集。

如果只是选择一个变量，则直接指定变量名即可，比如我们选取数据集 studentinfo 的 name，则代码如下所示。

```
studentinfo['Name']
```

运行程序后结果如下，返回的是一个系列。

```
0       Alfred
1        Alice
2      Barbara
3        Carol
4        Henry
5        James
6         Jane
7        Janet
8      Jeffrey
9         John
10       Joyce
11        Judy
12      Louise
13        Mary
14      Philip
15      Robert
16      Ronald
17      Thomas
18     William
Name: Name, dtype: object
```

如果要返回数据帧，且仅输出前 5 行数据，则程序如下所示。

```
studentinfo[['Name']].head()
```

运行程序后结果如图 8.24 所示。如果要选择多个变量，则代码如下。

```
data2=studentinfo[['Name','Age','Height']]
data2.head()
```

运行程序后结果如图 8.25 所示。

	Name
0	Alfred
1	Alice
2	Barbara
3	Carol
4	Henry

	Name	Age	Height
0	Alfred	14	69.0
1	Alice	13	56.5
2	Barbara	13	65.3
3	Carol	14	62.8
4	Henry	14	63.5

图 8.24　只选择 Name 变量后的数据帧　　　图 8.25　选择三个变量后的数据帧

8.4 | 样本选择

8.4.1　利用索引选择

　　选择数据的行与选择数据的列非常类似，可以使用行号或索引进行选择，下面通过一 些例子来了解如何通过索引从数据帧中选择特定的行数据。首先我们读取案例数据，代码如下所示。

```
import pandas as pd
import numpy as np
studentinfo=pd.read_csv("D:/Pythondata/data/class.csv")
studentinfo
```

　　运行上述程序，结果如图 8.26 所示。

	Name	Sex	Age	Height	Weight
0	Alfred	M	14	69.0	112.5
1	Alice	F	13	56.5	84.0
2	Barbara	F	13	65.3	98.0
3	Carol	F	14	62.8	102.5
4	Henry	M	14	63.5	102.5
5	James	M	12	57.3	83.0
6	Jane	F	12	59.8	84.5
7	Janet	F	15	62.5	112.5
8	Jeffrey	M	13	62.5	84.0
9	John	M	12	59.0	99.5
10	Joyce	F	11	51.3	50.5
11	Judy	F	14	64.3	90.0
12	Louise	F	12	56.3	77.0
13	Mary	F	15	66.5	112.0
14	Philip	M	16	72.0	150.0
15	Robert	M	12	64.8	128.0
16	Ronald	M	15	67.0	133.0
17	Thomas	M	11	57.5	85.0
18	William	M	15	66.5	112.0

图 8.26　数据帧 studentinfo 信息

　　如果要选择数据帧的前 5 行，只需写入如下程序即可。

```
studentinfo[:5]
```

　　运行上述程序，结果如图 8.27 所示。

如果我们从 5 行开始，选择其后的 5 行数据，则代码如下。

```
studentinfo[5:10]
```

运行上述程序，结果如图 8.28 所示。

	Name	Sex	Age	Height	Weight
0	Alfred	M	14	69.0	112.5
1	Alice	F	13	56.5	84.0
2	Barbara	F	13	65.3	98.0
3	Carol	F	14	62.8	102.5
4	Henry	M	14	63.5	102.5

图 8.27　前 5 行数据

	Name	Sex	Age	Height	Weight
5	James	M	12	57.3	83.0
6	Jane	F	12	59.8	84.5
7	Janet	F	15	62.5	112.5
8	Jeffrey	M	13	62.5	84.0
9	John	M	12	59.0	99.5

图 8.28　第 6 至 10 行数据

如果没有设置行的下限，则表示从第 1 行开始选择数据，因此，studentinfo [1:5] 类似于数据 studentinfo [:5]。

同样，如果没有设置上限，要选择除前 10 行以外的所有行，则程序如下所示。

```
studentinfo [10:]
```

运行上述程序，结果如图 8.29 所示。

	Name	Sex	Age	Height	Weight
10	Joyce	F	11	51.3	50.5
11	Judy	F	14	64.3	90.0
12	Louise	F	12	56.3	77.0
13	Mary	F	15	66.5	112.0
14	Philip	M	16	72.0	150.0
15	Robert	M	12	64.8	128.0
16	Ronald	M	15	67.0	133.0
17	Thomas	M	11	57.5	85.0
18	William	M	15	66.5	112.0

图 8.29　排除前 10 行的数据结果

8.4.2　利用条件选择

按行对数据帧进行选择的另一个重要方法是根据条件或布尔值构造数据子集。在这种方法中，可以过滤满足特定条件的行,条件可以是一个不等式,也可以是逻辑比较关系,让我们看几个例子来说明如何进行操作。

比如,我们获取数据帧 studentinfo 中列大于等于 15 岁的学生,则代码如下所示。

```
studentinfo2=studentinfo[studentinfo['Age']>=15]
studentinfo2
```

运行程序,结果如图 8.30 所示。

再比如,我们选择数据帧中性别为女性的样本,则代码如下所示。

```
studentinfo3=studentinfo[studentinfo['Sex']=='F']
studentinfo3
```

运行程序,结果如图 8.31 所示。

	Name	Sex	Age	Height	Weight
7	Janet	F	15	62.5	112.5
13	Mary	F	15	66.5	112.0
14	Philip	M	16	72.0	150.0
16	Ronald	M	15	67.0	133.0
18	William	M	15	66.5	112.0

图 8.30　年龄大于等于 15 岁的行数据

	Name	Sex	Age	Height	Weight
1	Alice	F	13	56.5	84.0
2	Barbara	F	13	65.3	98.0
3	Carol	F	14	62.8	102.5
6	Jane	F	12	59.8	84.5
7	Janet	F	15	62.5	112.5
10	Joyce	F	11	51.3	50.5
11	Judy	F	14	64.3	90.0
12	Louise	F	12	56.3	77.0
13	Mary	F	15	66.5	112.0

图 8.31　性别为女性的行数据

8.4.3　随机抽样选择

在数据分析时,我们经常会对数据集进行抽样,在 Pandas 中可以直接调用 sample 函数对系列和 DataFrame 数据帧进行随机抽样,比如,我们随机生成如下 10 行数据帧。

```
data = pd.DataFrame(np.random.randn(10, 4))
data
```

运行程序,结果如图 8.32 所示。

直接调用 sample 函数,随机抽取 3 行数据,则代码如下所示。

```
data.sample(n=3)
```

运行程序,结果如图 8.33 所示。

	0	1	2	3
0	-1.450332	-1.375592	0.255350	0.151462
1	-0.826500	0.089817	1.162806	-2.154120
2	0.806205	0.175366	-1.012197	0.573701
3	1.953245	0.775284	1.098360	1.087215
4	0.729215	-0.298096	0.487937	0.395736
5	-0.677727	-0.149882	0.883056	1.510458
6	0.986502	-3.155283	0.571585	0.285658
7	-1.008124	-1.628293	-0.557049	1.173243
8	0.244611	-0.821788	-1.963393	-1.744118
9	0.977659	0.727695	0.362789	0.698672

	0	1	2	3
4	0.729215	-0.298096	0.487937	0.395736
5	-0.677727	-0.149882	0.883056	1.510458
0	-1.450332	-1.375592	0.255350	0.151462

图 8.32　随机产生的数据帧　　　　图 8.33　随机抽样后的数据帧

当然，我们也可以有放回地随机抽样，直接调用参数 replace=True 即可，比如，我们有放回地随机抽取 5 行数据，代码如下所示。

```
data.sample(n=5,replace=True)
```

运行程序，结果如图 8.34 所示。

	0	1	2	3
2	0.806205	0.175366	-1.012197	0.573701
7	-1.008124	-1.628293	-0.557049	1.173243
0	-1.450332	-1.375592	0.255350	0.151462
7	-1.008124	-1.628293	-0.557049	1.173243
8	0.244611	-0.821788	-1.963393	-1.744118

图 8.34　有放回的随机抽样结果

8.5 数据集操作

数据集合并在数据分析挖掘项目中是最常见的操作，既包括将两个不同的数据集简单地拼接在一起，也包括用数据库那样的连接（join）与合并（merge）操作处理有重叠字段的数据集，Series 与 DataFrame 都具备这类操作，Pandas 的函数与方法让数据合并变得简单快速。

8.5.1　Merge 操作

merge 或 join 操作是通过使用一个或多个键连接行来组合不同数据集，这个操作是关系数据库的核心功能，下面我们通过实际案例来说明用法，首先创建 2 个数据帧。

```
data1 = pd.DataFrame({'custno': ['c', 'a', 'a', 'c', 'b', 'a', 'b'],
'var1': range(7)})
data1
data2 = pd.DataFrame({'custno': ['a', 'b', 'c'], 'var2': range(3)})
data2
```

运行上述程序，结果如图 8.35 和图 8.36 所示。

下面我们对上述 2 个数据帧进行合并操作，从图中可以看到，数据帧 data1 的 custno 列具有重复项，data2 中的 custno 没有重复值，则此操作是多对一合并案例，代码如下所示。

```
pd.merge(data1,data2)
```

运行上述程序，结果如图 8.37 所示。

	custno	var1
0	c	0
1	a	1
2	a	2
3	c	3
4	b	4
5	a	5
6	b	6

图 8.35　数据帧 data1

	custno	var2
0	a	0
1	b	1
2	c	2

图 8.36　数据帧 data2

	custno	var1	var2
0	c	0	2
1	c	3	2
2	a	1	0
3	a	2	0
4	a	5	0
5	b	4	1
6	b	6	1

图 8.37　data1 与 data2 的合并结果

这里需要注意的是，一般情况下需要指定合并的依据主键，代码如下所示，输出结果如图 8.37 所示。

```
pd.merge(data1,data2,on='custno')
```

如果合并数据帧中依据主键的名称不同，则直接调用参数指定即可，如下代码所示，数据帧 data3 和 data4 的主键不同，分别为 custno 和 customerid。

```
data3 = pd.DataFrame({'custno': ['c', 'a', 'a', 'c', 'b', 'a', 'b'],
'var1': range(7)})
data4 = pd.DataFrame({'customerid': ['a', 'b', 'c'],
'var2': range(3)})
pd.merge(data3, data4, left_on='custno', right_on='customerid')
```

运行上述程序，结果如图 8.38 所示。

	custno	var1	customerid	var2
0	c	0	c	2
1	c	3	c	2
2	a	1	a	0
3	a	2	a	0
4	a	5	a	0
5	b	4	b	1
6	b	6	b	1

图 8.38　data3 和 data4 的合并结果

这里需要注意的是，merge 函数默认的合并方式是 inner 内合并，表 8.2 给出了四种合并方式。

表 8.2　合并方式参数说明

参数	说明
inner	只使用两表中均匹配的行合并
left	LEFT 关键字会从左表那里返回所有的行，即使在右表中没有匹配的行
right	RIGHT 关键字会从右表那里返回所有的行，即使在左表中没有匹配的行
output	只要其中某个表存在匹配，FULL JOIN 关键字就会返回行

8.5.2　Concat 函数

Pandas 提供了 concat 函数对数据帧进行合并操作，其语法与 NumPy 中的 concatenate 函数类似，但是功能更加强大，其语法结构如下所示。

```
pd.concat(objs,
axis=0,
join='outer',
join_axes=None,
ignore_index=False,
keys=None,
levels=None,
names=None,
verify_integrity=False,
copy=True)
```

表 8.3 给出了语法参数的说明。

表 8.3　concat 函数参数说明

参数	说明
objs	Series、DataFrame 或 Panel 对象的序列或映射
axis	沿着连接的轴，默认为 0
join	{'inner', 'outer'}，默认为"outer"。outer 为全关联，取并集，inner 为内关联，取交集
ignore_index	boolean，默认 False。如果为 True，请不要使用合并轴上的索引值
join_axes	Index 对象列表。用于其他 $n-1$ 轴的特定索引
keys	序列，默认值无。使用传递的键作为最外层构建层次索引。如果为多索引，应该使用元组
levels	序列列表，默认值无。用于构建 MultiIndex 的特定级别（唯一值）。否则，它们将从键推断
names	list，默认值无。结果层次索引中的级别的名称
verify_integrity	boolean，默认值 False。检查新连接的轴是否包含重复项
copy	boolean，默认值 True。如果为 False，请勿不必要地复制数据

下面我们通过实际案例来说明 concat 函数的用法，首先我们创建序列，代码如下所示。

```
import numpy as np
import pandas as pd
s1 = pd.Series([1,2,3],index = ['A','B','C'])
print(' 序列s1: ')
print(s1)
s2 = pd.Series([4,5,6],index = ['D','E','F'])
print(' 序列s2: ')
print(s2)
s3 = pd.Series([7,8,9],index = ['G','H','I'])
print(' 序列s3: ')
print(s3)
```

运行上述程序，结果如下所示。

```
序列s1:
A    1
B    2
C    3
dtype: int64
序列s2:
D    4
E    5
F    6
dtype: int64
序列s3:
G    7
H    8
```

```
I    9
dtype: int64
```

首先，我们纵向合并 s1、s2 和 s3 系列，代码如下所示。

```
pd.concat([s1, s2, s3])
```

运行程序，结果如下所示。

```
A    1
B    2
C    3
D    4
E    5
F    6
G    7
H    8
I    9
dtype: int64
```

默认情况下，concat 函数沿着 axis=0 合并数据，生成另一个系列，如果需要横向合并数据，则需要设置轴标签参数，输出结果将是一个数据帧，代码如下所示。

```
pd.concat([s1, s2, s3], axis=1)
```

运行程序，结果如图 8.39 所示。

	0	1	2
A	1.0	NaN	NaN
B	2.0	NaN	NaN
C	3.0	NaN	NaN
D	NaN	4.0	NaN
E	NaN	5.0	NaN
F	NaN	6.0	NaN
G	NaN	NaN	7.0
H	NaN	NaN	8.0
I	NaN	NaN	9.0

图 8.39　横向合并数据

从上图结果可以看出，由于索引没有重复值，系统默认数据合并模式为 outer，即进行并集合并。当然，我们也可以进行交集合并操作，首先我们构建新的系列，代码如下所示。

```
s4 = pd.concat([s1, s3])
pd.concat([s1, s4], axis=1, join='outer')
```

运行上述程序，结果如图 8.40 所示。

	0	1
A	1.0	1
B	2.0	2
C	3.0	3
G	NaN	7
H	NaN	8
I	NaN	9

图 8.40　并集合并结果

我们直接设置 join 参数即可进行交集合并，代码如下所示。

```
pd.concat([s1, s4], axis=1, join='inner')
```

运行上述程序，结果如图 8.41 所示，从结果看，输出的结果为两个系列都含有的索引才被输出。

	0	1
A	1	1
B	2	2
C	3	3

图 8.41　交集合并结果

根据 concat 函数的参数，可以直接使用 join_axis 指定输出索引，比如下面代码。

```
pd.concat([s1, s4], axis=1, join_axes=[['A', 'B', 'C', 'D','E']])
```

运行上述程序，结果如图 8.42 所示。

	0	1
A	1.0	1.0
B	2.0	2.0
C	3.0	3.0
D	NaN	NaN
E	NaN	NaN

图 8.42　指定输出索引

第九章
数据探索

通过调查获得、整理后展现的数据已经可以反映出被研究对象的一些状态与特征，但认知程度还比较肤浅，反映的精确度不够。为此，我们要使用各类有代表性的数量特征值来准确地描述这些数据，对单变量数据的特征描述，主要有四个方面：集中趋势、离散程度、偏态与峰度。

在数据分析的时候，一般要首先对数据进行描述性统计分析，以发现其内在的规律，再选择进一步分析的方法。描述性统计分析要对调查总体所有变量的有关数据做统计性描述，主要包括数据的频数分析、集中趋势分析、离散程度分析、数据的分布以及一些基本的统计图形。

9.1 集中趋势

集中趋势反映的是一组数据向某一中心值靠拢的倾向，对数据的集中趋势进行描述就是寻找数据一般水平的中心值或代表值。根据取得这个中心值的方法不同，我们把测度集中趋势的指标分为两类，即数值平均数和位置平均数。

本节以数据集 classdata 为案例来说明如何计算数据探索过程中的各种数据指标，此数据集为某个班级的学生信息数据，包含姓名、性别、身高和体重，首先我们创建数据帧，代码如下所示。

```
import pandas as pd
import numpy as np
classdata=pd.read_csv("D:/Pythondata/data/class.csv")
classdata.head()
```

运行上述程序，结果如图 9.1 所示，展示了数据集 classdata 的前 5 个观测样本。

	Name	Sex	Age	Height	Weight
0	Alfred	M	14	69.0	112.5
1	Alice	F	13	56.5	84.0
2	Barbara	F	13	65.3	98.0
3	Carol	F	14	62.8	102.5
4	Henry	M	14	63.5	102.5

图 9.1 数据集 classdata 的前 5 个观测

9.1.1 数值平均数

数值平均数是指根据全部数据计算出来的平均数，主要有算术平均数、几何平均、加权平均数，它是反映总体综合数量特征的重要指标，又称平均指标。

1. 算术平均数

算术平均数是总体中每个个体的某个数量标志的总和与个体总数的比值，一般用符号 $\bar{x}$ 表示，算术平均数是集中趋势中最主要的测度值，它的基本公式是：

$$\bar{x} = \frac{\text{样本的某个数量标志的总和}}{\text{对应的样本总数}}$$

一般情况下主要有简单算术均值和加权均值，设一组数据为 $x_1, x_2, x_3, \cdots, x_n$，各组变量值出现的次数分别为 $f_1, f_2, f_3, \cdots, f_n$，则简单算术均值为：

$$\overline{x} = \frac{x_1 + x_2 + \cdots + x_n}{n} = \frac{\sum\limits_{i=1}^{n} x_i}{n}$$

加权均值为：

$$\overline{x} = \frac{x_1 f_1 + x_2 f_2 + \cdots + x_n f_n}{f_1 + f_2 + \cdots + f_n} = \frac{\sum\limits_{i=1}^{n} x_i f_i}{\sum\limits_{i=1}^{n} f_i}$$

Pandas 中计算变量均值的方法主要有两种，一是直接使用 describe 函数，二是调用 mean 函数，代码如下所示。

```
classdata.mean()
```

运行程序，结果如下所示，可知年龄 Age 的均值为 13.2，身高为 62.34，体重为 100.03。

```
Age         13.315789
Height      62.336842
Weight     100.026316
dtype: float64
```

同样，我们调用 describe，代码如下所示。

```
classdata.describe()
```

运行程序，结果如图 9.2 所示，与调用 mean 函数的计算结果一致。

	Age	Height	Weight
count	19.000000	19.000000	19.000000
mean	13.315789	62.336842	100.026316
std	1.492672	5.127075	22.773933
min	11.000000	51.300000	50.500000
25%	12.000000	58.250000	84.250000
50%	13.000000	62.800000	99.500000
75%	14.500000	65.900000	112.250000
max	16.000000	72.000000	150.000000

图 9.2　变量的均值

2. 几何平均数

几何平均数是 n 个变量值连乘积的 n 次方根，通常用 $\overline{x}_G$ 表示。根据掌握的数据资料不同，几何平均数可分为简单几何平均数和加权几何平均数两种。

根据未经分组资料计算平均数，简单几何平均数的计算公式如下：

$$\overline{x}_G = \sqrt[n]{x_1 \cdot x_2 \cdots \cdot x_n} = \sqrt[n]{\prod_{i=1}^{n} x_i}$$

加权几何平均数的公式为：

$$\overline{x}_G = \sqrt[f_1+f_2+\cdots+f_n]{x_1^{f_1} \cdot x_2^{f_2} \cdots \cdot x_n^{f_n}} = \sqrt[\sum f]{\prod_{i=1}^{n} x_i^{f_i}}$$

其中各组变量值出现的次数分别为 $f_1, f_2, f_3, \cdots, f_n$。

这里需要注意的是，我们计算变量的几何平均值，需要调用 Python 库 scipy，比如我们计算数据集 classdata 的变量 Heigth 的几何平均数，代码如下所示。

```
from scipy import stats
stats.gmean(classdata['Height'])
```

运行程序，结果如下所示。

```
62.133135310943146
```

9.1.2　位置平均数

位置平均数是指按数据的大小顺序或出现频数的多少，确定的集中趋势的代表值，主要有众数、中位数等。

1. 中位数和分位数

中位数是一组数据按大小顺序排列后，处于中间位置的那个变量值，通常用 M_e 表示，其定义表明，中位数就是将某变量的全部数据均等地分为两半的那个变量值。其中，一半数值小于中位数，另一半数值大于中位数。中位数是一个位置代表值，因此它不受极端变量值的影响。

中位数是将统计分布从中间分成相等的两部分，与中位数性质相似的还有四分位数、十分位数和百分位数。三个数值可以将变量数列划分为项数相等的四部分，这三个数值就定义为四分位数，分别称为第一四分位数、第二四分位数和第三四分位数，记作 Q_1、Q_2 和 Q_3。对于不分组数据而言，

三个四分位数的位置分别是：Q_1 在 $\frac{n+1}{4}$ 处，Q_2 在 $\frac{2(n+1)}{4} = \frac{n+1}{2}$ 处，Q_3 在 $\frac{3(n+1)}{4}$ 处，可见 Q_2 就是中位数。同理，十分位数和百分位数分别是将变量数列十等分和一百等分的数值，在此不再赘述。

我们通过实际案例来说明四分位数的计算方法，在 Pandas 中非常简单，直接调用 describe 函数即可，代码如下所示。

```
classdata.describe()
```

运行程序后，结果如图 9.2 所示，其中变量年龄 Age 的第一四分位数、第二四分位数和第三四分位数分别是 12、13 和 14.5 岁。

2. 众数

众数是一组数据中出现次数最多的那个变量值，通常用 M_e 表示，众数具有普遍性，在统计实践中，常利用众数来近似反映社会经济现象的一般水平，例如说明某次考试学生成绩最集中的水平，说明城镇居民最普遍的生活水平等。

众数的确定要根据掌握的数据而定，未分组数据样本或单项数列资料众数的确定比较容易，不需要计算，可直接观察确定，即在一组数列或单项数列中，次数出现最多的那个变量值就是众数。

在 Pandas 中，我们可以直接调用 mode 函数来计算变量的众数，比如我们计算变量 Age 的众数，代码如下所示。

```
classdata['Age'].mode()
```

运行程序后，结果如下所示。

```
12
```

9.2 离散程度

集中趋势又称"数据的中心位置"，它是一组数据的代表值，集中趋势的概念就是平均数的概念，它能够对总体的某一特征具有代表性，其代表性如何，决定于被平均变量值之间的变异程度，在统计中，把反映总体中各个体的变量值之间差异程度的指标称为离散程度，反映离散程度的指标有绝对数和相对数两类。

9.2.1 极差和四分位差

极差也叫全距，是一组数据的最大值与最小值之差，即

$$R = \max(x_i) - \min(x_i)$$

其中 R 为极差，$\max(x_i)$ 和 $\min(x_i)$ 分别为一组数据的最大值和最小值。

极差是描述数据离散程度最简单的测度值，它计算简单、易于理解，但它只是说明两个极端变量值的差异范围，因而它不能反映各单位变量值的变异程度，易受极端数值的影响。

四分位差是指第三分位数与第一分位数之差，也称为内距或四分间距，用 Q_r 表示。四分位差的计算公式为：

$$Q_r = Q_3 - Q_1$$

四分位差反映了中间 50% 数据的离散程度，其数值越小，说明中间的数据越集中；数值越大，说明中间的数据越分散。四分位差不受极端值影响，因此，在某种程度上弥补了极差的一个缺陷。

计算变量的极差的代码如下所示，首先利用 describe 函数计算最大值、最小值以及分位数，再计算极差。

```
stat = classdata.describe() #保存基本统计量
stat.loc['range'] = stat.loc['max']-stat.loc['min'] #极差
stat.loc['dis'] = stat.loc['75%']-stat.loc['25%'] #四分位数间距
print(stat)
```

运行上述程序，结果如图 9.3 所示，变量 Age 的极差为 5，四分位差为 2.5，变量 Heigth 的极差为 20.7，四分位差为 7.65，变量 Weight 的极差为 99.5，四分位差为 28。

	Age	Height	Weight
count	19.000000	19.000000	19.000000
mean	13.315789	62.336842	100.026316
std	1.492672	5.127075	22.773933
min	11.000000	51.300000	50.500000
25%	12.000000	58.250000	84.250000
50%	13.000000	62.800000	99.500000
75%	14.500000	65.900000	112.250000
max	16.000000	72.000000	150.000000
range	5.000000	20.700000	99.500000
dis	2.500000	7.650000	28.000000

图 9.3　极差计算结果

9.2.2　平均差

平均差也称平均离差，是各变量值与其平均数之差的绝对值之和的平均数，通常用 M_D 表示，由于各变量值与其平均数之差的和等于零，所以，在计算平均差时，是取绝对值的形式，平均差的计算根据掌握数据资料不同而采用两种不同形式。

对未经分组的数据资料，采用简单式，公式如下：

$$M_D = \frac{\sum_{i=1}^{n}\left|x - \bar{x}\right|}{n}$$

231

根据分组数据计算平均差，应采用加权式，公式如下：

$$M_D = \frac{\sum_{i=1}^{n} \left| x - \bar{x} \right| f_i}{\sum_{i=1}^{i} f_i}$$

在可比的情况下，一般平均差的数值越大，则其平均数的代表性越小，说明该组变量值分布越分散；反之，平均差的数值越小，则其平均数的代表性越大，说明该组变量值分布越集中。

Pandas 中计算平均差的函数为 mad 函数，直接调用即可，比如我们计算各个变量的平均差，则代码如下所示。

```
classdata.mad()
```

运行程序后，其结果如下所示。

```
Age          1.279778
Height       4.069252
Weight      17.343490
dtype: float64
```

9.2.3　标准差与方差

标准差又称均方差，它是各样本变量值与其平均数之差的平方的平均数的方根，通常用 σ 表示，它是测度数据离散程度的最主要方法，标准差是具有量纲的，它与变量值的计量单位相同。

标准差的本质是求各变量值与其平均数的距离和，即先求出各变量值与其平均数离差的平方，再求其平均数，最后对其开方。之所以称其为标准差，是因为在正态分布条件下，它和平均数有明确的数量关系，是真正度量离散趋势的标准。

对未经分组的数据资料，标准差的公式如下：

$$\sigma = \sqrt{\frac{\sum_{i=1}^{n} (x_i - \bar{x})^2}{n}}$$

对于分组的数据资料，标准差的加权公式如下：

$$\sigma = \sqrt{\frac{\sum_{i=1}^{n} (x_i - \bar{x})^2 f_i}{\sum_{i=1}^{n} f_i}}$$

标准差是根据全部样本数据计算的，它反映了每个数据与其平均数相比平均相差的数值，因此它能准确地反映出数据的离散程度。与平均差相比，标准差在数学处理上是通过平方消去离差的正负号，更便于数学上的处理，因此，标准差是实际中应用最广泛的离散程度测度值。

标准差有总体标准差与样本标准差之分，上面我们都说的是总体的标准差，如果要计算样本标准差，只需要在分母上减 1，一般我们把样本标准差记为 s，所以对简单式而言：

$$s = \sqrt{\frac{\sum_{i=1}^{n}(x_i - \bar{x})^2}{n-1}}$$

对加权式而言：

$$s = \sqrt{\frac{\sum_{i=1}^{n}(x_i - \bar{x})^2 f_i}{\sum_{i=1}^{n} f_i - 1}}$$

方差是各变量值与其算术平均数之差的平方和的平均数，即标准差的平方，用 σ^2 表示总体的方差，用 s^2 表示样本的方差。在今后的统计分析中，这些指标我们经常要用到。

Pandas 中计算标准差的方式有多种，其中函数 describe 和 std 均可计算，上述代码中已经展示了 describe 函数的用法，在此不再赘述，我们直接调用 std 函数即可，代码如下。

```
classdata.std()
```

运行上述程序，结果如下所示。

```
Age         1.492672
Height      5.127075
Weight     22.773933
dtype: float64
```

9.2.4　离散系数

前面介绍的极差、平均差和标准差都是反映数据分散程度的绝对值，其数据的大小取决于原变量值本身水平高低的影响，也就是与变量的平均数大小有关。变量值绝对水平高的，离散程度的绝对值自然也就大；绝对水平低的，离散程度的绝对值自然也就小。

离散系数是衡量资料中各观测值离散程度的一个统计量。当进行两个或多个资料的离散程度比较时，如果度量单位与平均数相同，可以直接利用标准差来比较。如果单位或平均数不同时，比较其离散程度就不能采用标准差，而需采用标准差与平均数的比值（相对值）来比较，其一般公式是：

$$离散系数 = \frac{离散程度的绝对指标}{对应的评价指标}$$

离散程度通常是就标准差来计算的，因此，也称为标准差系数，它是一组数据的标准差与其对应的平均数之比，是衡量数据离散程度的相对指标，其计算公式如下：

$$V_\sigma = \frac{\sigma}{\overline{x}} \times 100\%$$

我们可以通过如下程序计算标准差系数，代码如下所示。

```
stat2 = classdata.describe()
stat2.loc['var'] = stat2.loc['std']/stat2.loc['mean']
stat2
```

运行上述程序，结果如图 9.4 所示。

	Age	Height	Weight
count	19.000000	19.000000	19.000000
mean	13.315789	62.336842	100.026316
std	1.492672	5.127075	22.773933
min	11.000000	51.300000	50.500000
25%	12.000000	58.250000	84.250000
50%	13.000000	62.800000	99.500000
75%	14.500000	65.900000	112.250000
max	16.000000	72.000000	150.000000
var	0.112098	0.082248	0.227679

图 9.4　离散系数结果

9.3　分布状态

集中趋势和离散程度是数据分布的两个重要特征，但要全面了解数据分布的特点，还需要掌握数据分布的形状是否对称、偏斜的程度以及扁平程度等，反映这些分布特征的衡量值是偏态和峰度。

9.3.1　分布的偏态

偏态是对分布偏斜方向和程度的测度，有些变量值出现的次数往往是非对称型的，如收入分配、市场占有份额、资源配置等。变量分组后，总体中各个体在不同的分组变量值下分布并不均匀对称，而呈现出偏斜的分布状况，统计上将其称为偏态分布。

利用众数、中位数和平均数之间的关系就可以判断分布是对称、左偏还是右偏，但要测度偏斜的程度则需要计算偏态系数。统计分析中测定偏态系数的方法很多，一般采用矩的概念计算，其计算公式为三阶中心矩 v_3 与标准差的三次方之比。具体公式如下：

$$\alpha = \frac{v_3}{\sigma^3} = \frac{\sum_{i=1}^{n}\left(x_i - \overline{x}\right)^3 f_i}{\sum_{i=1}^{n} f_i \cdot \sigma^3}$$

其中 α 为偏态系数。

可以看到，它是离差三次方的平均数再除以标准差的三次方，当分布对称时，离差三次方后正负离差可以相互抵消，因而 α 分子等于 0，则 $\alpha=0$；当分布不对称时，正负离差不能抵消，就形成了正与负的偏态系数 α。当 α 为正值时，表示正偏离差值较大，可以判断为正偏或右偏；反之，α 为负值时，表示负偏离差值较大，可以判断为负偏或左偏。

偏态系数 α 的数值一般在 0 与 ±3 间，α 越接近 0，分布的偏斜度越小；α 越接近 ±3，分布的偏斜度越大。

Pandas 中可以直接调用 skew 函数计算变量的偏态系数，代码如下所示。

```
classdata.skew()
```

运行上述程序，结果如下所示，其中变量 Age、Height 和 Weight 的偏态系数分别为 0.06、−0.26 和 0.18。

```
Age        0.063612
Height    -0.259670
Weight     0.183351
dtype: float64
```

9.3.2　分布的峰度

峰度是分布集中趋势高峰的形状，在变量的分布特征中，常常以正态分布为标准，观察变量分布曲线顶峰的尖平程度，统计上称之为峰度。如果分布的形状比正态分布更高更瘦，则称为尖峰分布，如果分布的形状比正态分布更矮更胖，则称为平峰分布。

测度峰度的方法，一般采用矩的概念计算，即运用四阶中心矩 v_4 与标准差的四次方对比，以此来判断各分布曲线峰度的尖平程度，公式如下：

$$\beta = \frac{v_4}{\sigma^4} - 3 = \frac{\sum_{i=1}^{n} \left(x_i - \bar{x}\right)^4 f_i}{\sum_{i=1}^{n} f_i \cdot \sigma^4} - 3$$

其中 β 为峰度系数，需要注意的是，上式中减 3 是为了使得正态分布的峰度系数为 0。

峰度系数是统计中描述次数分布状态的又一个重要特征值，用以测定邻近数值周围变量值分布的集中或分散程度，它以四阶中心矩为测量标准，除以 σ^4 是为了消除单位量纲的影响，而得到以无名数表示的相对数形式，以便在不同的分布曲线之间进行比较。由于正态分布的峰度系数为 0，当 $\beta > 0$ 时为尖峰分布，当 $\beta < 0$ 时为平顶分布。

Pandas 中可以直接调用 kurt 函数计算变量的偏态系数，代码如下所示。

```
classdata.kurt()
```

运行上述程序，结果如下所示，其中变量 Age、Height 和 Weight 的偏态系数分别为 -1.11、-0.14 和 0.68。

```
Age       -1.110926
Height    -0.138969
Weight     0.683365
dtype: float64
```

9.4 相关分析

相关分析是对总体中确实具有联系的变量进行分析，其主体是对总体中具有因果关系变量的分析，它是描述客观事物相互间关系的密切程度并用适当的统计指标表示出来的过程。相关关系是一种非确定性的关系，例如，以 X 和 Y 分别记一个人的身高和体重，则 X 与 Y 显然有关系，而又没有确切到可由其中的一个去精确地决定另一个的程度，这就是相关关系。

怎样确定变量之间的相关关系呢？一般可以通过图形观测和指标度量来确定相关关系。图形观测方法可以通过变量之间的散点图来进行分析确定，指标度量观测是通过计算相关系数来确定之。

9.4.1 散点图

统计分析中的散点图，可以直观地判断现象之间大致上呈现何种关系的形式，散点图是相关分析的重要方法。

对现象总体两种相关标志作相关分析，研究其相互依存关系，首先要通过对实际调查取得一系列成对的标志值资料，作为相关分析的原始数据。

利用直角坐标系，把自变量置于横轴之上，因变量置于纵轴之上，而将两因变量对应的变量值用坐标点形式描绘出来，用以表明相关点分布状况的图形，就是散点图。

绘制散点图的方法很多，可以直接调用 Pandas 库的 plot.scatter 函数进行绘制，比如下面绘制散点图的程序。

```
classdata.plot.scatter(x='Age', y='Height')
```

运行上述程序，结果如图 9.5 所示，从散点图的数据分布可以看出，变量 Age 和 Height 呈现很强的相关关系。

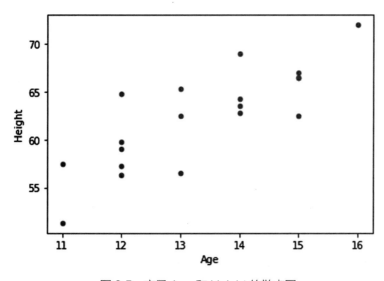

图 9.5　变量 Age 和 Height 的散点图

同样，我们也可以调用 matplotlib 库的 pyplot 函数进行散点图的绘制，代码如下所示。

```
import matplotlib.pyplot as plt
plt.scatter(classdata['Height'],classdata['Weight'] )
plt.xlabel("Height")
plt.ylabel("Weight")
plt.show()
```

运行上述程序，结果如图 9.6 所示，从散点图的数据分布可以看出，变量 Height 和 Weight 同样呈现很强的相关关系。

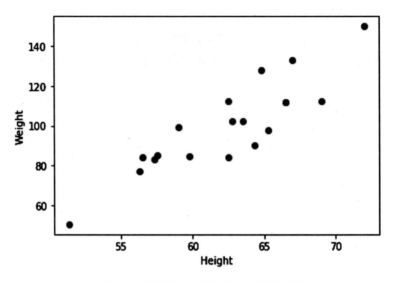

图 9.6　变量 Height 和 Weight 的散点图

9.4.2　相关系数

相关图只是大体上反映现象的相关程度，因此还应该利用科学的方法进一步分析相关的密切程度，统计上的相关系数就是用来说明相关关系密切程度的统计指标。

相关关系的特点有两个，即：

● 两个变量是对等的，不分自变量与因变量，相关系数只有一个；

● 相关系数有正负号，反映正相关与负相关。

相关关系通常用小写字母 r 来表示，现在设有两个变量 x 和 y，根据样本数据计算相关系数的方法，是利用积差法来计算相关系数，计算公式如下：

$$r = \frac{\frac{1}{n}\sum(x-\bar{x})(y-\bar{y})}{\sqrt{\dfrac{\sum(x-\bar{x})^2}{n}}\sqrt{\dfrac{\sum(y-\bar{y})^2}{n}}}$$

其中，分子是两变量的协方差，分母是两变量的标准差，所以有：

$$r = \frac{\sigma_{xy}}{\sigma_x \sigma_y}$$

以上公式简化之，得：

$$r = \frac{\sum (x - \bar{x})(y - \bar{y})}{\sqrt{\sum (x - \bar{x})^2} \sqrt{\sum (y - \bar{y})^2}} = \frac{L_{xy}}{\sqrt{L_{xx} L_{yy}}}$$

将公式展开，得：

$$r = \frac{n \sum xy - \sum x \sum y}{\sqrt{n \sum x^2 - (\sum x)^2 \, n \sum y^2 - (\sum y)^2}}$$

从以上公式中可以看出，r 的符号取正还是取负只取决于分子 L_{xy} 值是正还是负，r 的符号与 L_{xy} 的符号保持一致。

相关系数 r 的符号反映相关关系的方向，其绝对值的大小则反映变量相关关系的密切程度，相关系数的绝对值不会超过 1，所以 r 的取值范围是：

$$0 \leqslant |r| \leqslant 1$$

r 的值不同，散点图的形状便随之不同，它们反映着两变量相关的方向和程度上的差异，具体情况如下。

● $r = 1$：表示完全正线性相关。
● $r > 0$：表示正线性相关。
● $r = 0$：表示不存在线性关系。
● $r < 0$：表示负线性相关。
● $r = -1$：表示完全负线性相关。

这里需要读者特别注意的是，当 $r = 0$ 时，虽然不存在线性关系，但是变量之间也可能存在其他的关系。

在 Pandas 中可以直接调用 corr 函数来计算变量之间的相关系数，如下程序。

```
classdata.corr()
```

运行程序后，结果如图 9.7 所示。

	Age	Height	Weight
Age	1.000000	0.811434	0.740885
Height	0.811434	1.000000	0.877785
Weight	0.740885	0.877785	1.000000

图 9.7 变量之间的相关系数

除了计算相关系数矩阵之外，我们还可以绘制相关系数矩阵图，此处需调用 seaborn 库进行绘制，代码如下所示。

```
import seaborn as sns
%matplotlib inline
# calculate the correlation matrix
corr = classdata.corr()
# plot the heatmap
sns.heatmap(corr,xticklabels=corr.columns,
yticklabels=corr.columns)
```

运行上述程序之后，结果如图 9.8 所示。

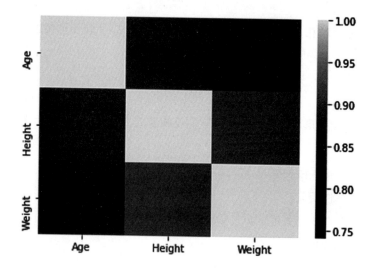

图 9.8　相关系数矩阵图

第十章
线性回归分析

在本章中，我们将学习如何在回归问题中使用线性模型，首先我们将学习模型和算法是如何工作的，然后利用回归模型建立响应变量和解释变量之间的关系，并以案例的方式来讲述如何利用模型解决回归问题。

10.1 线性回归模型

在客观世界中，普遍存在变量之间的关系，例如人的身高和体重的关系、人的血压和年龄的关系、某产品的广告投入与销售额之间的关系等，它们之间是有关联的，但是它们之间的关系又不能用普通函数来表示，我们称这类非确定性关系为相关关系，具有相关关系的变量虽然不具有确定的函数关系，但是可以借助函数关系来表示它们之间的统计规律，这种近似地表示它们之间相关关系的函数被称为回归函数，回归分析是研究两个或两个以上变量相关关系的一种重要的统计方法。

在实际中最简单的情形是由两个变量组成的关系，考虑用下列模型表示：

$$Y = f(x)$$

但是，由于两个变量之间不存在确定的函数关系，因此必须把随机波动考虑进去，故引入随机项后的模型如下：

$$Y = f(x) + \varepsilon$$

其中 Y 是随机变量，x 是普通变量，ε 是随机变量（称为随机误差）。

回归分析就是根据已得的试验结果以及以往的经验来建立统计模型，并研究变量间的相关关系，建立起变量之间关系的近似表达式，即经验公式，并由此对相应的变量进行预测和控制等。

一般来说，当随机变量 Y 与普通变量 x 之间有线性关系时，可设

$$Y = \beta_0 + \beta_1 x + \varepsilon$$

其中 $\varepsilon \sim N(0, \sigma^2)$，$\beta_0$、$\beta_1$ 为待定系数。

设 $(x_1, Y_1), (x_2, Y_2), \cdots, (x_n, Y_n)$ 是取自总体 (x, Y) 的一组样本，而 $(x_1, y_1), (x_2, y_2), \cdots, (x_n, y_n)$ 是该样本的观察值，在样本和它的观察值中的 $x_1, x_2, \cdots, x_n$ 是取定的不完全相同的数值，而样本中的 $Y_1, Y_2, \cdots, Y_n$ 在试验前为随机变量，在试验或观测后是具体的数值，一次抽样的结果可以取得 n 对数据 $(x_1, y_1), (x_2, y_2), \cdots, (x_n, y_n)$，则有

$$y_i = \beta_0 + \beta_1 x_i + \varepsilon_i, \quad i = 1, 2, \cdots, n$$

其中 $\varepsilon_1, \varepsilon_2, \cdots, \varepsilon_n$ 相互独立，在线性模型中，由假设知

$$Y \sim N(\beta_0 + \beta_1 x, \ \sigma^2), \ E(Y) = \beta_0 + \beta_1 x$$

回归分析就是根据样本观察值寻求 β_0、β_1 的估计。

对于给定 x 值，取

$$\hat{Y} = \hat{\beta}_0 + \hat{\beta}_1 x$$

作为 $E(Y) = \beta_0 + \beta_1 x$ 的估计，上述方程称为 Y 关于 x 的线性回归方程或经验公式，其图像称为回归直线，$\hat{\beta}_1$ 称为回归系数。

10.2 最小二乘估计

对于上一节中给出的回归方程，我们如何对回归系数进行估计呢，所以这就涉及最小二乘法。对样本的一组观察值 $(x_1, y_1), (x_2, y_2), \cdots, (x_n, y_n)$，对每个 x_i，由线性回归方程可以确定一个回归值

$$\hat{y}_i = \hat{\beta}_0 + \hat{\beta}_1 x_i$$

这个回归值 $\hat{y}_i$ 与实际观察值 y_i 之差

$$y_i - \hat{y}_i = y_i - \hat{\beta}_0 + \hat{\beta}_1 x_i$$

刻画了 y_i 与回归直线 $\hat{y} = \hat{\beta}_0 + \hat{\beta}_1 x$ 的偏离度，一个自然的想法就是对所有 x_i，若 y_i 与 $\hat{y}_i$ 的偏离越小，则认为直线与所有试验点拟合得越好，令

$$Q(\beta_0, \beta_1) = \sum_{I=1}^{n} (y_i - \beta_0 - \beta_1 x_i)^2$$

上式表示所有观察值 y_i 与回归直线 $\hat{y}_i$ 的偏离平方和，其刻画了所有观察值与回归直线的偏离度。所谓最小二乘法就是寻求 β_0 与 β_1 的估计 $\hat{\beta}_0$ 和 $\hat{\beta}_1$，使 $Q(\hat{\beta}_0, \hat{\beta}_1) = \min Q(\beta_0, \beta_1)$，利用微分的方法求 Q 关于 β_0，β_1 的偏导数，并令其为零，得

$$\begin{cases} \dfrac{\partial Q}{\partial \beta_0} = -2\sum_{i=1}^{n}(y_i - \beta_0 - \beta_1 x_i) = 0 \\ \dfrac{\partial Q}{\partial \beta_1} = -2\sum_{i=1}^{n}(y_i - \beta_0 - \beta_1 x_i)x_i = 0 \end{cases}$$

整理得

$$\begin{cases} n\beta_0 + \left(\sum_{i=1}^{n} x_i\right)\beta_1 = \sum_{i=1}^{n} y_i \\ \left(\sum_{i=1}^{n} x_i\right)\beta_0 + \left(\sum_{i=1}^{n} x_i^2\right)\beta_1 = \sum_{i=1}^{n} x_i y_i \end{cases}$$

称此为正规方程组，解正规方程组得

$$\begin{cases} \hat{\beta}_0 = \overline{y} - \overline{x}\hat{\beta}_1 \\ \hat{\beta}_1 = \left(\sum_{i=1}^{n} x_i y_i - n\overline{x}\overline{y} \right) \bigg/ \left(\sum_{i=1}^{n} x_i^2 - n\overline{x}^2 \right) \end{cases}$$

其中 $\overline{x} = \dfrac{1}{n} \sum_{i=1}^{n} x_i$, $\overline{y} = \dfrac{1}{n} \sum_{i=1}^{n} y_i$, 若记

$$L_{xy} \overset{def}{=} \sum_{i=1}^{n} (x_i - \overline{x})(y_i - \overline{y}) = \sum_{i=1}^{n} x_i y_i - n\overline{x}\overline{y}, \quad L_{xx} \overset{def}{=} \sum_{i=1}^{n} (x_i - \overline{x})^2 = \sum_{i=1}^{n} x_i^2 - n\overline{x}^2$$

则

$$\begin{cases} \hat{\beta}_0 = \hat{\overline{y}} - \overline{x}\hat{\beta}_1 \\ \hat{\beta}_1 = L_{xy} \big/ L_{xx} \end{cases}$$

上式叫作 β_0、β_1 的最小二乘估计，而

$$\hat{Y} = \hat{\beta}_0 + \hat{\beta}_1 x$$

为 Y 关于 x 的一元经验回归方程。

10.3 显著性检验

前面小节中关于线性回归方程 $\hat{y} = \hat{\beta}_0 + \hat{\beta}_1 x$ 的讨论是在线性假设 $Y = \beta_0 + \beta_1 x + \varepsilon$，$\varepsilon \sim N(0, \sigma^2)$ 下进行的，这个线性回归方程是否有实用价值，首先要根据有关专业知识和实践来判断，其次要根据实际观察得到的数据运用假设检验的方法来判断。

由线性回归模型 $Y = \beta_0 + \beta_1 x + \varepsilon$，$\varepsilon \sim N(0, \sigma^2)$ 可知，当 $\beta_1 = 0$ 时，就认为 Y 与 x 之间不存在线性回归关系，故需检验如下假设：

$$H_0 : \beta_1 = 0, \quad H_1 : \beta_1 \neq 0$$

为了检验假设 H_0，先分析对样本观察值 $y_1, y_2, \cdots, y_n$ 的差异，它可以用总的偏差平方和来度量，记为

$$S_{\text{总}} = \sum_{i=1}^{n} (y_i - \overline{y})^2$$

由正规方程组，有

$$S_{总} = \sum_{i=1}^{n}(y_i - \hat{y}_i + \hat{y}_i - \overline{y})^2$$

$$= \sum_{i=1}^{n}(y_i - \hat{y})^2 + 2\sum_{i=1}^{n}(y_i - \hat{y}_i)(\hat{y}_i - \overline{y}) + \sum_{i=1}^{n}(\hat{y}_i - \overline{y})^2$$

$$= \sum_{i=1}^{n}(y_i - \hat{y}_i)^2 + \sum_{i=1}^{n}(\hat{y}_i - \overline{y})^2.$$

令 $S_{回} = \sum_{i=1}^{n}(\hat{y}_i - \overline{y})^2$，$S_{剩} = \sum_{i=1}^{n}(y_i - \hat{y}_i)^2$，则有

$$S_{总} = S_{剩} + S_{回}$$

上式称为总偏差平方和分解公式，$S_{回}$称为回归平方和，它是由普通变量 x 的变化引起的，其大小反映了普遍变量 x 的重要程度。$S_{剩}$称为剩余平方和，它是由试验误差以及其他未加控制因素引起的，它的大小反映了试验误差及其他因素对试验结果的影响。

关于 $S_{回}$ 和 $S_{剩}$ 的性质，在线性模型假设下，当 H_0 成立时，$\hat{\beta}_1$ 与 $S_{剩}$ 相互独立，且 $S_{剩}/\sigma^2 \sim \chi^2(n-2)$，$S_{回}/\sigma^2 \sim \chi^2(1)$。对 H_0 的检验有三种本质相同的检验方法，如下所示，在此不再赘述，请读者参考其他统计学专业书籍内容。

- T—检验法。
- F—检验法。
- 相关系数检验法。

10.4 预测

在回归问题中，若回归方程经检验效果显著，这时回归值与实际值就拟合较好，因而可以利用它对因变量 Y 的新观察值 y_0 进行点预测或区间预测。

对于给定的 x_0，由回归方程可得到回归值

$$\hat{y}_0 = \hat{\beta}_0 + \hat{\beta}_1 x_0$$

称 $\hat{y}_0$ 为 y 在 x_0 的预测值，y 的测试值 y_0 与预测值 $\hat{y}_0$ 之差称为预测误差。

在实际问题中，预测的真正意义就是在一定的显著性水平 α 下，寻找一个正数 $\delta(x_0)$，使得实际观察值 y_0 以 $1-\alpha$ 的概率落入区间 $(\hat{y}_0 - \delta(x_0), \hat{y}_0 + \delta(x_0))$ 内，即

$$P\{|Y_0 - \hat{y}_0| < \delta(x_0)\} = 1 - \alpha$$

则

$$Y_0 - \hat{y}_0 \sim N\left(0, \left[1 + \frac{1}{n} + \frac{(x_0 - \overline{x})^2}{L_{xx}}\right]\sigma^2\right)$$

又因 $Y_0 - \hat{y}_0$ 与 $\hat{\sigma}^2$ 相互独立，且

$$\frac{(n-2)\hat{\sigma}^2}{\sigma^2} \sim \chi^2(n-2)$$

所以

$$T = (Y_0 - \hat{y}_0)\left/\left[\hat{\sigma}\sqrt{1 + \frac{1}{n} + \frac{(x_0 - \overline{x})^2}{L_{xx}}}\right]\right. \sim t(n-2)$$

故对给定的显著性水平 α，求得 $\delta(x_0) = t_{a/2}(n-1)\hat{\sigma}\sqrt{1 + \frac{1}{n} + \frac{(x_0 - \overline{x})^2}{L_{xx}}}$，故得 y_0 的置信度为 $1-\alpha$ 的预测区间为 $(\hat{y}_0 - \delta(x_0), \hat{y}_0 + \delta(x_0))$。

易见，y_0 的预测区间长度为 $2\delta(x_0)$，对于给定 α，x_0 越靠近样本均值 $\overline{x}$，$\delta(x_0)$ 越小，预测区间长度小，效果越好。当 n 很大，并且 x_0 较接近 $\overline{x}$ 时，有

$$\sqrt{1 + \frac{1}{n} + \frac{(x_0 - \overline{x})^2}{L_{xx}}} \approx 1, \quad t_{\alpha/2}(n-2) \approx u_{\alpha/2}$$

则预测区间近似为 $(\hat{y}_0 - u_{a/2}\sigma, y_0 + u_{a/2}\sigma)$。

10.5 相关性

变量之间的关系可以划分为两种类型，一是函数关系，二是相关关系。

函数关系是自变量的数量确定后，因变量的数量也随之完全确定，函数关系可以用 $y = f(x)$ 的方程来表示，它表明变量之间联系的一种形式。

相关关系是不完全确定的随机关系，在相关关系的情况下，变量给出的每一个数值，都有可能有若干个结果数值，所以相关关系是一种不完全的依存关系。

相关关系可以按不同标志加以区分：

● 按相关程度分为完全相关、不完全相关和不相关；

● 按相关的方向分为正相关和负相关；

- 按相关的形式分为线性相关和曲线相关；
- 按相关的影响因素分为单相关和复相关。

在进行线性回归分析之前，一般情况下需要对变量进行相关分析，如果相关分析时各自变量跟因变量之间没有相关性，就没有必要再做回归分析，如果有一定的相关性，然后再通过回归分析进一步验证它们之间的准确关系。

同时相关分析还有一个目的，就是可以查看自变量之间的共线性程度如何，如果自变量间的相关性非常大，则可能表示自变量之间存在共线性，这就是下一小节中讲述的变量共线性问题。

10.6　共线性

回归分析方法是处理多变量之间相依关系的统计方法，它是数理统计中应用最为广泛的方法之一。在长期大量的实际应用中人们也发现建立回归方程后，因为自变量存在相关性，将会导致很多问题，具体如下。

- 将会增加参数估计的方差，使回归方程变得不稳定；
- 有些自变量对因变量影响的显著性被隐蔽起来；
- 某些回归系数的符号与实际意义不符合等不正常的现象。

这些问题的出现原因就在于变量之间存在共线性关系，下面介绍解决此类问题的几种方法。

第一种方法是从业务上分析，从有共线性关系的变量组中筛选出对目标变量影响显著的少数几个变量，然后再进行分析，从业务上避免具有多重共线性的变量同时进入模型。

第二种方法是从统计学的角度分析，从变量组中逐步地选择变量进入模型，统计学方法主要有如下几种：

- 修正决定系数准则最大；
- 均方误差最小；
- C_P 准则。

10.7　案例分析——波士顿地区房价预测

10.7.1　数据集说明

对于本例，我们将使用 Scikit-Learn 库中自带的 Boston（美国波士顿地区）房价数据集，它包含关于 Bostom 住房和价格的数据，它通常用于机器学习，是学习线性回归问题的一个很好的选择。Boston 房价数据集可以从许多来源获得，可以直接从 Scikit-Learn 获得数据集包，也可以直接下载到本地后，导入系统中进行分析。

Boston 房价数据集的变量说明如表 10.1 所示，共计包含 14 个变量。

表 10.1　Boston 房价数据集的变量说明

变量名	变量描述
CRIM	城镇人均犯罪率
ZN	住宅用地超过 25000 平方英尺的比例
INDUS	城镇非零售商用土地的比例
CHAS	查理斯河空变量（如果边界是河流，则为 1，否则为 0）
NOX	一氧化氮浓度
RM	住宅平均房间数
AGE	1940 年之前建成的自用房屋比例
DIS	到波士顿五个中心区域的加权距离
RAD	辐射性公路的接近指数
TAX	每 10000 美元的全值财产税率
PTRATIO	城镇师生比例
B	城镇中黑人的比例
LSTAT	人口中地位低下者的比例
MEDV	自住房的平均房价，以千美元计

10.7.2　获取数据集

由于 Scikit-Learn 库中自带 Boston 房价数据集，所以可以直接下载相关数据，当然，我们也可以直接利用 read_csv 函数读取数据集，代码如下所示。

```
import pandas as pd
import numpy as np
# 导入数据
Boston=pd.read_csv("D:/Pythondata/data
/BostonHousePriceDataset.csv",
usecols=['CRIM','ZN','INDUS','CHAS','NOX','RM','AGE','DIS',
'RAD','TAX','PTRATIO','B','LSTAT','MEDV'])
```

运行上述程序后，则 Boston 房价数据集就导入至 python 中了，我们可以查看前 5 个观测样本，代码如下所示。

```
Boston.head() #数据集的 top5 个样本
```

运行上述程序，结果如下图 10.1 所示。

	CRIM	ZN	INDUS	CHAS	NOX	RM	AGE	DIS	RAD	TAX	PTRATIO	B	LSTAT	MEDV
0	0.04741	0.0	11.93	0	0.573	6.030	80.8	2.5050	1	273.0	21.0	396.90	7.88	11.9
1	0.10959	0.0	11.93	0	0.573	6.794	89.3	2.3889	1	273.0	21.0	393.45	6.48	22.0
2	0.06076	0.0	11.93	0	0.573	6.976	91.0	2.1675	1	273.0	21.0	396.90	5.64	23.9
3	0.04527	0.0	11.93	0	0.573	6.120	76.7	2.2875	1	273.0	21.0	396.90	9.08	20.6
4	0.06263	0.0	11.93	0	0.573	6.593	69.1	2.4786	1	273.0	21.0	391.99	9.67	22.4

图 10.1　Boston 房价数据集的前 5 个观测样本

当然，我们可以利用函数 load_boston 直接下载 Boston 房价数据集，代码如下所示。

```
import matplotlib.pyplot as plt
import pandas as pd
import numpy as np
from sklearn.datasets import load_boston
dataset = load_boston()
```

运行上述程序，即可下载 Boston 房价数据集，我们可以查看数据集的信息，代码如下所示。

```
print(dataset.data)
```

运行上述程序，结果如下所示。

```
[[6.3200e-03 1.8000e+01 2.3100e+00 ... 1.5300e+01 3.9690e+02
4.9800e+00]
 [2.7310e-02 0.0000e+00 7.0700e+00 ... 1.7800e+01 3.9690e+02
9.1400e+00]
 [2.7290e-02 0.0000e+00 7.0700e+00 ... 1.7800e+01 3.9283e+02
4.0300e+00]
 ...
 [6.0760e-02 0.0000e+00 1.1930e+01 ... 2.1000e+01 3.9690e+02
5.6400e+00]
 [1.0959e-01 0.0000e+00 1.1930e+01 ... 2.1000e+01 3.9345e+02
6.4800e+00]
 [4.7410e-02 0.0000e+00 1.1930e+01 ... 2.1000e+01 3.9690e+02
7.8800e+00]]
```

当然，我们也可以查看数据集的各个变量名称，代码如下所示。

```
print(dataset.feature_names)
```

运行上述程序，结果如下所示。

```
['CRIM' 'ZN' 'INDUS' 'CHAS' 'NOX' 'RM' 'AGE' 'DIS' 'RAD' 'TAX'
'PTRATIO' 'B' 'LSTAT']
```

10.7.3 数据探索

获取数据集之后，下一步就是清理数据并在必要时执行任何数据转换，首先，我们可以使用 info 函数检查每个字段的数据类型，代码如下所示。

```
Boston.info() # 数据集信息
```

运行上述程序，结果如下。

```
<class 'pandas.core.frame.DataFrame'>
RangeIndex: 506 entries, 0 to 505
Data columns (total 14 columns):
CRIM       506 non-null float64
ZN         506 non-null float64
INDUS      506 non-null float64
CHAS       506 non-null int64
NOX        506 non-null float64
RM         506 non-null float64
AGE        506 non-null float64
DIS        506 non-null float64
RAD        506 non-null int64
TAX        506 non-null float64
PTRATIO    506 non-null float64
B          506 non-null float64
LSTAT      506 non-null float64
MEDV       506 non-null float64
dtypes: float64(12), int64(2)
memory usage: 55.4 KB
```

从上述输出的结果我们可以看出，数据总共有 506 行、14 列，即 14 个变量，而且 14 个变量都有 506 个非空的 float64 类型的数值，即所有变量没有空值。

1. 描述性统计分析

首先，我们需要对各个变量进行描述性统计分析，了解各个变量的分布结构情况，以便确定是否对变量进行截断处理等，计算描述性统计量的代码如下所示。

```
Boston.describe().T # 数据集的基本统计量
```

运行上述程序，结果如下图 10.2 所示。

	count	mean	std	min	25%	50%	75%	max
CRIM	506.0	3.613524	8.601545	0.00632	0.082045	0.25651	3.677082	88.9762
ZN	506.0	11.363636	23.322453	0.00000	0.000000	0.00000	12.500000	100.0000
INDUS	506.0	11.136779	6.860353	0.46000	5.190000	9.69000	18.100000	27.7400
CHAS	506.0	0.069170	0.253994	0.00000	0.000000	0.00000	0.000000	1.0000
NOX	506.0	0.554695	0.115878	0.38500	0.449000	0.53800	0.624000	0.8710
RM	506.0	6.284634	0.702617	3.56100	5.885500	6.20850	6.623500	8.7800
AGE	506.0	68.574901	28.148861	2.90000	45.025000	77.50000	94.075000	100.0000
DIS	506.0	3.795043	2.105710	1.12960	2.100175	3.20745	5.188425	12.1265
RAD	506.0	9.549407	8.707259	1.00000	4.000000	5.00000	24.000000	24.0000
TAX	506.0	408.237154	168.537116	187.00000	279.000000	330.00000	666.000000	711.0000
PTRATIO	506.0	18.455534	2.164946	12.60000	17.400000	19.05000	20.200000	22.0000
B	506.0	356.674032	91.294864	0.32000	375.377500	391.44000	396.225000	396.9000
LSTAT	506.0	12.653063	7.141062	1.73000	6.950000	11.36000	16.955000	37.9700
MEDV	506.0	22.532806	9.197104	5.00000	17.025000	21.20000	25.000000	50.0000

图 10.2　变量的描述性统计量

从图 10.2 的结果来看，没有发现异常情况，但是可能有变量存在极端值的情况，会直接影响后续的模型开发，所以需要通过散点图直接看各个自变量与因变量的关系。

2. 散点图分析

散点图是指在回归分析中，数据点在直角坐标系平面上的分布图，散点图表示因变量随自变量而变化的大致趋势，据此可以选择合适的函数对数据点进行拟合。

由于我们要绘制十几个变量的散点图，所以我们需要定义一个绘制散点图的函数，代码如下所示。

```
import matplotlib.pyplot as plt
# 定义绘制散点图的函数
def drawing(x, y, xlabel):
    plt.scatter(x, y)
    plt.title('%s 与房价散点图 ' %xlabel)
    plt.xlabel(xlabel)
    plt.ylabel(' 房价 ')
    plt.yticks(range(0,60,5))
    plt.grid()
    plt.show()
```

首先，我们绘制变量 CRIM 和因变量的散点图，代码如下所示。

```
drawing(Boston['CRIM'], Boston['MEDV'],' 城镇人均犯罪率 ')
```

运行上述程序，结果如图 10.3 所示。

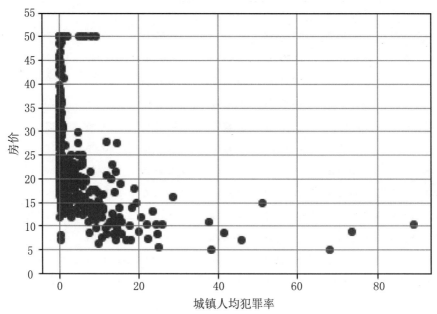

图 10.3　变量 CRIM 和因变量的散点图

从散点图的数据分布可以看出，房价基本和犯罪率呈负相关的关系，高房价的房屋都集中在低犯罪率地区，如果城镇人均犯罪率超过 20% 的情况下，房价最高不高于 20。

后续我们将绘制所有自变量与因变量的散点图，并分析自变量与因变量的相关关系，代码如下所示。

```
plt.figure(figsize=(15,10.5))
plot_count = 1
for feature in list(Boston.columns)[1:13]:
plt.subplot(3,4,plot_count)
plt.scatter(Boston [feature], Boston ['MEDV'])
plt.xlabel(feature.replace('_',' ').title())
plt.ylabel('MEDV')
plot_count+=1
plt.show()
```

运行上述程序，结果如图 10.4 所示，绘制了其他所有自变量与因变量 MEDV 的散点图。

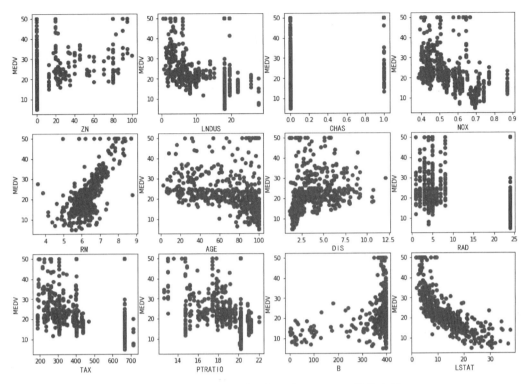

图 10.4 其他所有自变量与因变量 MEDV 的散点图

下面我们就根据自变量 MEDV 与因变量的散点图数据分析情况，解读变量之间的关系，具体结果如下所示。

● ZN 表示住宅用地所占比例，从散点图可以看出，其与因变量 MEDV 并没有明显的线性关系。

● INDUS 表示城镇中非商业用地的所占比例，当城镇中非商业用地所占比例处于 (0, 5) 区间的情况下，房价不低于 15。

● CHAS 表示地产是否处于查尔斯河边，1 表示在河边，0 表示不在河边，地产不在查尔斯河边的情况下，房价处于 (5,55) 区间，地产在查尔斯河边的情况下，房价最低不低于 10。

● NOX 表示一氧化氮的浓度，整体看 NOX 与因变量 MEDV 具有负的相关关系。

● RM 表示每栋住宅的房间数，很明显两者之间存在较强的线性关系。

● AGE 表示 1940 年以前建成的业主自住单位的占比，自住单位的占比处于 (0, 60) 的情况下，房价最低不会低于 15。

● DIS 表示距离 5 个波士顿就业中心的平均距离，一般来说距离就业中心近则上下班距离近，人更愿意住在上下班距离近的地方，根据市场规律，需求高则房价会高，从散点图是数据分布来看，整体与因变量 MEDV 呈现负的相关关系。

● RAD 表示距离高速公路的便利指数，绝大多数房价高于 30 的房产，都集中在距离高速公路的便利指数低的地区。

● TAX 表示每一万美元的不动产税率，在税率大于 600 的情况下，房价会低于 10。

● PTRATIO 表示城镇中学生教师比例，学生教师比例小于 14 的情况下，房价最低不低于 20，绝大部分高于 30，只有在学生教师比例大于 20 的情况下，房价会低于 10，绝大部分不高于 30。

● B 表示城镇中黑人比例，在黑人比例高于 350 的地区，房价会高于 30。

● LSTAT 表示低收入阶层占比，从散点图看，很明显与因变量 MEDV 具有负的相关关系。

3. 相关性分析

由于数据集中有数个自变量，我们不希望使用所有变量来训练我们的模型，从散点图的数据分布上可以了解它们并不都是相关的，相反，我们希望选择那些直接影响因变量的变量来训练模型，为此，我们可以使用 corr 函数来计算变量之间的相关系数，以便判断变量之间的相关程度。

```python
# 相关系数计算
corr = Boston.corr()
print(corr)
# 绘制相关矩阵图形
import seaborn as sn
varcorr = Boston[['CRIM','ZN','INDUS','CHAS','NOX','RM','AGE',
'DIS','RAD','TAX','PTRATIO','B','LSTAT','MEDV']].corr()
mask = np.array(varcorr)
mask[np.tril_indices_from(mask)] = False
sn.heatmap(varcorr, mask=mask,vmax=.8, square=True,annot=False)
```

运行上述程序，结果如图 10.5 和图 10.6 所示。

	CRIM	ZN	INDUS	CHAS	NOX	RM	AGE
CRIM	1.000000	-0.200469	0.406583	-0.055892	0.420972	-0.219247	0.352734
ZN	-0.200469	1.000000	-0.533828	-0.042697	-0.516604	0.311991	-0.569537
INDUS	0.406583	-0.533828	1.000000	0.062938	0.763651	-0.391676	0.644779
CHAS	-0.055892	-0.042697	0.062938	1.000000	0.091203	0.091251	0.086518
NOX	0.420972	-0.516604	0.763651	0.091203	1.000000	-0.302188	0.731470
RM	-0.219247	0.311991	-0.391676	0.091251	-0.302188	1.000000	-0.240265
AGE	0.352734	-0.569537	0.644779	0.086518	0.731470	-0.240265	1.000000
DIS	-0.379670	0.664408	-0.708027	-0.099176	-0.769230	0.205246	-0.747881
RAD	0.625505	-0.311948	0.595129	-0.007368	0.611441	-0.209847	0.456022
TAX	0.582764	-0.314563	0.720760	-0.035587	0.668023	-0.292048	0.506456
PTRATIO	0.289946	-0.391679	0.383248	-0.121515	0.188933	-0.355501	0.261515
B	-0.385064	0.175520	-0.356977	0.048788	-0.380051	0.128069	-0.273534
LSTAT	0.455621	-0.412995	0.603800	-0.053929	0.590879	-0.613808	0.602339
MEDV	-0.388305	0.360445	-0.483725	0.175260	-0.427321	0.695360	-0.376955

	DIS	RAD	TAX	PTRATIO	B	LSTAT	MEDV
CRIM	-0.379670	0.625505	0.582764	0.289946	-0.385064	0.455621	-0.388305
ZN	0.664408	-0.311948	-0.314563	-0.391679	0.175520	-0.412995	0.360445
INDUS	-0.708027	0.595129	0.720760	0.383248	-0.356977	0.603800	-0.483725
CHAS	-0.099176	-0.007368	-0.035587	-0.121515	0.048788	-0.053929	0.175260
NOX	-0.769230	0.611441	0.668023	0.188933	-0.380051	0.590879	-0.427321
RM	0.205246	-0.209847	-0.292048	-0.355501	0.128069	-0.613808	0.695360
AGE	-0.747881	0.456022	0.506456	0.261515	-0.273534	0.602339	-0.376955
DIS	1.000000	-0.494588	-0.534432	-0.232471	0.291512	-0.496996	0.249929
RAD	-0.494588	1.000000	0.910228	0.464741	-0.444413	0.488676	-0.381626
TAX	-0.534432	0.910228	1.000000	0.460853	-0.441808	0.543993	-0.468536
PTRATIO	-0.232471	0.464741	0.460853	1.000000	-0.177383	0.374044	-0.507787
B	0.291512	-0.444413	-0.441808	-0.177383	1.000000	-0.366087	0.333461
LSTAT	-0.496996	0.488676	0.543993	0.374044	-0.366087	1.000000	-0.737663
MEDV	0.249929	-0.381626	-0.468536	-0.507787	0.333461	-0.737663	1.000000

图 10.5　相关系数图

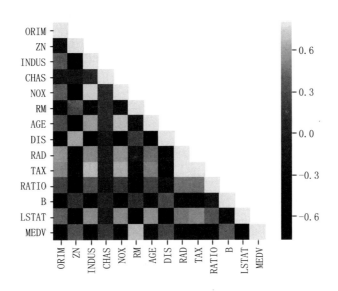

图 10.6 相关系数矩阵图

从图 10.6 中可以看到，与因变量 MEDV 相关程度最高的三个变量是 LSTAT、RM、PTRATIO，我们可以通过如下程序获取相关程度最大的变量列表。

```
print(Boston.corr().abs().nlargest(4, 'MEDV').index)
```

运行上述程序，结果如下所示。

```
Index(['MEDV', 'LSTAT', 'RM', 'PTRATIO'], dtype='object')
```

根据变量之间相关程度选择的结果，我们可以选取上述三个自变量进入模型训练之中。这里需要注意的是，上述根据相关程度选择自变量仅仅是一种方法，读者也可以把所有自变量直接放入模型中进行训练，这里主要是为了给读者讲述整个分析过程。

10.7.4 建立模型

经过上一小节的数据探索之后，我们就可以训练模型了，首先，我们创建两个数据帧 X 和 Y，其中数据帧 X 将包含 LSTAT、RM、PTRATIO 变量，而数据帧 Y 将包含因变量 MEDV，具体代码如下所示。

```
X = pd.DataFrame(np.c_[Boston['LSTAT'], Boston['RM'],
Boston['PTRATIO']],
columns = ['LSTAT','RM','PTRATIO'])
Y = Boston['MEDV']
```

下面我们对数据集进行分割，其中的 80% 用于训练模型，其他 20% 用于测试模型效果，代码如下所示。

```
from sklearn.model_selection import train_test_split
x_train, x_test, Y_train, Y_test = train_test_split(X, Y,
test_size = 0.2,random_state=5)
```

运行上述程序，我们查看训练和测试数据集的样本数。

```
print(x_train.shape)
print(Y_train.shape)
print(x_test.shape)
print(Y_test.shape)
```

运行上述程序，结果如下所示，可知训练数据的样本量是 404 个，三个变量；测试数据集的样本量是 102 个，包含三个变量。

```
(404, 3)
(404,)
(102, 3)
(102,)
```

下面我们直接调用 scikit-learn 中的线性回归包进行模型拟合，代码如下所示。

```
from sklearn.linear_model import LinearRegression
model = LinearRegression()
model.fit(x_train, Y_train)
```

运行上述程序之后，我们得到了拟合后的模型，可以直接打印出模型的截距，代码如下所示。

```
print(model.intercept_)
```

运行上述程序，结果如下所示。

```
15.418645832987274
```

同时，我们打印出参数的估计系数，代码如下所示。

```
coeffcients = pd.DataFrame([x_train.columns,model.coef_]).T
coeffcients = coeffcients.rename(columns={0: 'Attribute',
1: 'Coefficients'})
coeffcients
```

运行上述程序，结果如图 10.7 所示。

	Attribute	Coefficients
0	LSTAT	-0.566666
1	RM	4.99206
2	PTRATIO	-0.929461

图 10.7　回归方程的系数

根据上述的截距和参数估计结果，则可以得到拟合后的线性回归方程如下。

$$MEDV=15.4186-0.5667*LSTAT+4.9921*RM-0.9295*PTRATIO$$

10.7.5　模型评估

模型拟合完成之后，则我们可以对模型进行测试评估，为了了解拟合的模型效果，我们可以使用 R 方进行衡量，R 方主要用来评估数据与回归曲线的拟合程度，R 方的值越接近 1，则表示模型拟合得越合适，计算 R 方的代码如下所示。

```
print('R-Squared: %.4f' % model.score(x_test,Y_test))
```

运行程序后的结果如下所示，R 方的值为 0.6035，从结果可以知道，本次模型训练得到的结果良好。

```
R-Squared: 0.6035
```

除了利用 R 方对模型的拟合性能进行评估之外，我们也可以绘制预测值与实际值的散点图，查看实际的预测情况，代码如下所示。

```
price_pred = model.predict(x_test)
plt.scatter(Y_test, price_pred)
plt.xlabel("Actual Prices")
plt.ylabel("Predicted prices")
plt.title("Actual prices vs Predicted prices")
```

运行上述程序，结果如图 10.8 所示。

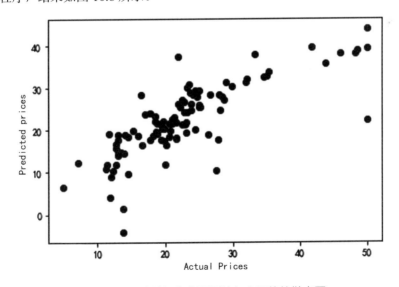

图 10.8　测试数据集上预测值与实际值的散点图

从结果可以看出，虽然 R 方的值为 0.6035，但是拟合效果并不是太好，再仔细观察图 10.8 的数据分布情况，在实际值为 50 时有离群点，因此我们进一步需要查看因变量 MEDV 的直方图，诊断数据分布是否有异常，具体代码如下所示。

```
from scipy import stats
import matplotlib.pyplot as plt
import seaborn as sn
sn.distplot(Boston['MEDV'], hist=True);
fig = plt.figure()
res = stats.probplot(Boston['MEDV'], plot=plt)
```

运行上述程序后，结果如图 10.9 和图 10.10 所示。

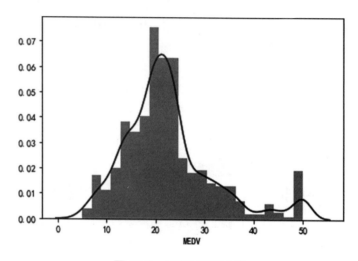

图 10.9　因变量的直方图

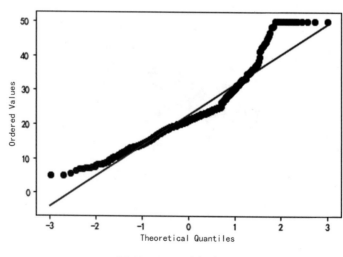

图 10.10　正态概率图

从图 10.9 和图 10.10 中的数据分布可以很明显看出，因变量在取值为 50 的时候为离群值，较为异常，对拟合模型的效果有重大的影响，所以必须删除取值为 50 的观测样本，之后再进行模型拟合。

```
# 删除 MEDV=50 的观测样本
Boston_new=Boston[Boston['MEDV']<50]
Boston_new.info()
X_new = pd.DataFrame(np.c_[Boston_new['LSTAT'], Boston_new['RM'],
Boston_new['PTRATIO']], columns = ['LSTAT','RM','PTRATIO'])
Y_new = Boston_new['MEDV']
from sklearn.model_selection import train_test_split
x_new_train, x_new_test, Y_new_train, Y_new_test =
train_test_split(X_new, Y_new, test_size = 0.2,
random_state=5)
from sklearn.linear_model import LinearRegression
model = LinearRegression()
model.fit(x_new_train, Y_new_train)
print('R-Squared: %.4f' % model.score(x_new_test,Y_new_test))
```

运行上述程序，结果如下所示，重新拟合的模型的 R 方为 0.7458，明显比首次拟合的模型效果要好，此处也进一步证实了数据探索的重要性，数据质量的好坏直接决定模型的最终拟合效果。

```
R-Squared: 0.7458
```

第十一章
Logistic回归分析

在上一章中，我们讨论了线性回归模型，这些模型是广义线性模型的特例，广义线性模型是一个灵活的框架，比普通线性回归需要的假设更少。在本章中，我们将讨论广义线性模型的另一个特殊情况，称为逻辑回归。

11.1 逻辑回归模型介绍

　　Logistic 回归又称逻辑回归分析，主要在流行病学中应用较多，比较常用的情形是探索某疾病的危险因素，根据危险因素预测某疾病发生的概率。例如，想探讨胃癌发生的危险因素，可以选择两组人群，一组是胃癌组，另一组是非胃癌组，两组人群肯定有不同的体征和生活方式等，这里的因变量就是是否患有胃癌，即"是"或"否"为两分类变量，自变量就可以包括很多了，例如年龄、性别、饮食习惯等，自变量既可以是连续的，也可以是分类的，通过 Logistic 回归分析，就可以大致了解到底哪些因素是胃癌的危险因素。

　　Logistic 回归与多重线性回归实际上有很多相同之处，最大的区别就在于他们的因变量不同，其他的基本都差不多，正因如此，这两种回归可以归于同一个家族，即广义线性模型。这一家族中的模型形式基本上都差不多，不同的就是因变量不同，如果是连续的，就是多重线性回归，如果是二项分布，就是 Logistic 回归，如果是 Poisson 分布，就是 Poisson 回归，如果是负二项分布，就是负二项回归，只要注意区分它们的因变量就可以了，总之 Logistic 回归是多元线性回归的延伸。

　　Logistic 回归的因变量可以是二分类的，也可以是多分类的，但是二分类的更为常用，也更加容易解释，所以实际中最为常用的就是二分类的 Logistic 回归。

　　Logistic 回归的主要用途有以下几点。

　　一是寻找危险因素，正如上面所说的寻找某一疾病的危险因素等。

　　二是预测，如果已经建立了 Logistic 回归模型，则可以根据模型，预测在不同的自变量情况下，发生某病或某种情况的概率有多大。

　　三是判别，实际上跟预测有些类似，也是根据 Logistic 模型，判断某人属于某病或属于某种情况的概率有多大。

　　上述是 Logistic 回归最常用的三个用途，实际中的 Logistic 回归用途是极为广泛的，其几乎已经成了流行病学和医学中最常用的分析方法，因为它与多重线性回归相比有很多的优势，本章内容将带领读者对 Logistic 回归的数学理论及应用有一个初步的了解。

11.1.1 Logistic 函数

　　Logistic 函数又称增长函数，是由美国科学家 Robert.B.Pearl 和 Lowell.J.Reed 在研究果蝇的繁殖问题中提出来的，其一般表达式为：

$$p = \frac{1}{1 + \exp(-z)}$$

其中 $-\infty < z < +\infty$，由于 $1 - p = \dfrac{1}{1 + \exp(z)}$，所以有 $\dfrac{p}{1-p} = \dfrac{1 + \exp(z)}{1 + \exp(-z)} = \exp(z)$，两

边取对数可以得到：

$$\ln(\frac{p}{1-p}) = z$$

11.1.2 Logistic 回归模型

首先令 Y 服从二项分布，取值为 0，1。Y 等于 1 的概率为 $\pi(Y=1)$，则 m 个自变量分别为 $X_1, X_2, \cdots, X_m$ 所对应的 Logistic 回归模型为：

$$\pi(Y=1) = \frac{\exp(\beta_0 + \beta_1 X_1 + \beta_2 X_2 + \cdots + \beta_m X_m)}{1 + \exp(\beta_0 + \beta_1 X_1 + \beta_2 X_2 + \cdots + \beta_m X_m)}$$

或者写为：

$$\log istic[\pi(Y=1)] = \ln\frac{\pi(Y=1)}{1-\pi(Y=1)} = \beta_0 + \beta_1 X_1 + \beta_2 X_2 + \cdots + \beta_m X_m$$

其中，β_0 为截距，β_i 为 X_i 对应的偏回归系数，令 $z = \beta_0 + \beta_1 X_1 + \beta_2 X_2 + \cdots + \beta_m X_m$，由上面所述，即得：

$$L = \ln(\frac{p}{1-p})$$

上式称为对数单位，$\frac{p}{1-p}$ 称为机会比率，即有利于出现某一状态的机会大小。令

$$L = \beta_0 + \beta_1 X_1 + \beta_2 X_2 + \cdots + \beta_m X_m$$

则上式模型也为 Logistic 回归模型。

与一般的线性概率模型相比，Logistic 回归模型有以下几个优点。

● 随着 p 从 0 到 1，L 从负无穷大到正无穷大，即虽然概率受到 0 到 1 的限制，但是 L 却不受限制。

● 虽然概率 p 与各个自变量之间是非线性的，但是 L 与各个自变量之间是线性的。

11.2 案例分析——泰坦尼克生存预测

11.2.1 数据说明

本案例所使用的数据为数据科学竞赛网站 Kaggle 的案例数据集，项目的背景是大家都熟知的

发生在 1912 年的泰坦尼克号沉船灾难，这次灾难导致船上全员 2224 人中的 1500 多人遇难。本案例的主要目标是通过训练数据集分析出什么类型的人更可能幸存，并预测出测试数据集中所有乘客的生还概率。

Titanic 数据集包含 train 和 test 两个数据文档，其中 train 数据用来分析和建模，包含有生存情况信息，test 数据用来最终预测乘客的生存情况，表 11.1 给出了数据集的变量说明，包括乘客 ID 在内，共计有 12 个变量，包含客户的年龄、性别、阶层、所住船舱等级等各种因素。

表 11.1　数据集的变量列表

变量名	说明
PassengerId	乘客 id
Survived	标记乘客是否幸存，幸存 (1)、死亡 (0)
Pclass	标记乘客所属船层，第一层 (1)，第二层 (2)，第三层 (3)
Name	乘客名字
Sex	乘客性别，男 male、女 female
Age	乘客年龄
SibSp	船上兄弟姐妹和配偶的数量
Parch	船上父母和孩子的数量
Ticket	乘客的船票号码
Fare	乘客为船票付了多少钱
Cabin	乘客住在哪个船舱
Embarked	乘客从哪个地方登上泰坦尼克号

11.2.2　获取数据

我们可以直接利用 Pandas 库中的 read_csv 函数读取案例数据集，代码如下所示。

```
import pandas as pd
import numpy as np
import matplotlib.pyplot as plt
#获取数据
titanic_train=pd.read_csv("D:/Pythondata/data/titanic_train.csv")
titanic_test=pd.read_csv("D:/Pythondata/data/titanic_test.csv")
```

运行上述程序后，即读取了案例数据集，我们可以查看数据集的前五个样本，代码如下所示。

```
titanic_train.head()#前 5 个样本
titanic_test.head()
```

运行程序后，结果如图 11.1 和图 11.2 所示。

	PassengerId	Survived	Pclass	Name	Sex	Age	SibSp	Parch	Ticket	Fare	Cabin	Embarked
0	1	0	3	Braund, Mr. Owen Harris	male	22.0	1	0	A/5 21171	7.2500	NaN	S
1	2	1	1	Cumings, Mrs. John Bradley (Florence Briggs Th...	female	38.0	1	0	PC 17599	71.2833	C85	C
2	3	1	3	Heikkinen, Miss. Laina	female	26.0	0	0	STON/O2. 3101282	7.9250	NaN	S
3	4	1	1	Futrelle, Mrs. Jacques Heath (Lily May Peel)	female	35.0	1	0	113803	53.1000	C123	S
4	5	0	3	Allen, Mr. William Henry	male	35.0	0	0	373450	8.0500	NaN	S

图 11.1　train 数据集的前 5 个样本

	PassengerId	Pclass	Name	Sex	Age	SibSp	Parch	Ticket	Fare	Cabin	Embarked
0	892	3	Kelly, Mr. James	male	34.5	0	0	330911	7.8292	NaN	Q
1	893	3	Wilkes, Mrs. James (Ellen Needs)	female	47.0	1	0	363272	7.0000	NaN	S
2	894	2	Myles, Mr. Thomas Francis	male	62.0	0	0	240276	9.6875	NaN	Q
3	895	3	Wirz, Mr. Albert	male	27.0	0	0	315154	8.6625	NaN	S
4	896	3	Hirvonen, Mrs. Alexander (Helga E Lindqvist)	female	22.0	1	1	3101298	12.2875	NaN	S

图 11.2　test 数据集的前 5 个样本

11.2.3　数据探索

1. 描述性统计分析

首先，我们对数据集进行描述性分析，探索数据集的变量特性，表 11.1 中给出了数据集变量的基本描述，需要进一步区分变量的类型等信息。

- 分类型变量：Survived、Sex、Embarked、Pclass。
- 数值型变量：Age、Fare、SibSp、Parch。

下一步，我们获取数据集的基本信息，代码如下所示。

```
titanic_train.info()
titanic_test.info()
```

运行上述程序，结果如图 11.3 和图 11.4 所示，其中 train 数据集有 891 个样本，test 数据集有 418 个样本，其中变量 Age、Cabin、Fare 和 Embarked 存在缺失值，后续需要特别处理。

```
<class 'pandas.core.frame.DataFrame'>
RangeIndex: 891 entries, 0 to 890
Data columns (total 12 columns):
PassengerId    891 non-null int64
Survived       891 non-null int64
Pclass         891 non-null int64
Name           891 non-null object
Sex            891 non-null object
Age            714 non-null float64
SibSp          891 non-null int64
Parch          891 non-null int64
Ticket         891 non-null object
Fare           891 non-null float64
Cabin          204 non-null object
Embarked       889 non-null object
dtypes: float64(2), int64(5), object(5)
memory usage: 83.6+ KB
```

图 11.3　train 数据集的基本信息

```
<class 'pandas.core.frame.DataFrame'>
RangeIndex: 418 entries, 0 to 417
Data columns (total 11 columns):
PassengerId    418 non-null int64
Pclass         418 non-null int64
Name           418 non-null object
Sex            418 non-null object
Age            332 non-null float64
SibSp          418 non-null int64
Parch          418 non-null int64
Ticket         418 non-null object
Fare           417 non-null float64
Cabin          91 non-null object
Embarked       418 non-null object
dtypes: float64(2), int64(4), object(5)
memory usage: 36.0+ KB
```

图 11.4　test 数据集的基本信息

下面我们统计数据集 train 的部分统计信息，代码如下所示。

```
titanic_train.describe().T
```

运行程序，结果如图 11.5 所示，其中 train 数据集的样本总数为 891 个，占泰坦尼克号实际乘客总数（2224 人）的 40%。变量 Survived 是一个包含 0 或 1 值的分类特征，样本存活率约 38%，实际存活率为 32%，票价差异较大，有少数乘客支付了高达 512 美元的票价。

	count	mean	std	min	25%	50%	75%	max
PassengerId	891.0	446.000000	257.353842	1.00	223.5000	446.0000	668.5	891.0000
Survived	891.0	0.383838	0.486592	0.00	0.0000	0.0000	1.0	1.0000
Pclass	891.0	2.308642	0.836071	1.00	2.0000	3.0000	3.0	3.0000
Age	714.0	29.699118	14.526497	0.42	20.1250	28.0000	38.0	80.0000
SibSp	891.0	0.523008	1.102743	0.00	0.0000	0.0000	1.0	8.0000
Parch	891.0	0.381594	0.806057	0.00	0.0000	0.0000	0.0	6.0000
Fare	891.0	32.204208	49.693429	0.00	7.9104	14.4542	31.0	512.3292

图 11.5　train 数据集的部分统计信息

我们进一步分析分类型变量的分布特征，代码如下所示。

```
titanic_train.describe(include=['O']).T
```

运行程序，结果如图 11.6 所示，其中乘客的姓名在 train 数据集中是唯一的，其中 65% 为男性（577/891），有几名乘客共用一个舱室的情况。登船口有 3 个，大多数乘客使用的 S 入口登船。

	count	unique	top	freq
Name	891	891	Montvila, Rev. Juozas	1
Sex	891	2	male	577
Ticket	891	681	347082	7
Cabin	204	147	B96 B98	4
Embarked	889	3	S	644

图 11.6　分类型变量的统计结果

2. 交叉分析

更进一步，我们对变量 Survived 与其他变量进行交叉分析，首先是乘客所在的船层 Pclass 与 Survived 的关系，代码如下所示。

```
titanic_train[['Pclass', 'Survived']].groupby(['Pclass'],
as_index=False).mean().sort_values(by='Survived', ascending=False)
```

运行上述程序，结果如图 11.7 所示，从结果可知，在第 1 层的乘客生还率高达 62.96%，第 3 层的乘客生还率仅有 24.24%。

同理我们对性别 Sex 进行同样的分析，代码如下所示。

```
titanic_train[["Sex", "Survived"]].groupby(['Sex'],
as_index=False).mean().sort_values(by='Survived', ascending=False)
```

运行上述程序，结果如图 11.8 所示，女性乘客的生还率达 74.2%。

	Pclass	Survived
0	1	0.629630
1	2	0.472826
2	3	0.242363

	Sex	Survived
0	female	0.742038
1	male	0.188908

图 11.7　变量 Pclass 与 Survived 的交叉分布　　图 11.8　变量 Sex 与 Survived 的交叉分布

其他变量的交叉分析方法与上述一致，在此不再赘述。

3. 数据可视化分析

除了上述对数据集进行描述性统计分析与变量的交叉分析之外，我们还需要对变量进行可视化分析，以便确定变量的分布情况，查看变量是否有特殊分布的情况存在。

首先，我们绘制变量 Age 的直方图，代码如下所示。

```
import seaborn as sns
import matplotlib.pyplot as plt
age_map = sns.FacetGrid(titanic_train, col='Survived')
age_map.map(plt.hist, 'Age', bins=20)
```

运行上述程序，结果如图 11.9 所示，从数据的分布情况可以看出，4 岁以下的婴儿存活率较高，大量 15~25 岁的人没有活下来，且大多数乘客的年龄在 15~35 岁之间。

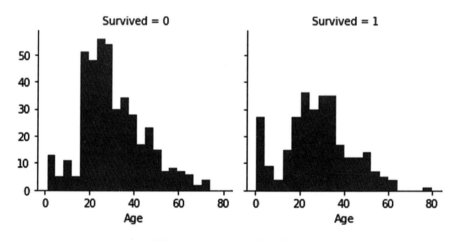

图 11.9　变量 Age 的直方图

进一步，我们绘制不同船层的乘客的分布情况，代码如下所示。

```
grid = sns.FacetGrid(titanic_train, col='Survived',
row='Pclass', height=2.2, aspect=1.6)
grid.map(plt.hist, 'Age', alpha=.5, bins=20)
grid.add_legend()
```

运行程序，结果如图 11.10 所示，从数据分布的结果可知，在第 3 船层中，有大量的乘客没有生还，在第 1 船层的乘客大部分生还。

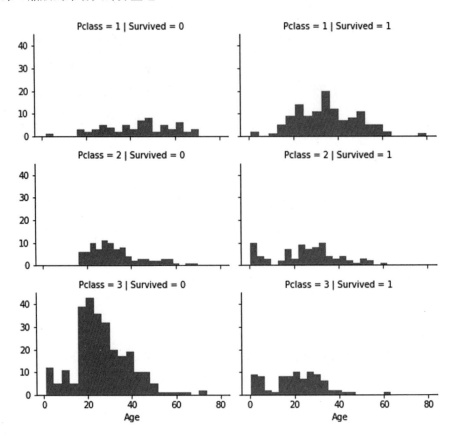

图 11.10　不同船层的乘客的分布情况

其他变量的数据分布分析方法与上述一致，在此不再赘述。

11.2.4　特征工程

数据探索完成之后，下一步需要对数据集的原始变量进行衍生，即进行特征工程的处理，比如分类型变量需要衍生为数值型变量，以便进入模型中进行训练。

对变量 Sex 进行衍生，由分类型变量衍生为数值型变量，代码如下所示。

```
combine = [titanic_train, titanic_test]
for dataset in combine:
    dataset['Sex'] = dataset['Sex'].map( {'female': 1,
'male': 0} ).astype(int)
titanic_train.head()
```

运行程序，结果如图 11.11 所示，变量 Sex 已经衍生为数值型变量。

	PassengerId	Survived	Pclass	Name	Sex	Age	SibSp	Parch	Ticket	Fare	Cabin	Embarked
0	1	0	3	Braund, Mr. Owen Harris	0	22.0	1	0	A/5 21171	7.2500	NaN	S
1	2	1	1	Cumings, Mrs. John Bradley (Florence Briggs Th...	1	38.0	1	0	PC 17599	71.2833	C85	C
2	3	1	3	Heikkinen, Miss. Laina	1	26.0	0	0	STON/O2. 3101282	7.9250	NaN	S
3	4	1	1	Futrelle, Mrs. Jacques Heath (Lily May Peel)	1	35.0	1	0	113803	53.1000	C123	S
4	5	0	3	Allen, Mr. William Henry	0	35.0	0	0	373450	8.0500	NaN	S

图 11.11 变量 Sex 衍生后的数据集

进一步，需要对存在缺失值的变量进行缺失值的填充或者直接删除变量，这里我们对变量 Age、Embarked 和 Fare 进行缺失值的替换，变量 Cabin 直接删除，代码如下所示。

```
#缺失值填充
for dataset in combine:
    dataset['Age'].fillna(dataset['Age'].median(), inplace = True)
    dataset['Embarked'].fillna(dataset['Embarked'].mode()[0],
    inplace = True)
    dataset['Fare'].fillna(dataset['Fare'].median(), inplace = True)
titanic_train.drop(['PassengerId','Cabin', 'Ticket'], axis=1,
inplace = True)
titanic_train.info()
titanic_test.info()
```

运行上述程序后的结果如图 11.12 和图 11.13 所示。

```
<class 'pandas.core.frame.DataFrame'>
RangeIndex: 891 entries, 0 to 890
Data columns (total 9 columns):
Survived    891 non-null int64
Pclass      891 non-null int64
Name        891 non-null object
Sex         891 non-null int32
Age         891 non-null float64
SibSp       891 non-null int64
Parch       891 non-null int64
Fare        891 non-null float64
Embarked    891 non-null object
dtypes: float64(2), int32(1), int64(4), object(2)
memory usage: 59.2+ KB
```

图 11.12 titanic_train 数据集的信息

```
<class 'pandas.core.frame.DataFrame'>
RangeIndex: 418 entries, 0 to 417
Data columns (total 11 columns):
PassengerId    418 non-null int64
Pclass         418 non-null int64
Name           418 non-null object
Sex            418 non-null int32
Age            418 non-null float64
SibSp          418 non-null int64
Parch          418 non-null int64
Ticket         418 non-null object
Fare           418 non-null float64
Cabin          91 non-null object
Embarked       418 non-null object
dtypes: float64(2), int32(1), int64(4), object(4)
memory usage: 34.4+ KB
```

图 11.13　titanic_test 数据集的信息

再进一步，我们衍生出家庭成员数量、是否独自一人以及年龄、船票的分段，代码如下所示。

```
for dataset in combine:
    dataset['FamilySize'] = dataset ['SibSp'] + dataset['Parch'] + 1
    dataset['IsAlone'] = 1
    dataset['IsAlone'].loc[dataset['FamilySize'] > 1] = 0
    dataset['FareBin'] = pd.qcut(dataset['Fare'], 4)
    dataset['AgeBin'] = pd.cut(dataset['Age'].astype(int), 5)
```

运行上述程序，结果如图 11.14 所示。

	Survived	Pclass	Name	Sex	Age	SibSp	Parch	Fare	Embarked	FamilySize	IsAlone	FareBin	AgeBin
0	0	3	Braund, Mr. Owen Harris	0	22.0	1	0	7.2500	S	2	0	(-0.001, 7.91]	(16.0, 32.0]
1	1	1	Cumings, Mrs. John Bradley (Florence Briggs Th...	1	38.0	1	0	71.2833	C	2	0	(31.0, 512.329]	(32.0, 48.0]
2	1	3	Heikkinen, Miss. Laina	1	26.0	0	0	7.9250	S	1	1	(7.91, 14.454]	(16.0, 32.0]
3	1	1	Futrelle, Mrs. Jacques Heath (Lily May Peel)	1	35.0	1	0	53.1000	S	2	0	(31.0, 512.329]	(32.0, 48.0]
4	0	3	Allen, Mr. William Henry	0	35.0	0	0	8.0500	S	1	1	(7.91, 14.454]	(32.0, 48.0]

图 11.14　titanic_test 数据集衍生后的信息

对年龄、船票进行分段之后，我们需要对其进行编码，使得其衍生为能进入模型拟合的数值型变量。

```
from sklearn.preprocessing import OneHotEncoder, LabelEncoder
label = LabelEncoder()
for dataset in data_cleaner:
    dataset['Sex_Code'] = label.fit_transform(dataset['Sex'])
    dataset['Embarked_Code'] =
label.fit_transform(dataset['Embarked'])
    dataset['AgeBin_Code'] = label.fit_transform(dataset['AgeBin'])
```

```
    dataset['FareBin_Code'] =
label.fit_transform(dataset['FareBin'])
titanic_train.head()
```

运行上述程序，结果如图 11.15 所示。

Survived	Pclass	Name	Sex	Age	SibSp	Parch	Fare	Embarked	Family Size	IsAlone	FareBin	AgeBin	Embarked_Code	AgeBin_Code	FareBin_Code
0	3	Braund, Mr. Owen Harris	0	22.0	1	0	7.2500	S	2	0	(-0.001, 7.91]	(16.0, 32.0]	2	1	0
1	1	Cumings, Mrs. John Bradley (Florence Briggs Th...	1	38.0	1	0	71.2833	C	2	0	(31.0, 512.329]	(32.0, 48.0]	0	2	3
1	3	Heikkinen, Miss. Laina	1	26.0	0	0	7.9250	S	1	1	(7.91, 14.454]	(16.0, 32.0]	2	1	1
1	1	Futrelle, Mrs. Jacques Heath (Lily May Peel)	1	35.0	1	0	53.1000	S	2	0	(31.0, 512.329]	(32.0, 48.0]	2	2	3
0	3	Allen, Mr. William Henry	0	35.0	0	0	8.0500	S	1	1	(7.91, 14.454]	(32.0, 48.0]	2	2	1

图 11.15　编码后的数据集

11.2.5　模型开发

处理完特征工程以后，下一步开始进行模型开发，首先我们对数据集进行分割，代码如下所示。

```
Target = ['Survived']
titanic_train_x_bin = ['Sex','Pclass', 'Embarked_Code', 'FamilySize', 'AgeBin_Code',
'FareBin_Code']
titanic_train_xy_bin = Target + titanic_train_x_bin
print('Bin X Y: ', titanic_train_xy_bin, '\n')
#Model Algorithms
from sklearn import linear_model
#Common Model Helpers
from sklearn.preprocessing import OneHotEncoder, LabelEncoder
from sklearn import feature_selection
from sklearn import model_selection
from sklearn import metrics
#Visualization
import matplotlib as mpl
import matplotlib.pyplot as plt
import matplotlib.pylab as pylab
import seaborn as sns
train1_x_bin,test1_x_bin,train1_y_bin,test1_y_bin =
model_selection.train_test_split(
titanic_train[titanic_train_x_bin],titanic_train[Target],
test_size=0.3,random_state = 0)
```

```
print("Data1 Shape: {}".format(titanic_train.shape))
print("Train1 Shape: {}".format(train1_x_bin.shape))
print("Test1 Shape: {}".format(test1_x_bin.shape))
train1_x_bin.head()
```

运行上述程序，结果如下所示，其中原始训练集样本个数为 891 个，分割数据集之后，训练集 623 个样本，测试集 268 个样本。

```
Data1 Shape: (891, 16)
Train1 Shape: (623, 6)
Test1 Shape: (268, 6)
```

然后，即可直接调用 Logistic 回归模型进行摸训练，代码如下所示。

```
logreg = linear_model.LogisticRegression()
logreg.fit(train1_x_bin, train1_y_bin)
Y_pred = logreg.predict(test1_x_bin)
```

获取所拟合模型的截距和参数，代码如下所示。

```
print(logreg.intercept_) # 截距
coef=pd.DataFrame(logreg.coef_).T  # 参数
columns=pd.DataFrame(train1_x_bin.columns,columns=['A'])
result = pd.concat([columns,coef], axis=1)
result = result.rename(columns={'A': 'Attribute',
0: 'Coefficients'})
result
```

运行上述程序，结果如下所示，模型的截距为 1.2772，图 11.16 给出的是模型估计系数。

```
1.27724196
```

	Attribute	Coefficients
0	Sex	2.601103
1	Pclass	-0.723418
2	Embarked_Code	-0.222775
3	FamilySize	-0.309624
4	AgeBin_Code	-0.507732
5	FareBin_Code	0.307173

图 11.16　参数估计结果

11.2.6　模型评估

模型训练结束后，我们需要对所训练的模型进行评估，以确定所得到的模型是否可用，性能是否能达到业务要求，首先我们可以打印出训练数据集上的准确率，代码如下所示。

```
acc_train = round(logreg.score(train1_x_bin, train1_y_bin) * 100, 2)
acc_train
```

运行上述程序，结果如下所示，模型的准确率为 78.49%。

```
78.49
```

接着我们打印出测试数据集上的模型性能，代码如下所示。

```
# View summary of common classification metrics
print("----------------------Metrices--------------------")
print(metrics.classification_report(y_true = test1_y_bin,
y_pred = Y_pred))
```

运行上述程序，结果如图 11.17 所示，模型的准确率为 78%，生存样本的召回率为 73%。

	precision	recall	f1-score	support
0	0.84	0.84	0.84	168
1	0.73	0.73	0.73	100
accuracy			0.80	268
macro avg	0.78	0.78	0.78	268
weighted avg	0.80	0.80	0.80	268

图 11.17　测试数据集上的模型性能

最后，我们绘制模型在测试集上的 ROC 曲线，并计算 ROC 曲线下方的面积，需要调用 matplotlib 库，代码如下所示。

```
from sklearn.metrics import roc_curve, auc
import matplotlib.pyplot as plt
probs = logreg.predict_proba(test1_x_bin)
preds = probs[:,1]
#---find the FPR, TPR, and threshold---
fpr, tpr, threshold = roc_curve(test1_y_bin, preds)
#---find the area under the curve---
roc_auc = auc(fpr, tpr)
plt.plot(fpr, tpr, 'b', label = 'AUC = %0.2f' % roc_auc)
plt.plot([0, 1], [0, 1],'r--')
plt.xlim([0, 1])
plt.ylim([0, 1])
plt.ylabel('True Positive Rate (TPR)')
plt.xlabel('False Positive Rate (FPR)')
plt.title('Receiver Operating Characteristic (ROC)')
plt.legend(loc = 'lower right')
plt.show()
```

运行上述程序，结果如图 11.18 所示，从图中可以得知，模型的 AUC 等于 0.86。

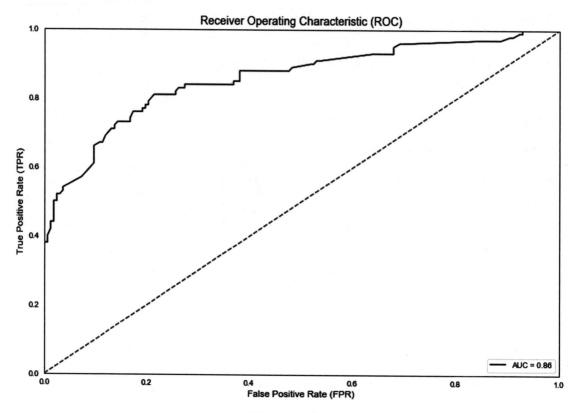

图 11.18　测试集上的模型 ROC 曲线

第十二章
决策树

在本章中我们将讨论一个简单的、非线性的分类和回归任务模型：决策树。首先我们将介绍决策树模型的基本理论，然后使用决策树来构建一个产品推荐系统，它可以学习将适合的产品推荐给适合的客户。

12.1 决策树介绍

决策树是模拟决策的树状图，决策树一般都是自上而下地来生成的，每个决策或事件（自然状态）都可能引出两个或多个事件，导致不同的结果，把这种决策分支画成图形很像一棵树的枝干，故称决策树。

决策树的一般分类过程如下。

● 在树根处从样本数据观测值中选择一个目标变量（比如营销活动中是否购买产品），以及用来分割样本观测的输入变量（比如客户的年龄）。

● 然后在树枝上逐一选择输入变量，对目标变量进行分割，并且计算衡量同一类别中样本同质性和不同类别中样本异质性的指标（比如基尼系数等），选择能够最大化类间异质性和类中同质性的分类，所有输入变量的分组结束之后，选择其中某一个能够最大化类间异质性和类中同质性的输入变量，将其作为树枝上的分类规则，把样本分割到不同的内部节点。

● 然后在每一个内部节点上重复上一步骤，直到所有的内部节点只包含同一类样本为止，将最后的节点作为树叶。

逻辑回归模型对数据整体结构的分析优于决策树模型，而决策树模型对数据局部结构的分析要优于逻辑回归模型，相比逻辑回归模型，决策树主要有如下几个优点：

● 可生成可以理解的规则；

● 计算量相对来说不是很大；

● 可以处理连续和分类型字段；

● 决策树可以清晰地显示哪些字段比较重要。

但是决策树模型也有如下缺点：

● 对连续性的字段比较难预测；

● 对有时间顺序的数据，需要进行衍生处理；

● 当类别太多时，错误可能就会增加得比较快。

决策树模型具有广泛的应用，比如判断是否购买产品、是否违约、是否为高价值客户，再如某客户群的群体特征、特殊客户群的识别等。本章中，我们将通过实际案例来说明决策树的具体应用。

决策树根据特定的算法，如卡方检验（Chi-square test）、最大熵减少量（Entropy reduction）、基尼系数减少量（Gini reduction）等，自动从样本中收集信息，从树根开始，不断选取新的变量来分割样本，直到所有内部节点中的样本都被区分到某个类别之中。下面详细介绍一下决策树的一般分类过程。

首先，在树根处从样本数据观测值中选择一个目标变量，比如本文案例中的客户是否购买产品，以及来分割样本观测的输入变量（Input），然后在树枝上逐一选择输入变量，对目标变量进行分离，并且计算衡量同一分类中样本同质性和不同分类中样本异质性的指标，选择能够最大化类间异质性和类中同质性的分类，所有输入变量的分组结束之后，选择其中某一个能够最大化类间异质性和类中同质性的输入变量，将其作为树枝上的分类规则，把样本分割到不同的内部节点，然后在每一个内部节点上重复上一步骤，直到所有的内部节点只包含同一类样本为止，将最后的节点作为树叶。

目前来说，最常用的决策树算法主要有 CHAID、CART、ID3 和 C4.5 算法，这些决策树算法的具体细节在此不再详细叙述，感兴趣的读者可以参考相关书籍了解。

12.2　案例分析——金融产品推荐

12.2.1　业务背景

随着我国市场经济的发展，企业之间的竞争加剧，市场环境变化多端，在资源有限、客户每天接收海量广告、新闻、产品信息的情况下，大众化、全覆盖、不计成本的营销再也无法满足企业的发展需求，这必然导致销售服务方式从标准化、大众化向精准化、个性化转变，从产品驱动向客户驱动转型。企业之所以需要精准营销，是因为精准营销更有针对性，更一针见血，更能高效捕捉目标客户、降低企业运营成本。精准营销活动不仅可以提升客户的满意度，增强客户对公司的忠诚度，而且可以降低客户获取费用，增加营销活动投资回报率，直接带来企业效益的增加。

12.2.2　数据说明

本案例选取 UCI（University of California Irvine）机器学习库中的银行产品营销数据集，这些数据与银行机构的直接营销活动有关，这些直接营销活动是以电话为基础的，通常来说，银行机构的客服人员至少需要联系一次客户来得知客户是否将认购银行的产品（定期存款），因此，与该数据集对应的任务是分类任务，而分类目标是预测客户是否认购定期存款（变量 deposit）。

首先我们导入数据，代码如下所示。

```
import pandas as pd
import numpy as np
import matplotlib.pyplot as plt
import seaborn as sns
from sklearn import datasets
from io import StringIO
from sklearn.tree import export_graphviz
from sklearn.model_selection import train_test_split
from sklearn import tree
from sklearn import metrics
%matplotlib inline
bank=pd.read_csv('D:/Pythondata/data/bank.csv')
```

```
bank.head()
```

运行上述程序，结果如图 12.1 所示。

	age	job	marital	education	default	balance	housing	loan	contact	day	month	duration	campaign	pdays	previous	poutcome	deposit
0	59	admin.	married	secondary	no	2343	yes	no	unknown	5	may	1042	1	-1	0	unknown	yes
1	56	admin.	married	secondary	no	45	no	no	unknown	5	may	1467	1	-1	0	unknown	yes
2	41	technician	married	secondary	no	1270	yes	no	unknown	5	may	1389	1	-1	0	unknown	yes
3	55	services	married	secondary	no	2476	yes	no	unknown	5	may	579	1	-1	0	unknown	yes
4	54	admin.	married	tertiary	no	184	no	no	unknown	5	may	673	2	-1	0	unknown	yes

图 12.1　数据集的前 5 个样本

接着，我们查看数据集的变量情况，代码如下所示。

```
bank.info()
```

运行上述程序，结果如表 12.1 所示，表中给出了数据集的名称，观测样本数为 11162 个，变量有 17 个，变量的解释说明如表 12.2 所示。

表 12.1　数据集描述

数据集名	BANKING	观测	11162
成员类型	DATA	变量	17

表 12.2　数据集的字段说明

变量	类型	说明
age	数值	年龄
balance	数值	余额
campaign	数值	本次活动期间联系的客户数量
contact	字符	联系沟通类型（电话，手机，未知）
day	字符	最后联系的日期是周几
default	字符	信用违约（是，否）
deposit	数值	客户是否投资定期存款（是，否）
duration	数值	最后一次联系持续的时间（秒）
education	字符	教育水平（初等，中等，高等，未知）
housing	字符	住房贷款（是，否）
job	字符	工作类型（行政人员，管理人员，保姆，企业家等）

续表

变量	类型	说明
loan	字符	个人贷款（是，否）
marital	字符	婚姻状况（已婚，离婚，单身）
month	字符	本年最后联系月（1~12）
pdays	数值	在以前的活动中客户最后一次被联系到现在的天数
poutcome	字符	以前营销活动的结果（未知，其他，失败，成功）
previous	数值	这次活动之前联系的客户数量

12.2.3 项目目标

根据客户的背景信息及历史营销服务交互的信息，去预测客户对新产品的接受概率，并根据预测的概率来筛选可能购买产品的客户群，有针对性地对此客户群进行营销服务，从而降低成本，提高营销效率。

12.2.4 数据探索

1. 缺失值分析

首先，我们查看数据集的各个变量是否存在缺失值的情况，代码如下所示。

```
bank[bank.isnull().any(axis=1)].count()
```

运行程序，结果如下所示，从结果可以看出，所有变量均没有缺失值。

```
age            0
job            0
marital        0
education      0
default        0
balance        0
housing        0
loan           0
contact        0
day            0
month          0
duration       0
campaign       0
pdays          0
previous       0
poutcome       0
deposit        0
dtype: int64
```

2. 数值型变量描述性统计分析

接着，我们查看数值型变量的描述性统计量，代码如下所示。

```
bank.describe().T
```

运行上述程序，结果如图 12.2 所示。其中变量 age 的均值为 41.23，标准差为 11.91，最小年龄为 18 岁，最大年龄为 95 岁，下面我们再通过绘制各个变量的图形来观察是否存在极端值的情况。

	count	mean	std	min	25%	50%	75%	max
age	11162.0	41.231948	11.913369	18.0	32.0	39.0	49.00	95.0
balance	11162.0	1528.538524	3225.413326	-6847.0	122.0	550.0	1708.00	81204.0
day	11162.0	15.658036	8.420740	1.0	8.0	15.0	22.00	31.0
duration	11162.0	371.993818	347.128386	2.0	138.0	255.0	496.00	3881.0
campaign	11162.0	2.508421	2.722077	1.0	1.0	2.0	3.00	63.0
pdays	11162.0	51.330407	108.758282	-1.0	-1.0	-1.0	20.75	854.0
previous	11162.0	0.832557	2.292007	0.0	0.0	0.0	1.00	58.0

图 12.2　数值型变量的描述性统计量

绘制变量直方图和箱图的代码如下所示，我们以变量 age 为例来说明。

```
# 直方图
plt.hist(bank.age,bins=10)
plt.show()
# 箱图
sns.boxplot(x=bank["age"])
```

运行上述程序，结果如图 12.3 和图 12.4 所示，从直方图和箱图的数据分布来看，age 的最大值为 95，很明显变量 age 存在极端值的情况。

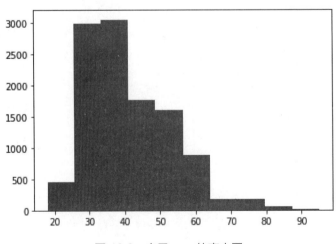

图 12.3　变量 age 的直方图

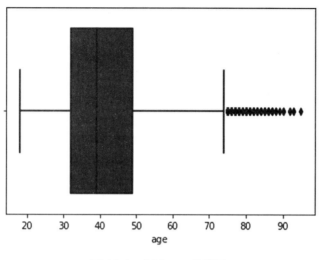

图 12.4　变量 age 的箱图

同样，我们可以绘制其他变量的直方图和箱图，以查看数据的分布是否存在异常的情况，代码如下所示。

```
sns.boxplot(x=bank["duration"])
sns.distplot(bank.duration, bins=20)
plt.hist(bank.balance,bins=100)
plt.show()
sns.boxplot(x=bank["balance"])
```

运行上述程序，结果如图 12.5、图 12.6、图 12.7 和图 12.8 所示，从数据分布情况来看，变量的分布基本上都是向左倾斜的，通过箱图也可以观察到有部分数据在第三分位点之上，理论上讲，这些都是离群值，需要对其进行特殊处理。

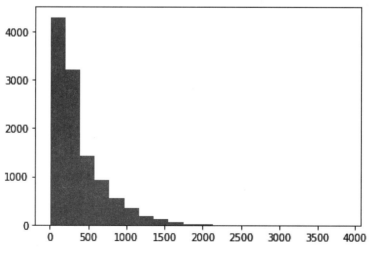

图 12.5　变量 duration 的直方图

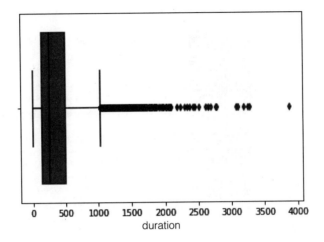

图 12.6　变量 duration 的箱图

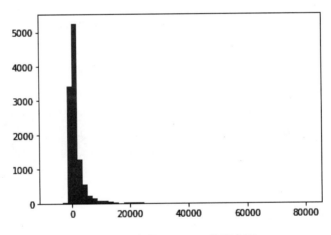

图 12.7　变量 balance 的直方图

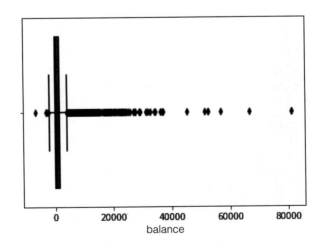

图 12.8　变量 balance 的箱图

3. 字符型变量的频数分析

数据集中存在部分字符型变量，比如 job、marital、education、default 等，我们需要对其分布进行分析。

首先我们分析变量 poutcome 的频数分布情况，代码如下所示。

```
bank_data = bank.copy()
bank_data.poutcome.value_counts()
```

运行程序，结果如下所示，其中 unknown 和 other 分别有 8326 和 537 个样本，需要进行合并。

```
unknown    8326
failure    1228
success    1071
other       537
Name: poutcome, dtype: int64
```

然后，我们查看变量 job 的分布情况，代码如下所示。

```
bank_data.job.value_counts()
```

运行程序，结果如下所示，由于工作类型较多，建议对工作类型相似的进行合并，比如 retired、student、unemployed、unknown 可以合并为 other，management、admin 合并为 white-collar，housemaid、services 合并为 pink-collar。

```
management      2566
blue-collar     1944
technician      1823
admin           1334
services         923
retired          778
self-employed    405
student          360
unemployed       357
entrepreneur     328
housemaid        274
unknown           70
Name: job, dtype: int64
```

我们进一步查看变量 education、marital 与 contact 的频数分布，代码如下所示。

```
bank_data.contact.value_counts()
bank_data.education.value_counts()
bank_data.marital.value_counts()
```

运行上述程序，结果如下所示，其中变量 contact 为 unknow 的有 2346 个样本，education 为 unknow 的有 497 个样本。

```
married    6351
single     3518
```

```
divorced    1293
Name: marital, dtype: int64
cellular    8042
unknown     2346
telephone    774
Name: contact, dtype: int64
secondary   5476
tertiary    3689
primary     1500
unknown      497
Name: education, dtype: int64
```

12.2.5　特征工程

数据探索之后，由于部分变量需要进行预处理，才能进入模型进行训练，因此需对原始变量进行特征工程的处理。

1. 变量的 0-1 转换

变量 default、housing、loan 和 deposit 需要转换为 0-1 变量，变为数值型变量才能进行模型训练，转换的代码如下所示。

```
#default 变量转换为 0-1 型，并删除原始变量 default
bank_data['default_cat'] = bank_data['default'].map( {'yes':1,
 'no':0} )
bank_data.drop('default', axis=1,inplace = True)
#housing 变量转换为 0-1 型，并删除原始变量 housing
bank_data["housing_cat"]=bank_data['housing'].map({'yes':1,
 'no':0})
bank_data.drop('housing', axis=1,inplace = True)
#loan 变量转换为 0-1 型，并删除原始变量 loan
bank_data["loan_cat"] = bank_data['loan'].map({'yes':1, 'no':0})
bank_data.drop('loan', axis=1, inplace=True)
# 变量 "deposit" 转换为 0-1 型，并删除原始变量
bank_data["deposit_cat"] = bank_data['deposit'].map({'yes':1,
 'no':0})
bank_data.drop('deposit', axis=1, inplace=True)
```

运行上述程序，结果如图 12.9 所示。

	0	1	2	3	4
age	59	56	41	55	54
job	admin.	admin.	technician	services	admin.
marital	married	married	married	married	married
education	secondary	secondary	secondary	secondary	tertiary
balance	2343	45	1270	2476	184
contact	unknown	unknown	unknown	unknown	unknown
day	5	5	5	5	5
month	may	may	may	may	may
duration	1042	1467	1389	579	673
campaign	1	1	1	1	2
pdays	-1	-1	-1	-1	-1
previous	0	0	0	0	0
poutcome	unknown	unknown	unknown	unknown	unknown
default_cat	0	0	0	0	0
housing_cat	1	0	1	1	0
loan_cat	0	0	0	0	0
deposit_cat	1	1	1	1	1

图 12.9 部分变量转换为 0-1 型变量后的数据集前 5 个样本

2. 样本合并

部分变量需要把相似的样本合并，比如变量 job 和 poutcome，合并代码如下所示。

```
# 合并相似的 job 为同一类别
bank['job'] = bank['job'].replace(['management','admin.'],
'white-collar')
bank['job'] = bank['job'].replace(['housemaid','services'],
'pink-collar')
bank['job'] = bank['job'].replace(['retired','student',
'unemployed','unknown'],'other')
# 营销结果变量 poutcome 总的 other 转换为 unknown
bank_data['poutcome'] = bank_data['poutcome'].
replace(['other'] , 'unknown')
```

运行程序后的结果如图 12.10 所示。

	0	1	2	3	4
age	59	56	41	55	54
job	admin.	admin.	technician	services	admin.
marital	married	married	married	married	married
education	secondary	secondary	secondary	secondary	tertiary
balance	2343	45	1270	2476	184
contact	unknown	unknown	unknown	unknown	unknown
day	5	5	5	5	5
month	may	may	may	may	may
duration	1042	1467	1389	579	673
campaign	1	1	1	1	2
pdays	-1	-1	-1	-1	-1
previous	0	0	0	0	0
poutcome	unknown	unknown	unknown	unknown	unknown
default_cat	0	0	0	0	0
housing_cat	1	0	1	1	0
loan_cat	0	0	0	0	0
deposit_cat	1	1	1	1	1

图 12.10　数据集的前 5 个样本

3. 删除变量

变量 day 和 month 直接删除，代码如下所示。

```
# 删除 'month' and 'day' 变量
bank_data.drop('month', axis=1, inplace=True)
bank_data.drop('day', axis=1, inplace=True)
```

运行代码后的结果如图 12.11 所示。

	age	job	marital	education	balance	contact	duration	campaign	pdays	previous	poutcome	default_cat	housing_cat	loan_cat	deposit_cat
0	59	admin.	married	secondary	2343	unknown	1042	1	-1	0	unknown	0	1	0	1
1	56	admin.	married	secondary	45	unknown	1467	1	-1	0	unknown	0	0	0	1
2	41	technician	married	secondary	1270	unknown	1389	1	-1	0	unknown	0	1	0	1
3	55	services	married	secondary	2476	unknown	579	1	-1	0	unknown	0	1	0	1
4	54	admin.	married	tertiary	184	unknown	673	2	-1	0	unknown	0	0	0	1

图 12.11　删除变量后的数据集前 5 个样本

4. 特殊变量衍生

变量 pdays 表示在以前的活动中客户最后一次被联系到现在的天数，观察变量可知，存在取值为 -1 的情况，pdays 取值 -1 表示从没有联系过，所以需要从业务上对 -1 进行处理。

```
print("Pdays 取值为 -1 的样本数 ", len(bank_data[bank_data.pdays==-1]))
print("Padys 的最大值 :", bank_data['pdays'].max())
```

运行上述程序，可知变量 pdays 的最大值为 854，所以需要把 -1 转换为足够大的数值，表示客户从没有被联系过，转换的代码如下所示。

```
bank_data.loc[bank_data['pdays'] == -1, 'pdays'] = 10000
bank_data.head()
```

运行上述程序，结果如图 12.12 所示。

	age	job	marital	education	balance	contact	duration	campaign	pdays	previous	poutcome	default_cat	housing_cat	loan_cat	deposit_cat
0	59	admin.	married	secondary	2343	unknown	1042	1	10000	0	unknown	0	1	0	1
1	56	admin.	married	secondary	45	unknown	1467	1	10000	0	unknown	0	0	0	1
2	41	technician	married	secondary	1270	unknown	1389	1	10000	0	unknown	0	1	0	1
3	55	services	married	secondary	2476	unknown	579	1	10000	0	unknown	0	1	0	1
4	54	admin.	married	tertiary	184	unknown	673	2	10000	0	unknown	0	0	0	1

图 12.12 变量 pdays 衍生后的数据集前 5 个样本

5. 哑变量处理

由于变量 job、marital、education、contact 和 poutcome 是字符型的分类变量，在进入模型之前，需要对其进行哑变量处理，处理的代码如下所示。

```
bank_with_dummies = pd.get_dummies(data=bank_data,
columns = ['job', 'marital', 'education', 'contact','poutcome'],
prefix = ['job', 'marital', 'education','contact', 'poutcome'])
```

运行上述程序之后，各个分类变量即转换为哑变量。

12.2.6 模型开发与评估

对变量进行特征工程操作之后，就进入模型开发阶段，首先我们对各个变量进行相关性分析，代码如下所示。

```
corr = bank_with_dummies.corr()
plt.figure(figsize = (10,10))
cmap = sns.diverging_palette(220, 10, as_cmap=True)
sns.heatmap(corr, xticklabels=corr.columns.values,
yticklabels=corr.columns.values, cmap=cmap, vmax=.3,
center=0, square=True, linewidths=.5, cbar_kws={"shrink": .82})
plt.title('Correlation Matrix')
```

运行上述程序，结果如图 12.13 所示，从相关系数矩阵图中可以看出，目标变量 deposit_cat 与自变量 duration、poutcome_success、contact_cellular、housing_cat、poutcome_unknown、pdays、contact_unknown 有较强的相关性。

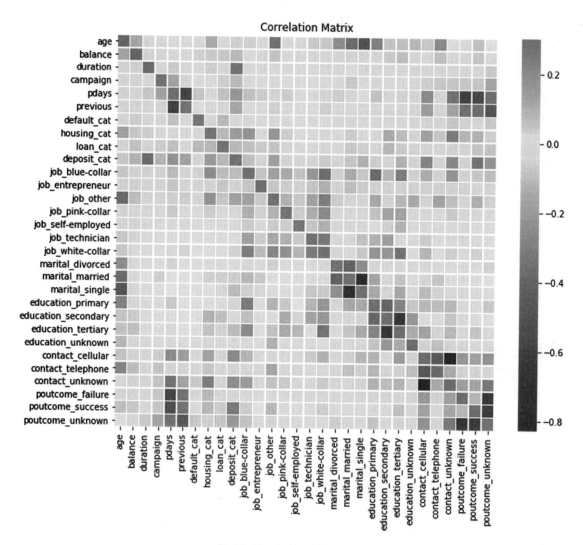

图 12.13　相关系数矩阵图

下一步对数据集进行分割，代码如下所示，其中的 30% 样本为测试集，70% 样本为训练数据。

```
bank_with_dummies_drop_deposite=bank_with_dummies.drop(
'deposit_cat', 1)
label = bank_with_dummies.deposit_cat
data_train, data_test, label_train, label_test =
train_test_split(bank_with_dummies_drop_deposite, label,
test_size = 0.3, random_state = 50)
print(data_train.shape)
print(data_test.shape)
print(label_train.shape)
```

```
print(label_test.shape)
```

运行上述程序，结果如下所示，其中训练数据集的样本数为 7813，变量数为 29，测试数据集的样本数为 3349，变量数为 29。

```
(7813, 29)
(3349, 29)
(7813,)
(3349,)
```

分割完数据集之后，就进入模型训练阶段，代码如下所示，由于我们不清楚决策树的最大深度应该设置为多少，所以对决策树的深度进行循环，计算出每一个参数的模型准确率，以便根据准确率确定决策树的最大深度。

```
from sklearn.tree import  DecisionTreeClassifier
k_plot=[]
t_plot=[]
for k in range(1,10,1):
    dt=DecisionTreeClassifier(max_depth=k,random_state=101)
    dt.fit(data_train,label_train)
    predict=dt.predict(data_test)
    accuracy_test=round(dt.score(data_test,label_test)*100,2)
    accuracy_train=round(dt.score(data_train,label_train)*100,2)
    #print(k)
    #print('train accuracy of decision tree
     classifier',accuracy_train)
    #print('test accuracy of decision tree
classifier',accuracy_test)
    k_plot.append(accuracy_test)
    t_plot.append(accuracy_train)
fig,axes=plt.subplots(1,1,figsize=(12,8))
axes.set_xticks(range(1,10,1))
plt.title("accuracy of decision tree classifier")
plt.xlabel("max_depth", color = "purple")
plt.ylabel("accuracy", color = "green")
k=range(1,10,1)
plt.plot(k,k_plot,linewidth = 3.0, linestyle = '--',marker = "o")
plt.plot(k,t_plot,'r',marker = "o",markerfacecolor = 'white')
plt.legend(['accuracy_test','accuracy_train'])
```

运行上述程序，结果如图 12.14 所示，从图中的数据可以看出，当决策树的最大深度为 5 时，训练数据集和测试数据的准确率及模型稳定性均较好。

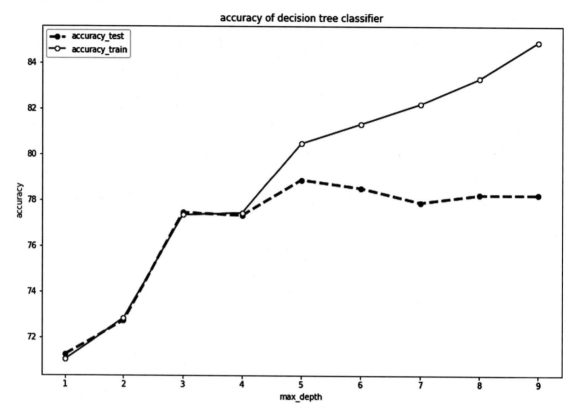

图 12.14　训练和测试数据集上的准确率变化趋势

除模型的准确率外，同样我们可以计算出模型的 AUR，具体代码如下所示。

```
# Make predictions on the test set
preds = dt.predict(data_test)
# Calculate accuracy
print("\nAccuracy score:
\n{}".format(metrics.accuracy_score(label_test, preds)))
# Make predictions on the test set using predict_proba
probs = dt.predict_proba(data_test)[:,1]
# Calculate the AUC metric
print("\nArea Under Curve: \n{}".format(metrics.roc_auc_score(label_test, probs)))
```

运行上述程序，结果如下所示，其中最大深度为 5 的决策树模型准确率为 78.23%，模型的 AUR 为 0.8433。

```
Accuracy score:
0.7823230815168707
Area Under Curve:
0.8432639549201293
```

如果我们想要查看各个叶子的决策规则，则直接导出至文档中即可，代码如下所示。

```
features = bank_with_dummies_drop_deposite.columns.tolist()
```

```
tree.export_graphviz(dt,
out_file='D:/Pythondata/data/tree_depth_5.dot',
feature_names=features)
```

12.2.7 模型应用

模型开发及测试评估完成之后，则需要进行部署，以便在业务上使用它来进行相关产品的推荐营销。这里需要注意模型应用过程中的一些问题，并不是说模型开发完成就一劳永逸了，请读者务必关注。

产品的推荐可以看作是一个典型的机器学习二分类问题，基于历史营销数据、客户交易行为、浏览行为等数据来训练模型，让模型自动学到客户购买的产品偏好，并预测客户下次购买理财产品的概率。金融理财产品种类繁多，产品迭代速度很快，客户在繁多的产品中不能快速找到适合自己的产品，因此有必要基于精准营销模型建立一个自动化推荐系统，提高给客户推荐最适合产品的效率。

另外，更加重要的是本章中的案例仅仅给大家展示了产品与客户的偏好关系，只解决了精准营销的部分问题，除了时间、地点、产品、客户等要素之外，整个市场环境的情况对产品营销，尤其是金融类产品的营销影响巨大，精准营销模型的应用效果也会跟随市场行情的波动而波动。

第十三章
主成分分析

在本章中，我们将讨论一种减少数据维度的技术，称为主成分分析。首先，数据降维可以用来缓解由维数灾难所引起的一系列问题；其次，数据降维可以用来压缩数据，并最大限度地保留数据的关键信息；最后，理解数百维乃至数千维数据的结构对我们来说会非常困难，但是二维、三维数据，则可以很容易地进行数据可视化，以便我们观察数据的结构分布。

13.1 主成分分析的数学模型

在我们实际的业务分析当中，为了全面分析问题，往往提出很多与目标问题有关的变量，因为每个变量都在不同程度上反映这个目标的某些信息，但是在用统计分析方法研究这个大规模变量时，变量个数太多就会增加研究的复杂性，我们自然希望变量个数较少而得到的信息较多。在很多情况下，变量之间是有一定的相关关系的，当两个变量之间有一定相关关系时，可以解释为这两个变量反映的信息具有一定的重叠，主成分分析是对于原先提出的所有变量，建立尽可能少的新变量，使得这些新变量是两两不相关的，而且这些新变量在反映的信息方面尽可能保持原有的信息。

13.1.1 基本原理

主成分分析的基本原理就是设法将原来的变量重新组合成一组新的互相无关的几个综合变量，同时根据实际需要从中可以取出几个较少的综合变量来尽可能多地反映原来变量信息的统计方法，这也是数学上处理数据降维的一种方法。

13.1.2 数学模型

主成分分析通常在数学上的处理就是将原来的指标作线性组合，作为新的综合指标。

首先，设某观测对象的 p 个指标为 X_1，X_2，$\cdots$，X_p，我们记 $X = [X_1, X_2, \cdots, X_p]'$，对 p 个指标 X_1，X_2，$\cdots$，X_p 作线性变换，则得：

$$\begin{cases} Y_1 = u_{11}X_1 + u_{12}X_2 + \cdots + u_{1p}X_p \\ Y_2 = u_{21}X_1 + u_{22}X_2 + \cdots + u_{2p}X_p \\ \vdots \\ Y_p = u_{p1}X_1 + u_{p2}X_2 + \cdots + u_{pp}X_p \end{cases}$$

所谓的主成分即线性组合 Y_1，Y_2，$\cdots$，Y_p，它们互不相关，且使得方差达到最大。由原始数据的协方差矩阵或相关系数矩阵，可计算出矩阵的特征值 $\lambda_1 \geq \lambda_2 \geq \cdots \geq \lambda_p$，其中 λ_1 对应 Y_1 的方差，λ_2 对应 Y_2 的方差，以此类推，就有 $Var(Y_1) \geq Var(Y_2) \geq \cdots Var(Y_p)$，将 $\lambda_m \Big/ \sum_{i=1}^{p} \lambda_i$ 称为第 m 个主成分的贡献率，由上得第 m 个主成分的贡献率即是第 m 个主成分的方差在全部方差中所占的比例，这个值越大，则表明第 m 个主成分综合 X_1，X_2，$\cdots$，X_p 的信息就越多。

我们定义前 m 个主成分的累积贡献率为 $\sum_{i=1}^{m} \lambda_i \Big/ \sum_{i=1}^{p} \lambda_i$，如果前 m 个主成分的累积贡献率达到了一定的百分比，则我们就说前 m 个主成分基本涵盖了全部观察指标所包含的信息。

13.1.3　主要步骤

设观测值所构成的矩阵如下：

$$X = \begin{bmatrix} x_{11} & x_{12} & \cdots & x_{1p} \\ x_{21} & x_{22} & \cdots & x_{2p} \\ \vdots & \vdots & \ddots & \vdots \\ x_{n1} & x_{n2} & \cdots & x_{np} \end{bmatrix}$$

其中，n 为样本观测的次数，p 为变量数，则主成分分析的主要步骤如下所示。

（1）对原始数据进行无量纲化处理，即标准化。

（2）计算协方差矩阵的特征值及其特征向量。

（3）计算方差贡献率。

（4）求主成分，根据方差贡献率的阈值选择合适的主成分个数。

这样，原始的指标个数就从 p 个减少到 m 个，从而起到数据降维、筛选指标的作用。

13.2　PCA 函数说明

Python 中的调用函数 Sklearn.decomposition.PCA 在前面章节中已经给出了各个参数的说明，在此不再赘述，表 13.1 给出了主成分函数 PCA 的各种属性以及方法，更详细的 PCA 函数参数说明，请读者自行参考 Scikit-Learn 官方文档说明。

表 13.1　PCA 的各种属性以及方法

类别	参数	说明
对象属性	components_	返回具有最大方差的成分
	explained_variance_ratio_	返回所保留的 n 个成分各自的方差百分比
	n_components_	返回所保留的成分个数 n
	mean_	返回特征值的均值
	noise_variance_	返回噪声协方差

类别	参数	说明
	fit(X,y=None)	fit() 可以说是 Scikit-Learn 中通用的方法，每个需要训练的算法都会有 fit() 方法，它其实就是算法中的"训练"这一步骤。因为 PCA 是无监督学习算法，此处 y 自然等于 None。函数返回值：调用 fit 方法的对象本身。比如 pca.fit(X)，表示用 X 对 pca 这个对象进行训练
对象方法	fit_transform(X)	用 X 来训练 PCA 模型，同时返回降维后的数据，newX=pca.fit_transform(X)，newX 就是降维后的数据
	inverse_transform()	将降维后的数据转换成原始数据
	transform(X)	将数据 X 转换成降维后的数据。当模型训练好后，对于新输入的数据，都可以用 transform 方法来降维

13.3 案例分析——数据降维

13.3.1 数据说明

此案例是 Kaggle 数据科学竞赛中的经典案例，数据来自 Kaggle 平台，数据是 CSV 数据文件格式，其中自变量 9 个，为员工的工资水平、职业、工作年限、工作绩效等，因变量 left 表示是否离职，表 13.2 对数据集中的所有变量进行了说明，以便让读者更好地理解数据。

表 13.2　变量的含义说明

变量名称	变量说明	取值范围	备注
Work_accident	是否发生过工作差错	0 表示未发生过；1 表示发生过	
average_montly_hours	平均每月的工作时长，单位：小时		
last_evaluation	绩效评估结果	0~1	
left	是有已经离职，定性变量	0 表示未离职；1 表示离职	目标变量
number_project	参加过的项目数	2~7	
promotion_last_5years	五年内是否升职	0 表示未升职；1 表示升职	
salary	工资水平	高、中、低三个类别	
sales	职业		

变量名称	变量说明	取值范围	备注
satisfaction_level	对公司的满意度	0~1	
time_spend_company	工作年限，单位年	2~10	

通过 Pandas 库导入所要分析的数据集，代码如下所示。

```
import numpy as np
import pandas as pd
HR_comma_sep=pd.read_csv('D:/Pythondata/data/HR_comma_sep.csv')
HR_comma_sep.head()
```

运行上述代码，则数据集前 5 个样本如图 13.1 所示。

	satisfaction_level	last_evaluation	number_project	average_montly_hours	time_spend_company	Work_accident	left	promotion_last_5years	sales	salary
0	0.38	0.53	2	157	3	0	1	0	sales	low
1	0.80	0.86	5	262	6	0	1	0	sales	medium
2	0.11	0.88	7	272	4	0	1	0	sales	medium
3	0.72	0.87	5	223	5	0	1	0	sales	low
4	0.37	0.52	2	159	3	0	1	0	sales	low

图 13.1　数据集前 5 个样本

本案例的目标是解释如何用 PCA 算法对数据变量进行降维操作，并用代码解释 PCA 中涉及的步骤。

13.3.2　数据探索

首先，我们获取数据集的整体结构，代码如下所示。

```
HR_comma_sep.shape
```

运行程序后的结果如下所示，其中数据集有 14999 个观测样本，10 个变量。

```
(14999, 10)
```

我们进一步查看各个变量是否存在缺失值，代码如下所示。

```
HR_comma_sep.info()
```

运行程序后的结果如下所示，所有变量均没有缺失值。

```
<class 'pandas.core.frame.DataFrame'>
RangeIndex: 14999 entries, 0 to 14998
Data columns (total 10 columns):
satisfaction_level      14999 non-null float64
last_evaluation         14999 non-null float64
number_project          14999 non-null int64
```

```
average_montly_hours      14999 non-null int64
time_spend_company        14999 non-null int64
Work_accident             14999 non-null int64
left                      14999 non-null int64
promotion_last_5years     14999 non-null int64
sales                     14999 non-null object
salary                    14999 non-null object
dtypes: float64(2), int64(6), object(2)
memory usage: 1.1+ MB
```

接着，我们查看各个变量的描述性统计量，代码如下所示。

```
HR_comma_sep.describe().T
```

运行程序后的结果如图 13.2 所示，图中包括了变量的缺失值个数、最小值、最大值、均值、中位数、P25 分位点和 P75 分位点，从图中的数据可以看出，公司员工的平均离职率约 24%，对公司的满意度均值在 0.61，每个员工参加的项目在 3 至 4 个左右，而且员工的平均每月工作时长为 201.5 小时。

	count	mean	std	min	25%	50%	75%	max
satisfaction_level	14999.0	0.612834	0.248631	0.09	0.44	0.64	0.82	1.0
last_evaluation	14999.0	0.716102	0.171169	0.36	0.56	0.72	0.87	1.0
number_project	14999.0	3.803054	1.232592	2.00	3.00	4.00	5.00	7.0
average_montly_hours	14999.0	201.050337	49.943099	96.00	156.00	200.00	245.00	310.0
time_spend_company	14999.0	3.498233	1.460136	2.00	3.00	3.00	4.00	10.0
Work_accident	14999.0	0.144610	0.351719	0.00	0.00	0.00	0.00	1.0
left	14999.0	0.238083	0.425924	0.00	0.00	0.00	0.00	1.0
promotion_last_5years	14999.0	0.021268	0.144281	0.00	0.00	0.00	0.00	1.0

图 13.2 各个变量的描述性统计量

最后，我们对变量之间的相关关系进行分析，相关性显示了这两个变量之间的相互关系。正的相关系数表示随着一个变量的增加，其他变量也随之增加。负的相关系数表示一个变量增加，另一个变量随之减少。数值越大，两个变量的相关性越强，反之亦然，计算相关系数的代码如下所示。

```
import numpy as np
import pandas as pd
import matplotlib as mpl
import matplotlib.pyplot as plt
import seaborn as sns
%matplotlib inline
correlation = HR_comma_sep.corr()
plt.figure(figsize=(10,10))
sns.heatmap(correlation, vmax=1,
```

```
square=True,annot=True,cmap='cubehelix')
plt.title('Correlation between different fearures')
```

运行上述程序，结果如图 13.3 所示，显示的是相关系数矩阵图，从图中可以了解到，部分变量之间的相关性较大，比如变量 average_montly_hours 与变量 number_project 的相关系数就达到 0.42。

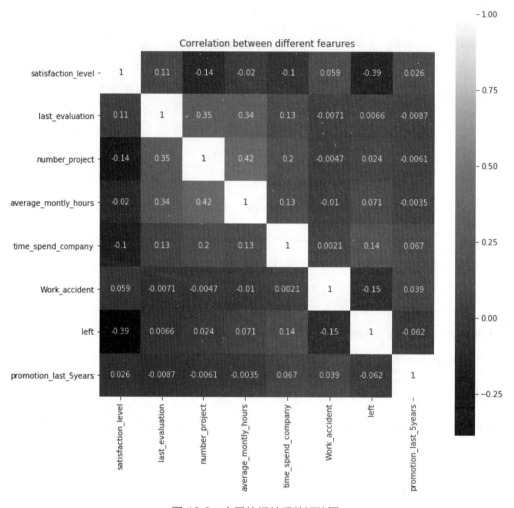

图 13.3　变量的相关系数矩阵图

13.3.3　模型开发

首先，我们删除数据集中的字符型变量和目标变量 left，代码如下所示。

```
HR_comma_sep_X=HR_comma_sep.drop(labels=['sales','salary','left']
,axis=1)
HR_comma_sep_X.head()
```

运行上述程序后的结果如下图 13.4 所示。

	satisfaction_level	last_evaluation	number_project	average_montly_hours	time_spend_company	Work_accident	promotion_last_5years
0	0.38	0.53	2	157	3	0	0
1	0.80	0.86	5	262	6	0	0
2	0.11	0.88	7	272	4	0	0
3	0.72	0.87	5	223	5	0	0
4	0.37	0.52	2	159	3	0	0

图 13.4　删除变量后的数据集前 5 个样本

在进行 PCA 分析之前需要对变量进行标准化处理，以消除量纲的影响，代码如下所示。

```
from sklearn.preprocessing import StandardScaler
HR_comma_sep_X_std = StandardScaler().fit_transform(HR_comma_sep_X)
```

对变量进行标准化之后，则需要计算特征向量和特征值，代码如下所示。

```
mean_vec = np.mean(HR_comma_sep_X_std, axis=0)
cov_mat = (HR_comma_sep_X_std - mean_vec).T.dot((HR_comma_sep_X_std
 - mean_vec)) / (HR_comma_sep_X_std.shape[0]-1)
print('Covariance matrix \n%s' %cov_mat)
```

运行上述程序后，协方差矩阵的结果如下所示。

```
Covariance matrix
[[ 1.00006668   0.10502822  -0.14297912  -0.02004945  -0.1008728
   0.05870115
   0.02560689]
 [ 0.10502822   1.00006668   0.34935588   0.33976445   0.1315995
  -0.00710476
  -0.00868435]
 [-0.14297912   0.34935588   1.00006668   0.41723845   0.19679901
  -0.00474086
  -0.00606436]
 [-0.02004945   0.33976445   0.41723845   1.00006668   0.12776343
  -0.01014356
  -0.00354465]
 [-0.1008728    0.1315995    0.19679901   0.12776343   1.00006668
   0.00212056
   0.06743742]
 [ 0.05870115  -0.00710476  -0.00474086  -0.01014356   0.00212056
   1.00006668
   0.03924805]
 [ 0.02560689  -0.00868435  -0.00606436  -0.00354465   0.06743742
   0.03924805
   1.00006668]]
```

紧接着，我们对协方差矩阵进行特征值分解，代码如下所示。

```
eig_vals, eig_vecs = np.linalg.eig(cov_mat)
print('Eigenvectors \n%s' %eig_vecs)
print('\nEigenvalues \n%s' %eig_vals)
```

运行上述程序后，特征向量和特征值的结果如下所示。

```
Eigenvectors
[[ 0.08797699  0.29189921  0.27784886  0.33637135  0.79752505
   0.26786864
  -0.09438973]
 [-0.50695734 -0.30996609 -0.70780994  0.07393548  0.33180877
   0.1101505
  -0.13499526]
 [-0.5788351   0.77736008 -0.00657105 -0.19677589 -0.10338032
  -0.10336241
  -0.02293518]
 [-0.54901653 -0.45787675  0.63497294 -0.25170987  0.10388959
  -0.01034922
  -0.10714981]
 [-0.31354922 -0.05287224  0.12200054  0.78782241 -0.28404472
   0.04036861
   0.42547869]
 [ 0.01930249 -0.04433104 -0.03622859 -0.05762997  0.37489883
  -0.8048393
   0.45245222]
 [-0.00996933 -0.00391698 -0.04873036 -0.39411153  0.10557298
   0.50589173
   0.75836313]]
Eigenvalues
[1.83017431 0.54823098 0.63363587 0.84548166 1.12659606 0.95598647
 1.06036136]
```

接着，我们构造特征向量和特征值的元组，并对特征值进行排序，代码如下所示。

```
# 构造元组
eig_pairs = [(np.abs(eig_vals[i]), eig_vecs[:,i]) for i in
range(len(eig_vals))]
# 对特征值进行排序
eig_pairs.sort(key=lambda x: x[0], reverse=True)
print('Eigenvalues in descending order:')
for i in eig_pairs:
    print(i[0])
```

运行上述程序，结果如下所示。

```
Eigenvalues in descending order:
1.8301743138755016
1.126596063991547
1.0603613622840846
0.9559864740066266
0.8454816637143479
```

```
0.6336358744830215
0.5482309765420619
```

在对特征值排序之后，下一个问题是"我们要为新特征子空间选择多少个主成分"，一个有用的测量方法是所谓的"被解释的方差"，它可以从特征值计算出来，被解释的方差可以告诉我们有多少信息可以归因于每个主成分。绘制方差排序直方图，代码如下所示。

```
tot = sum(eig_vals)
var_exp = [(i / tot)*100 for i in sorted(eig_vals, reverse=True)]
plt.figure(figsize=(6, 4))
plt.bar(range(7), var_exp, alpha=0.5, align='center',
label='individual explained variance')
plt.ylabel('Explained variance ratio')
plt.xlabel('Principal components')
plt.legend(loc='best')
plt.tight_layout()
```

运行上述程序，结果如图 13.5 所示，图中数据清楚地表明，最大方差（大约 26%）可以单独用第一个主成分来解释，第二、第三、第四和第五主成分共享的信息量几乎相等，与其他主成分相比，第 6 和第 7 成分共享的信息量较少，但这些信息不能被忽视，因为它们也贡献了近 17% 的数据，我们可以去掉最后一个部分，因为它的方差小于 10%。

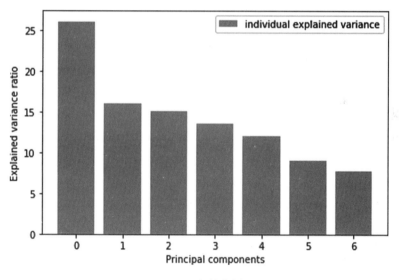

图 13.5　方差比例图

方差比例图绘制完成后，作为假设我们可以选择前 2 个特征向量来构造主成分（这里一般选取方差占比大于 90% 的特征数量进行主成分构造，此处为了说明如何进行降维），将 7 维特征空间缩减为 2 维特征子空间，代码如下所示。

```
matrix_w = np.hstack((eig_pairs[0][1].reshape(7,1),
                      eig_pairs[1][1].reshape(7,1)
```

```
        ))
print('Matrix W:\n', matrix_w)
```

最后一步把数据投影到新的特征空间中，我们将使用 7×2 维的投影矩阵 **W**，通过方程 $Y = X \times W$ 将样本变换到新的子空间。

```
Y = HR_comma_sep_X_std.dot(matrix_w)
Y
```

运行程序后的结果如下所示。

```
array([[ 1.90035018, -1.12083103],
       [-2.1358322 ,  0.2493369 ],
       [-3.05891625, -1.68312693],
       ...,
       [ 2.0507165 , -1.182032  ],
       [-2.91418496, -1.42752606],
       [ 1.91543672, -1.17021407]])
```

上述的 PCA 计算过程没有调用 Scikit-Learn 库中的 PCA 函数，主要是为了说明计算过程，下面我们可以直接调用 PCA 函数进行主成分分析，代码如下所示。

```
from sklearn.decomposition import PCA
pca = PCA().fit(HR_comma_sep_X_std)
plt.plot(np.cumsum(pca.explained_variance_ratio_))
plt.xlim(0,7,1)
plt.xlabel('Number of components')
plt.ylabel('Cumulative explained variance')
```

运行上述程序，结果如图 13.6 所示，前 6 个因子的方差累计超过 90%，我们可以删除第七个因子，将 7 维特征空间缩减为 6 维特征子空间，主要代码如下所示。

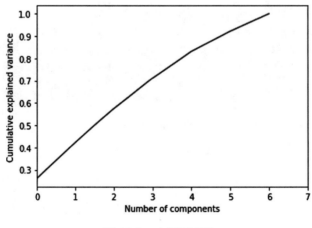

图 13.6　方差累计图

```
from sklearn.decomposition import PCA
```

```
sklearn_pca = PCA(n_components=6)
Y_sklearn = sklearn_pca.fit_transform(HR_comma_sep_X_std)
print(Y_sklearn)
Y_sklearn.shape
```

运行上述程序后的结果如下所示,转换后的特征个数为6个。

```
[[-1.90035018 -1.12083103 -0.0797787   0.03228437 -0.07256447
   0.06063013]
 [ 2.1358322   0.2493369   0.0936161   0.50676925  1.2487747
  -0.61378158]
 [ 3.05891625 -1.68312693 -0.301682   -0.4488635  -1.12495888
  0.29066929]
 ...
 [-2.0507165  -1.182032   -0.04594506  0.02441143 -0.01553247
  0.24980658]
 [ 2.91418496 -1.42752606 -0.36333357 -0.31517759 -0.97107375
  0.51444624]
 [-1.91543672 -1.17021407 -0.07024077  0.01486762 -0.09545357
  0.01773844]]
(14999, 6)
```

因此,主成分分析可以在不丢失大量信息的情况下从数据集中去除冗余特征,这些特征在本质上是低维度的,第一个分量的方差最大,其次是第二个、第三个,以此类推,PCA在具有3维或更高维的数据集上工作得最好,因为在高维情况下,从产生的数据结果中进行解释变得越来越困难。

第十四章

聚类分析

在前几章中，我们讨论了监督学习任务，比如从已标记训练数据中学习的 Logistic 回归模型和决策树模型。本章中，我们将讨论一种叫作聚类的非监督学习任务，聚类用于在一组未标记的数据中查找相似的观察组，本章将通过实际案例来展示如何使用 K-Means 聚类算法，并学习如何度量它的性能。

14.1 距离

聚类分析起源于分类学，随着生产技术和科学的发展，人类的认识不断加深，分类越来越细，要求也越来越高，有时仅凭经验和专业知识是不能进行确切分类的，往往需要定性分析和定量分析结合起来去分类，于是数学工具逐渐被引进到分类学中，后来随着多元分析的引进，聚类分析又逐渐从数值分类学中分离出来而形成一个相对独立的分支。

聚类分析是有了一批样本，事先并不知道它们的分类，甚至连分成几类也不知道，希望用某种方法把观测对象进行合理的分类，使得同一类的观测对象比较接近，不同类的观测对象相差较多，这是无监督的学习，所以，聚类分析依赖于对观测对象间的接近程度（距离）或相似程度的理解，定义不同的距离量度和相似性量度就可以产生不同的聚类结果。

设有 n 个样本，每个样本有 p 项衡量指标，则样本矩阵 X 如下所示。

$$X = \begin{bmatrix} x_{11} & x_{12} & \cdots & x_{1p} \\ x_{21} & x_{22} & \cdots & x_{2p} \\ \vdots & \vdots & & \vdots \\ x_{n1} & x_{n2} & \cdots & x_{np} \end{bmatrix}$$

其中 x_{ij} $(i=1,\cdots,n; j=1,\cdots,p)$ 为第 i 个样本的第 j 个指标的观测数据，第 i 个样本 X_i 为矩阵 X 的第 i 行所描述，所以任何两个样品 X_K 与 X_L 之间的相似性，可以通过矩阵 X 中的第 K 行与第 L 行的相似程度来刻画，任何两个变量 x_K 与 x_L 之间的相似性，可以通过第 K 列与第 L 列的相似程度来刻画，所以我们在计算样本之间或者变量之间的相似性之前，必须确定如何来刻画相似程度，即确定距离的定义。

假设把 n 个样品（X 中的 n 个行）看成 p 维空间中 n 个点，则两个样品间相似程度可用 p 维空间中两点的距离来度量，令 d_{ij} 表示样品 X_i 与 X_j 的距离，根据距离的非负性、正定性、对称性和直递性，聚类分析中的常用距离有下述几种。

- 欧式距离：$d_{ij}(2) = \left(\sum_{a=1}^{p} (x_{ia} - x_{ja})^2 \right)^{1/2}$

- 绝对距离：$d_{ij}(1) = \sum_{a=1}^{p} \left| x_{ia} - x_{ja} \right|$

- 切比雪夫距离：$d_{ij}(\infty) = \max_{1 \leq a \leq p} \left| x_{ia} - x_{ja} \right|$

- 闵可夫斯基距离：$d_{ij}(q) = \left(\sum_{a=1}^{p} \left| x_{ia} - x_{ja} \right|^q \right)^{1/q}$

- 夹角余弦：将任何两个样品 X_i 与 X_j 看成 p 维空间的两个向量，这两个向量的夹角余弦用

$\cos\theta_{ij}$ 表示，则

$$\cos\theta_{ij} = \frac{\sum_{a=1}^{p} x_{ia} x_{ja}}{\sqrt{\sum_{a=1}^{p} x_{ia}^2 \cdot \sum_{a=1}^{p} x_{ja}^2}} \qquad 1 \leqslant \cos\theta_{ij} \leqslant 1$$

● 相关系数：一般指变量间的相关系数，作为刻画样品间的相似关系也可类似给出定义，则第 i 个样品与第 j 个样品之间的相关系数定义如下。

$$r_{ij} = \frac{\sum_{a=1}^{p} (x_{ia} - \bar{x}_i)(x_{ja} - \bar{x}_j)}{\sqrt{\sum_{a=1}^{p} (x_{ia} - \bar{x}_i)^2 \cdot \sum_{a=1}^{p} (x_{ja} - \bar{x}_j)^2}} \qquad -1 \leqslant r_{ij} \leqslant 1$$

其中

$$\bar{x}_i = \frac{1}{p} \sum_{a=1}^{p} x_{ia}, \quad \bar{x}_j = \frac{1}{p} \sum_{a=1}^{p} x_{ja}$$

14.2 聚类方法

聚类方法有很多种，比如最短距离法、最长距离法、中间距离法、重心法、类平均法、可变类平均法、可变法、离差平方和法、最大似然谱系聚类法、密度估计法，以及两阶段密度估计法等，下面介绍几种常用的聚类方法。

14.2.1 最短距离法

首先定义类 G_i 与 G_j 之间的距离为两类最近样品的距离，即 $D_{ij} = \min\limits_{G_i \in G_i, G_j \in G_j} d_{ij}$，设类 G_p 与 G_q 合并成一个新类记为 G_r，则任一类 G_k 与 G_r 的距离是：

$$D_{kr} = \min_{X_i \in G_i, X_j \in G_j} d_{ij}$$

$$= \min\left\{ \min_{X_i \in G_k, X_j \in G_p} d_{ij}, \min_{X_i \in G_k, X_j \in G_q} d_{ij} \right\}$$

$$= \min\left\{ D_{kp}, D_{kq} \right\}$$

最短距离法聚类步骤如下：

（1）定义样品之间距离，计算样品距离，得到矩阵为 $\boldsymbol{D}_{(0)}$，开始每个样品自成一类，显然这时 $\boldsymbol{D}_{ij} = \boldsymbol{d}_{ij}$。

（2）找出 $\boldsymbol{D}_{(0)}$ 的非对角线最小元素，设为 D_{pq}，则将 G_p 和 G_q 合并成一个新类，记为 G_r，即 $G_r = \{G_p, G_q\}$。

（3）给出计算新类与其他类的距离公式：$D_{kr} = \min\{D_{kp}, D_{kq}\}$，将 $\boldsymbol{D}_{(0)}$ 中第 p、q 行及 p、q 列利用上面公式并成一个新行新列，新行新列对应 G_r，所得到的矩阵记为 $D_{(1)}$。

（4）对 $\boldsymbol{D}_{(1)}$ 重复上述对 $\boldsymbol{D}_{(0)}$ 的（2）、（3）两步得 $\boldsymbol{D}_{(2)}$，如此下去，直到所有的元素并成一类为止。

这里需要特别注意的是如果某一步 $\boldsymbol{D}_{(k)}$ 中非对角线最小的元素不止一个，则对应这些最小元素的类可以同时合并。

14.2.2　最长距离法

首先我们定义类 G_i 与类 G_j 之间距离为两类最远样品的距离，即：

$$D_{pq} = \max_{X_i \in G_p, X_j \in G_q} d_{ij}$$

最长距离法与最短距离法的并类步骤完全一样，也是将各样品先自成一类，然后将非对角线上最小元素对应的两类合并。设某一步将类 G_p 与 G_q 合并为 G_r，则任一类 G_k 与 G_r 的距离用最长距离公式为：

$$D_{kr} = \max_{X_i \in G_k, X_j \in G_r} d_{ij}$$

$$= \max\left\{ \max_{X_i \in G_k, X_j \in G_p} d_{ij}, \max_{X_i \in G_k, X_j \in G_q} d_{ij} \right\}$$

$$= \max\{D_{kp}, D_{kq}\}$$

再找非对角线最小元素的两类并类，直至所有的样品全归为一类为止。

14.2.3　重心法

重心法定义两类之间的距离就是两类重心之间的距离，设 G_p 和 G_q 的重心（该类样品的均值）分别是 $\overline{X}_p$ 和 $\overline{X}_q$，则 G_p 和 G_q 之间的距离是：

$$D_{pq} = d_{X_p X_q}$$

设聚类到某一步，G_p 和 G_q 分别有样品 n_p、n_q 个，将 G_p 和 G_q 合并为 G_r，则 G_r 内样品个数为

$n_r = n_p + n_q$，它的重心是 $\overline{X}_r = \dfrac{1}{n_r}(n_p\overline{X}_p + n_q\overline{X}_q)$，某一类 G_k 的重心是 $\overline{X}_k$，它与新类 G_r 的距离（如果最初样品之间的距离采用欧氏距离）为

$$D_{kr}^2 = d_{X_k X_r}^2 = (\overline{X}_k - \overline{X}_r)'(\overline{X}_k - \overline{X}_r)$$

$$= \left[\overline{X}_k - \frac{1}{n_r}(n_p\overline{X}_p + n_q\overline{X}_q)\right]'\left[\overline{X}_k - \frac{1}{n_r}(n_p\overline{X}_p + n_q\overline{X}_q)\right]$$

$$= \overline{X}'_k\overline{X}_k - 2\frac{n_p}{n_r}\overline{X}'_k\overline{X}_p - 2\frac{n_q}{n_r}\overline{X}'_k\overline{X}_q$$

$$+ \frac{1}{n_r^2}(n_p^2\overline{X}'_k\overline{X}_k + 2n_p n_q\overline{X}'_p\overline{X}_q + n_p^2\overline{X}'_q\overline{X}_q)$$

把 $\overline{X}'_k\overline{X}_k = \dfrac{1}{n_r}\left(n_p\overline{X}'_k\overline{X}_k + n_q\overline{X}'_k\overline{X}_k\right)$ 代入上式得

$$D_{kr}^2 = \frac{n_p}{n_r}\left(\overline{X}'_k\overline{X}_k - 2\overline{X}'_p\overline{X}_q + \overline{X}'_p\overline{X}_q\right) + \frac{n_q}{n_r}\left(\overline{X}'_k\overline{X}_k - 2\overline{X}'_k\overline{X}_q + \overline{X}'_q\overline{X}_q\right)$$

$$- \frac{n_p n_q}{n_r^2}(\overline{X}'_p\overline{X}_p - 2\overline{X}'_p\overline{X}_q + \overline{X}'_q\overline{X}_q)$$

$$= \frac{n_p}{n_r}D_{kp}^2 + \frac{n_q}{n_r}D_{kq}^2 - \frac{n_p}{n_r}\frac{n_q}{n_r}D_{pq}^2$$

重心法的归类步骤与最短、最长距离方法基本上一样，所不同的是每合并一次类，就要重新计算新类的重心及各类与新类的距离。

14.2.4　类平均法

重心法虽有很好的代表性，但并未充分利用各样品的信息，因此我们引出类平均法，类平均法定义两类之间的距离平方为这两类元素两两之间距离平方的平均，即：

$$D_{pq}^2 = \frac{1}{n_p n_q}\sum_{X_i \in G_p}\sum_{X_j \in G_j}d_{ij}^2$$

设聚类到某一步将 G_p 和 G_q 合并为 G_r，则任一类 G_k 与 G_r 的距离为：

$$D_{kr}^2 = \frac{1}{n_k n_r}\sum_{X_i \in G_k}\sum_{X_j \in G_r}d_{ij}^2$$

$$= \frac{1}{n_k n_r} \left(\sum_{X_i \in G_k} \sum_{X_j \in G_p} d_{ij}^2 + \sum_{X_i \in G_k} \sum_{X_j \in G_q} d_{ij}^2 \right)$$

$$= \frac{n_p}{n_r} D_{kp}^2 + \frac{n_q}{n_r} D_{kq}^2$$

类平均法的聚类步骤与上述方法完全类似。

14.2.5 离差平方和法

设将 n 个样品分成 k 类，即 G_1, G_2, $\cdots$, G_k，用 $X_i^{(t)}$ 表示 G_t 中的第 i 个样本（注意 $X_i^{(t)}$ 是 p 维向量），n_t 表示 G_t 中的样本个数，$\overline{X}^{(t)}$ 是 G_t 的重心，则 G_t 中样本的离差平方和为：

$$S_t = \sum_{i=1}^{n_t} (X_i^{(t)} - \overline{X}^{(t)})'(X_i^{(t)} - \overline{X}^{(t)})$$

k 个类的类内离差平方和为：

$$S = \sum_{t=1}^{k} S_t = \sum_{t=1}^{k} \sum_{i=1}^{n_t} (X_i^{(t)} - \overline{X}^{(t)})'(X_i^{(t)} - \overline{X}^{(t)})$$

其基本思想是来自方差分析，如果分类正确，同类样品的离差平方和应当较小，类与类的离差平方和应当较大。具体做法是先将 n 个样品各自归成一类，然后每次缩小一类，每缩小一类离差平方和就要增大，选择使 S 增加最小的两类合并，直到所有的样品归为一类为止。

14.3 确定聚类数

由于我们对数据的结构分布不了解，所以到底应该把观测样本分为几类是一个比较困难的问题，因为分类问题本身就是没有一定标准的。一般来说，聚类个数的确定要从多方面入手，比如可以根据经验、技术、理论等方法来确定，具体方法有根据样品的散点图来确定，通过设置阈值来确定，以及根据方差分析的思想来确定聚类个数，根据方差分析思想，可以利用如下样本统计量来确定聚类数。

14.3.1 R^2 统计量

$$R^2 = 1 - \frac{P_G}{T}$$

其中 P_G 为分类数为 G 个类时的总类内离差平方和，T 为所有变量的总离差平方和。R^2 越大，说明分为 G 个类时每个类内的离差平方和都比较小，也就是分为 G 个类是合适的。但是，显然分类越多，每个类越小，R^2 越大，所以只能取 G 使得 R^2 足够大，但 G 本身比较小，而且 R^2 不再大幅度增加。

14.3.2 半偏相关

在把类 C_K 和类 C_L 合并为下一水平的类 C_M 时，定义半偏相关如下：

$$R^2 = \frac{B_{KL}}{T}$$

其中 B_{KL} 为合并类引起的类内离差平方和的增量，显然半偏相关越大，说明这两个类越不应该合并，反之，则应该合并之。所以在由 $G+1$ 类合并为 G 类时，如果半偏相关很大就应该取 $G+1$ 类。

14.3.3 双峰性系数

$$b = \left(m_3^2 + 1\right) / \left(m_4 + 3(n-1)^2 / ((n-2)(n-3))\right)$$

其中 m_3 是偏度，m_4 是峰度。大于 0.555 的 b 值（这时为均匀分布）可能指示有双峰或多峰边缘分布。最大值 1.0（二值分布）从仅取两值的总体得到。

14.3.4 伪 F 统计量

$$F = \frac{(T - P_G)/(G-1)}{P_G/(n-G)}$$

其中自由度分别为 $V(G-1)$ 和 $V(G-n)$，伪 F 统计量评价分为 G 个类的效果，如果分为 G 个类合理，则类内离差平方和（分母）应该较小，类间平方和（分子）相对较大。所以应该取伪 F 统计量较大而类数较小的聚类水平。

14.3.5　伪 t^2 统计量

伪 t^2 统计量定义如下：

$$t^2 = B_{KL}/((W_K + W_L)/(N_K + N_L - 2))$$

用此统计量评价合并类 C_K 和类 C_L 的效果，该值大说明不应该合并这两个类，所以应该取合并前的水平。

14.4　聚类的分析步骤

在了解了聚类分析的基本原理之后，让我们来归纳聚类分析的步骤，聚类分析主要包含的四个步骤，第一是根据研究目标确定合适的聚类变量，第二要计算距离和相似度测度，第三是选定聚类方法进行聚类分析，最后对聚类结果进行分析。

14.4.1　数据预处理

数据预处理包括选择数量、类型和特征的标度，它依靠特征选择和特征抽取，特征选择是选择重要的特征，特征抽取是把输入的特征转化为一个新的显著特征，它们经常被用来获取一个合适的特征集，为避免"维数灾难"进行聚类。数据预处理还包括将孤立点移出数据，孤立点是不依附于一般数据行为或模型的数据，因此孤立点经常会导致有偏差的聚类结果，为了得到正确的聚类，我们必须将它们删除。

聚类分析基本原理的基础是根据所选变量对样本进行聚类分析，其结果仅仅反映了所选变量所定义的数据分布结构，所以变量选择在聚类分析中非常重要，选择变量应该根据所研究对象的特征来选择。所选择的变量应该具有如下一些特点：

● 和聚类目标相关性高；
● 反映分类对象特征；
● 不同的研究对象上具有较大差异；
● 变量之间相关性较低。

14.4.2　相似度计算

根据聚类对象，选择相应的相似度方法和距离定义公式进行计算，计算样品或者变量之间的距离以及类与类之间的距离。

14.4.3　聚类或分组

聚类过程涉及两个重要问题，即选择聚类的方法和确定分类的数量。

不同的聚类方法，得到的聚类结果往往是不同的，最常见的聚类方法有系统聚类法、快速聚类法、分层聚类法和两阶段聚类法，需要根据问题的具体情况来确定聚类方法，不能盲目选择。

如何确定分类数的多少在聚类分析中也很重要，往往需要考虑实际案例中的分类要求和特点等因素，一般情况可以根据聚类问题所对应的业务实际情况，并按照本节中确定分类数的方法来确定即可。

14.4.4　结果分析

评估聚类结果是另一个重要的阶段，聚类是一个无管理的程序，也没有客观的标准来评价聚类结果，一般情况下，我们在对样本进行聚类后，需要对聚类后的各个类别进行分析，首要分析的目的是判断是否符合业务逻辑，以及各个类别群体之间是否有显著性的差异，以此来判断聚类结果的效果。

14.5　案例分析——客户群聚类分析

在当今竞争激烈的时代，了解客户行为并根据人口统计和购买行为对客户进行分类是至关重要的。对客户进行分类是客户细分的一个关键方面，它使营销人员能够更好地根据促销战略、营销战略和产品开发战略调整他们的营销方式和内容，以适应不同的受众群体。本案例将研究如何在Python中以最简单的方式，使用 K-Means 聚类分析算法实现客户细分，以及营销战略如何在实际业务中应用。

14.5.1　数据说明

本案例所使用的数据集是关于一个超市购物中心的客户属性及行为的数据集，通过客户的会员卡信息，我们可以了解一些关于客户的基本数据，如客户ID、年龄、性别、年收入和消费评分数据，其中消费评分是根据客户行为和购买数据等定义的参数，分配给客户的一个评价客户消费能力的分数。

首先，我们导入数据，代码如下所示。

```
import pandas as pd
import numpy as np
data = pd.read_csv('D:/Pythondata/data/Mall_Customers.csv')
```

```
data.head()
```

运行上述程序后，结果如图 14.1 所示，很容易发现 Annual Income(K\$) 和 Spending Score(1-100) 是分析和区分客户群体的关键特征，但同时我们也不应忽视这两个因素可能取决于年龄和性别的潜在相关性。

	CustomerID	Gender	Age	Annual Income (k\$)	Spending Score (1-100)
0	1	Male	19	15	39
1	2	Male	21	15	81
2	3	Female	20	16	6
3	4	Female	23	16	77
4	5	Female	31	17	40

图 14.1　数据集的前 5 个样本

本案例的分析目标是为了更加详细地了解客户，获取客户的分布结构，比如哪些客户可以更容易地聚合在一起，这样市场部在进行营销活动时，可以快速地给营销团队提供目标客户群，并据此制定策略。

14.5.2　数据探索

获取数据集之后，下一步就是清理数据并在必要时执行任何数据转换，首先我们可以使用 info 函数检查每个字段的数据类型，代码如下所示。

```
data.info()
```

运行上述程序，结果如下所示，总计 200 个样本，5 个变量，每个变量均不包含缺失值。

```
<class 'pandas.core.frame.DataFrame'>
RangeIndex: 200 entries, 0 to 199
Data columns (total 5 columns):
CustomerID              200 non-null int64
Gender                  200 non-null object
Age                     200 non-null int64
Annual Income (k$)      200 non-null int64
Spending Score (1-100)  200 non-null int64
dtypes: int64(4), object(1)
memory usage: 7.9+ KB
```

也可以直接调用 isnull 函数查看缺失值的情况，代码如下所示。

```
data.isnull().any()
```

运行上述程序，结果如下所示，从结果看，不存在包含缺失值的变量。

```
CustomerID                        False
Gender                            False
Age                               False
Annual Income (k$)                False
Spending Score (1-100)            False
dtype: bool
```

接着，我们需要对各个变量进行描述性统计分析，了解各个变量的分布结构情况，以便确定是否对变量进行截断处理等，计算描述性统计量的代码如下所示。

```
data.describe().T #数据集的基本统计量
```

运行上述程序，结果如图 14.2 所示，从图中的结果来看，没有发现异常情况。

	CustomerID	Age	Annual Income (k$)	Spending Score (1-100)
count	200.000000	200.000000	200.000000	200.000000
mean	100.500000	38.850000	60.560000	50.200000
std	57.879185	13.969007	26.264721	25.823522
min	1.000000	18.000000	15.000000	1.000000
25%	50.750000	28.750000	41.500000	34.750000
50%	100.500000	36.000000	61.500000	50.000000
75%	150.250000	49.000000	78.000000	73.000000
max	200.000000	70.000000	137.000000	99.000000

图 14.2　各个变量的描述性统计量

接着，我们对变量进行频数分析，并绘制饼图，代码如下所示。

```
data[['Gender','CustomerID']].groupby('Gender').count()
gender = data['Gender'].value_counts()
labels = ['Female', 'Male']
colors = ['c', 'coral']
explode = [0, 0.05]
plt.figure(figsize=(8,8))
plt.title('Total of customers by gender', fontsize = 16, fontweight='bold')
plt.pie(gender, colors = colors, autopct = '%1.0f%%', labels = labels, explode =
explode, startangle=90, textprops={'fontsize': 16})
plt.savefig('Total of customers by gender.png', bbox_inches = 'tight')
plt.show()
```

运行程序后的结果如图 14.3 和图 14.4 所示，其中男性为 88 个客户，女性为 112 个客户，图 14.4 给出了变量 Gender 的饼状图，其中女性占比 56%，男性占比 44%。

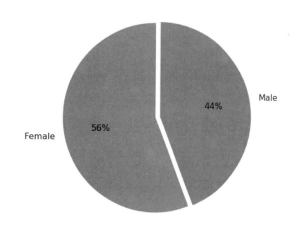

	CustomerID
Gender	
Female	112
Male	88

图 14.3　样本中客户性别分布

图 14.4　变量 Gender 的饼图分布

下面我们绘制变量 Annual Income 和 Spending Score 的直方图，代码如下所示。

```
plt.figure(figsize=(16,6))
plt.subplot(1,2,1)
sns.distplot(data['Spending Score (1-100)'], color = 'green')
plt.title('Distribution of Spending Score')
plt.subplot(1,2,2)
sns.distplot(data['Annual Income (k$)'], color = 'green')
plt.title('Distribution of Annual Income (k$)')
plt.show()
```

运行上述程序，结果如图 14.5 所示，其中变量 Annual Income 的分布明显向左偏移，变量 Spending Score 的尾部较大。

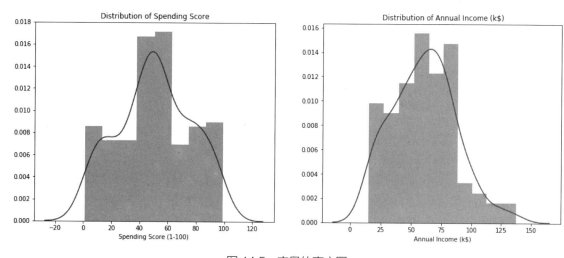

图 14.5　变量的直方图

下面，我们绘制年龄 Age 与变量 Annual Income、Spending Score 的多变量图形，以查看变量之间分布关系，绘制代码如下所示。

```
sns.pairplot(data=data[['Spending Score (1-100)',
'Annual Income (k$)','Age']], diag_kind="kde")
plt.savefig('Distribution.png', bbox_inches = 'tight')
```

运行上述程序，结果如图 14.6 所示，从分布图中可以看出，变量 Annual Income 与变量 Spending Score 的数据分布较为异常，呈 "X" 形状。

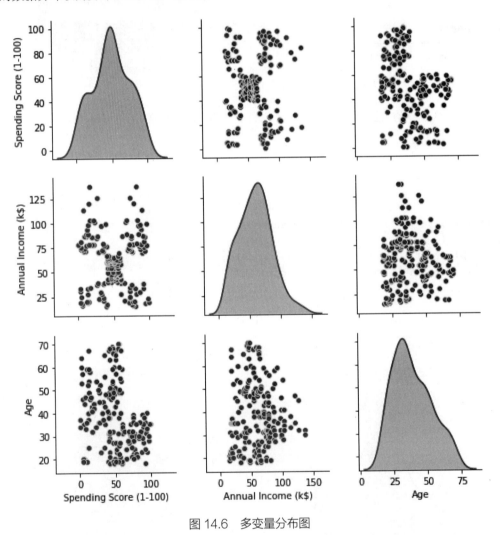

图 14.6　多变量分布图

我们可以把变量 Annual Income 与变量 Spending Score 的散点图绘制出来。

```
plt.figure(figsize=(8,6))
plt.title('Annual Income vs Spending Score', fontsize = 16,
fontweight='bold')
plt.scatter(data['Annual Income (k$)'],
```

```
data['Spending Score (1-100)'],
color = 'indianred',
edgecolors = 'crimson')
plt.xlabel('Annual Income', fontsize = 14)
plt.ylabel('Spending Score', fontsize = 14)
plt.savefig('Annual Income vs Spending Score.png',
bbox_inches = 'tight')
plt.show()
```

运行上述程序，结果如图 14.7 所示，结果与上述的多变量分布图一样，散点分布呈"**X**"形状。

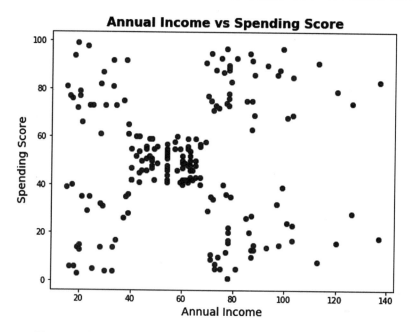

图 14.7 变量 Annual Income 与变量 Spending Score 的散点图

14.5.3 模型开发

数据探索过程中没有发现变量存在缺失值、极端值的情况，所以进一步即可对数据集进行模型训练，这里需要读者特别注意的是，在使用 K-Means 进行模型训练之前，一般情况下，要对变量进行标准化，以便消除各个变量的量纲影响。

本案例中，我们决定不对变量进行标准化，主要是因为数据集中的各个变量基本的分布都在 1 到 100 之间，这里我们可以不用再进一步对变量进行标准化操作。

K-Means 的核心任务是根据我们的数据集找到 K 个最优的质心，并将最接近这些质心的数据分配给这些质心所代表的群组，所以接下来我们就调用模型接口对数据集进行模型训练，找到最优的 K。

因为无监督算法在训练过程中只需要特征矩阵 **X**，不需要标签，所以我们先设定矩阵 **X**，代码如下所示。

```
X1_Matrix = data.iloc[:, [2,4]].values # Age & Spending Score
X2_Matrix = data.iloc[:, [3,4]].values # Annual Income & Spending Score
```

接着，我们调用 K-Means 模型接口进行模型训练，为了确定最优分组 K 的数值，我们对 K 进行循环，具体代码如下所示。

```
inertias_1 = []
for i in range(1,20):
    kmeans = K-Means(n_clusters=i, init='k-means++',
max_iter=300, n_init=10,random_state=0)
    kmeans.fit(X1_Matrix)
    inertia = kmeans.inertia_
    inertias_1.append(inertia)
    print('For n_cluster =', i, 'The inertia is:', inertia)
```

运行上述程序，结果如下所示，其中 n_cluster 表示聚类数 K，inertia 表示样本到最近聚类中心的距离总和。值越小越好，越小表示样本在类间的分布越集中。

```
For n_cluster = 1 The inertia is: 171535.5
For n_cluster = 2 The inertia is: 75949.15601023017
For n_cluster = 3 The inertia is: 45840.67661610867
For n_cluster = 4 The inertia is: 28165.58356662934
For n_cluster = 5 The inertia is: 23811.52352472089
For n_cluster = 6 The inertia is: 19502.407839362204
For n_cluster = 7 The inertia is: 15598.876804915515
For n_cluster = 8 The inertia is: 13082.95148962149
For n_cluster = 9 The inertia is: 11584.675652356902
For n_cluster = 10 The inertia is: 10282.713123669808
For n_cluster = 11 The inertia is: 9613.709528597763
For n_cluster = 12 The inertia is: 8758.684537500572
For n_cluster = 13 The inertia is: 7976.755188215637
For n_cluster = 14 The inertia is: 7276.480514974175
For n_cluster = 15 The inertia is: 6597.3856824548
For n_cluster = 16 The inertia is: 6068.292478969259
For n_cluster = 17 The inertia is: 5720.302038157921
For n_cluster = 18 The inertia is: 5187.167363355598
For n_cluster = 19 The inertia is: 4961.134462269756
```

我们绘制变量 inertia 的变化趋势图，代码及结果如下所示，从图 14.8 中的折线可以看出，随着 K 的增加，变量 inertia 逐步减小，当 K=5 的时候，变量 inertia 的变化就变得比较缓慢了，所以我们可以确定客户分类的群组数为 5。

```
# Creating the figure
figure = plt.figure(1, figsize=(15,6), dpi=300)
plt.plot(np.arange(1,20), inertias_1, alpha=0.8, marker='o')
plt.xlabel("K")
plt.ylabel("Inertia ")
```

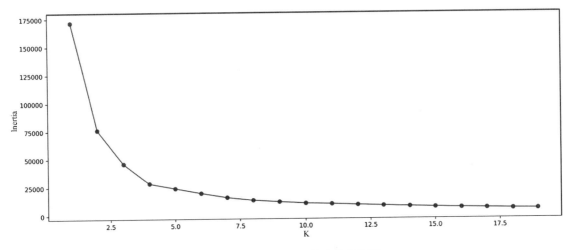

图 14.8　变量 inertia 的变化趋势图

确定群组数量 K 之后，我们绘制客户分为 5 组的分布图，代码如下所示。

```
Kmeans = K-Means(n_clusters=5, init='k-means++',
max_iter=300, n_init=10,random_state=0)
labels = Kmeans.fit_predict(X1_Matrix)
centroids1 = Kmeans.cluster_centers_
# the centroid points in each cluster
# Visualizing the 5 clusters
plt.scatter(x=X1_Matrix[labels==0, 0],
y=X1_Matrix[labels==0, 1], s=20, c='red', marker='o')
plt.scatter(x=X1_Matrix[labels==1, 0],
y=X1_Matrix[labels==1, 1], s=20, c='blue', marker='^')
plt.scatter(x=X1_Matrix[labels==2, 0],
y=X1_Matrix[labels==2, 1], s=20, c='grey', marker='s')
plt.scatter(x=X1_Matrix[labels==3, 0],
y=X1_Matrix[labels==3, 1], s=20, c='orange', marker='p')
plt.scatter(x=X1_Matrix[labels==4, 0],
y=X1_Matrix[labels==4, 1], s=20, c='green', marker='*')
#Visualizing every centroids in different cluster.
plt.scatter(x=centroids1[:,0], y=centroids1[:,1], s=300,
alpha=0.8, marker='+', label='Centroids')
#Style Setting
plt.title("Cluster Of Customers", fontsize=20)
plt.xlabel("Age")
plt.ylabel("Spending Score (1-100)")
plt.legend(loc=0)
```

运行上述程序，结果如图 14.9 所示，展示了分类后的客户分布情况。从分类结果的情况来看，可以发现不同年龄的人消费能力不同，然而，有部分年轻人有很强的消费能力，这部分的客户群需要重点关注。

图 14.9　变量 Age 和 Spending Score 的聚类结果

接下来，可以统计各个客户群的客户数，代码如下所示。

```
pd.Series(labels).value_counts()
```

运行程序，结果如下所示，其中每组的客户数分别为 40、57、30、40、33，共计 200 个客户。

```
1    57
3    40
0    40
4    33
2    30
dtype: int64
```

根据上述相同的模型开发过程，我们进一步对变量 Annual Income 和 Spending Score 进行聚类分类。

```
inertias_2 = []
for i in range(1,8):
    kmeans = K-Means(n_clusters=i, init='k-means++',
max_iter=300, n_init=10,random_state=1)
    kmeans.fit(X2_Matrix)
    inertia = kmeans.inertia_
    inertias_2.append(inertia)
    print('For n_cluster =', i, 'The inertia is:', inertia)
# Creating the figure
figure = plt.figure(1, figsize=(15,6), dpi=80)
plt.plot(np.arange(1,8), inertias_2, alpha=0.8, marker='o')
plt.xlabel("K")
plt.ylabel("Inertia ")
```

```
Kmeans = K-Means(n_clusters=5, init='k-means++',
max_iter=300, n_init=10,random_state=1)
labels = Kmeans.fit_predict(X2_Matrix)
centroids2 = Kmeans.cluster_centers_
# the centroid points in each cluster
# Visualizing the 5 clusters
plt.scatter(x=X2_Matrix[labels==0, 0],
y=X1_Matrix[labels==0, 1], s=20, c='red', marker='o')
plt.scatter(x=X2_Matrix[labels==1, 0],
y=X1_Matrix[labels==1, 1], s=20, c='blue', marker='^')
plt.scatter(x=X2_Matrix[labels==2, 0],
y=X1_Matrix[labels==2, 1], s=20, c='grey', marker='s')
plt.scatter(x=X2_Matrix[labels==3, 0],
y=X1_Matrix[labels==3, 1], s=20, c='orange', marker='p')
plt.scatter(x=X2_Matrix[labels==4, 0],
y=X1_Matrix[labels==4, 1], s=20, c='green', marker='*')
#Visualizing every centroids in different cluster.
plt.scatter(x=centroids2[:,0], y=centroids2[:,1], s=300,
alpha=0.8, marker='+', label='Centroids')
#Style Setting
plt.title("Cluster Of Customers", fontsize=20)
plt.xlabel("Annual Income (k$)")
plt.ylabel("Spending Score (1-100)")
plt.legend(loc=7)
```

运行上述程序，结果如图 14.10 和图 14.11 所示。

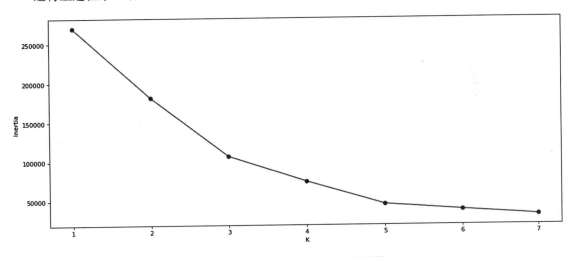

图 14.10　变量 inertia 的变化趋势图

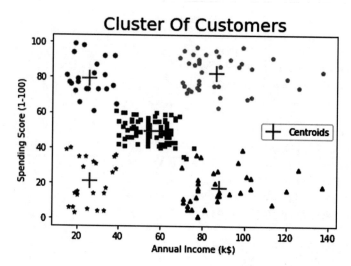

图 14.11　变量 Annual Income 和 Spending Score 的聚类结果

根据图 14.11 的聚类结果显示，所有的组都有明显的分割，我们可以将其分为 5 类，并根据不同级别的年收入和支出得分来定义它们。

14.5.4　模型应用

模型开发完成之后，则需要进行进一步的应用测试，以便了解我们上述的聚类结果是否和业务的表现一致。不管他们在商场花费有多少，或者他们有没有一个相对较高的收入水平，每一个客户都不应该被忽视，我们应该采取不同的手段（如对某些商品的促销或打折）来吸引消费者，让他们来更多的购物。

第十五章
时间序列分析

　　时间序列是将某种统计指标的数值，按时间先后顺序排列所形成的数列。时间序列预测法就是通过编制和分析时间序列，根据时间序列所反映出来的发展过程、方向和趋势，进行类推或延伸，借以预测下一段时间内可能达到的水平。本章将介绍时间序列分析的基本理论知识，以及通过实际案例来说明在 Python 系统中如何进行时间序列分析。

15.1　时间序列的组成部分

任何事物都处于不断的运动和发展变化中，为探索现象发展变化的规律性，我们需要观察现象随时间变化的数量特征，我们把某种现象发展变化的指标数值按一定时间顺序排列起来形成的数列，称为时间序列。

事物的发展受多种因素的影响，时间序列的形成也是多种因素共同作用的结果，在一个时间序列中，有长期的、起决定性作用的因素，也有临时的、起非决定性作用的因素，有可以预知和控制的因素，也有不可预知和不可控制的因素，这些因素相互作用和影响，从而使时间序列变化趋势呈现出不同的特点。影响时间序列的因素大致可分为四种：长期趋势、季节变动、循环变动以及不规则变动。

15.1.1　长期趋势

长期趋势是指某种现象在相当长的一段时期内，受某种长期的、决定性的因素影响而呈现出的持续上升或持续下降的趋势，通常以 T 表示，比如某公司的产品销售额近 10 年持续上升，某 App 的活跃客户数近两年呈指数增长趋势。

15.1.2　季节变动

季节变动是指现象在一年内，由于受到自然条件或社会条件的影响而形成的以一定时期为周期（通常指一个月或季）的有规则的重复变动，通常以 S 表示。如时令商品的产量与销售量，旅行社的旅游收入等都会受到季节的影响。应注意的是在这里提到的"季节"并非通常意义上的"季节"，季节变动中所提及的主要指广义的概念，可以理解为一年中的某个时间段，如一个月、一个季度或任何一个周期。

15.1.3　循环变动

循环变动是指现象持续若干年的周期变动，通常以 C 表示，循环变动的周期长短不一，没有规律，而且通常周期较长，不像季节变动有明显的变动周期（小于一年），循环变动不是单一方向的持续变动，而是涨落相间的交替波动，比如经济周期。

15.1.4　不规则变动

不规则变动是指现象由于受偶然性因素而引起的无规律、不规则的变动，如受到自然灾害等不可抗力的影响，通常以 I 表示，这种变动一般无法做出解释。

15.2　确定性的时间序列模型

时间序列各影响因素之间的关系用一定的数学关系式表示出来，就构成了时间序列的分解模型，我们可以从时间序列的分解模型中将各因素分离出来并进行测定，了解各因素的具体作用如何。通常我们采用加法模型和乘法模型来描述时间序列的构成，加法模型的表达式为：

$$Y=T+S+C+I$$

式中 Y 表示时间序列的指标数值，T、S、C、I 分别表示长期趋势、季节变动、循环变动、不规则变动，使用加法模型的基本假设前提是各个影响因素对时间序列的影响是可加的，并且是相互独立的。

而乘法模型的表达式为：

$$Y=T \times S \times C \times I$$

使用乘法模型的基本假设前提是各影响因素对时间序列的影响是相互不独立的。

15.3　随机时间序列模型

在我们解决时间序列的问题时，首先需要对时间序列基本的理论有所认识，一般情况下，时间序列分为确定性的和随机性的时间序列，确定性的时间序列分析比较简单，一般使用简单的序列平滑技术、季节性的分解技术等手段即可解决预测问题。但事实上，许多现实经济现象都是通过随机时间序列模型来刻画的。本节着重探讨随机时间序列模型，比如 AR 模型、MA 模型以及 ARMA 模型等，这类模型的建立需要较多的历史数据和较深的数学知识，实际操作必须借助计算机来完成，该类模型在短期预测中具有较高的精度，因此在实际业务场景中应用得较为广泛。

首先介绍平稳随机过程，所谓平稳随机序列，指如果序列 $\{y_t\}$ 二阶矩有限 $(Ey_t^2 < \infty)$，且满足如下条件：

（1）对任意整数 t，$Ey_t = u$，u 为常数。

（2）对任意整数 t、s，自协方差函数 $r_{ts} = \text{cov}(y_t, y_s)$ 仅与时间间隔 $t-s$ 有关，和起止时刻 t、s 无关，即 $r_{ts} = r_{t-s} = r_k$。

则称序列 $\{y_t\}$ 为宽平稳（或协方差平稳，二阶矩平稳）序列。

最简单的宽平稳过程是白噪声序列，它是构成经济序列许多复杂过程的基石，一般白噪声过程的定义如下。

（1）$E\varepsilon_t = 0$。

（2）$E\varepsilon_t^2 = \sigma^2$，对所有 t 成立。

（3）$E\varepsilon_t\varepsilon_s = 0, t \neq s$。

其中常见的平稳序列模型包括如下几类：自回归（AR）模型，滑动平均（MA）模型，自回归滑动平均（ARMA）模型。

15.3.1　自回归模型

零均值平稳随机序列 $\{y_t\}$ 满足如下形式：

$$y_t = \phi_1 y_{t-1} + \phi_2 y_{t-2} + \cdots + \phi_p y_{t-p} + \varepsilon_t$$

其中，$\phi_1, \phi_2, \cdots, \phi_p$ 称为自回归系数，满足平稳性条件，ε_t 为白噪声序列。上式称为 p 阶自回归模型，简记为 AR(p)。

15.3.2　滑动平均模型

一般 MA 模型的数学形式为：

$$y_t = \varepsilon_t + \varphi_1 \varepsilon_{t-1} + \cdots + \varphi_q \varepsilon_{t-q}$$

其中，$\varphi_1, \varphi_2, \cdots, \varphi_q$ 称为滑动平均系数，ε_t 为白噪声序列。上式称为 q 阶滑动平均模型，简记为 MA(q)。

15.3.3　自回归滑动平均模型

一般 ARMA 模型的数学形式为：

$$y_t = \phi_1 y_{t-1} + \phi_2 y_{t-2} + \cdots + \phi_p y_{t-p} + \varepsilon_t + \varphi_1 \varepsilon_{t-1} + \cdots + \varphi_q \varepsilon_{t-q}$$

其中，$\phi_1, \phi_2, \cdots, \phi_p$ 称为自回归系数，满足平稳性条件，$\phi_1, \phi_2, \cdots, \phi_p$ 称为滑动平均系数，ε_t 为白噪声序列，上式称为是 P 阶自回归—q 阶滑动平均模型，简记为 ARMA(p,q)。

从以上定义中可以看出，AR 模型和 MA 模型即为 ARMA 模型的特例：

（1）当 $p=0$，ARMA(p, q) —— MA(q)；

（2）当 $q=0$，ARMA(p, q) —— AR(p)。

15.3.4　差分整合移动平均自回归模型

ARIMA 模型（Autoregressive Integrated Moving Average model），即差分整合移动平均自回归模型，又称整合移动平均自回归模型（移动也可称作滑动），ARIMA（p,d,q）模型是 ARMA（p,q）模型的扩展，在 ARIMA（p,d,q）中，AR 是"自回归"，p 为自回归项数，MA 为"滑动平均"，q 为滑动平均项数，d 为使之成为平稳序列所做的差分次数（阶数）。

一般情况下，ARIMA 模型预测分析的基本步骤如下所示。

（1）根据时间序列的散点图、自相关函数和偏自相关函数图，以 ADF 单位根检验其方差、趋势及其季节性变化规律，对序列的平稳性进行识别。

（2）对非平稳序列进行平稳化处理。如果数据序列是非平稳的，并存在一定的增长或下降趋势，则需要对数据进行差分处理，如果数据存在异方差，则需对数据进行技术处理，直到处理后的数据自相关函数值和偏相关函数值无显著地异于零。

（3）根据时间序列模型的识别规则，建立相应的模型。若平稳序列的偏相关函数是截尾的，而自相关函数是拖尾的，可断定序列适合 AR 模型；若平稳序列的偏相关函数是拖尾的，而自相关函数是截尾的，则可断定序列适合 MA 模型；若平稳序列的偏相关函数和自相关函数均是拖尾的，则序列适合 ARMA 模型。

（4）进行参数估计，检验是否具有统计意义。

（5）进行假设检验，诊断残差序列是否为白噪声。

（6）利用已通过检验的模型进行预测分析。

15.4　ARMA 模型的识别

采用 ARMA 模型对现有的数据进行建模，首要的问题是确定模型的阶数，即相应的 p、q 值，对于 ARMA 模型的识别主要是通过序列的自相关函数和偏自相关函数进行的。

序列 y_t 的自相关函数度量了 y_t 与 y_{t-k} 之间的线性相关程度，用 ρ_k 表示，定义如下：

$$\rho_k = \frac{r_k}{r_0}$$

其中，$r_k = \mathrm{cov}(y_t, y_{t-k})$，$r_0 = \mathrm{cov}(y_t, y_t)$ 表示序列的方差。

自相关函数刻画的是 y_t 与 y_{t-k} 之间的线性相关程度，而有时候 y_t 与 y_{t-k} 之间之所以存在相关关系，可能是因为 y_t 和 y_{t-k} 分别与它们的中间部分 $y_{t-k}, y_{t-1}, y_{t-2}, \cdots, y_{t-k+1}$ 之间存在关系，如果在给定 y_{t-1}, $y_{t-2}, \cdots, y_{t-k+1}$ 的前提下，对 y_t 和 y_{t-k} 之间的条件相关关系进行刻画，则要通过偏自相关函数 φ_{kk} 进行，偏自相关函数可由下面的递推公式得到：

$$\varphi_{11} = \rho_1$$

$$\varphi_{kk} = \frac{\rho_k - \sum_{j=1}^{k-1} \varphi_{k-1,j} \rho_{k-j}}{1 - \sum_{j=1}^{k-1} \varphi_{k-1,j} \rho_j}$$

$$\varphi_{k,j} = \varphi_{k-1,j} - \varphi_{kk}\varphi_{k-1,k-j}, \quad j = 1, 2, \cdots, k-1$$

对于三类模型 AR、MA、ARMA，它们各自的自相关函数以及偏自相关函数特点如表15.1所示。

表 15.1　三类模型的相关函数

系数	模型		
	AR(p)	MA(q)	ARMA(p,q)
自相关函数 ρ_k	拖尾	q 步截尾（$\rho_k=0, k>q$）	拖尾
偏自相关函数 φ_{kk}	p 步截尾（$\varphi_{kk}=0, k>p$）	拖尾	拖尾

这里的拖尾指模型自相关函数或偏自相关函数随着时滞 k 的增加呈现指数衰减并趋于零，而截尾则是指模型的自相关函数或偏自相关函数在某步之后全部为零。序列的自相关函数和偏自相关函数所呈现出的这些性质可用于模型的识别。

15.4.1　基于相关函数的定阶方法

理论上讲，对于 AR(p) 序列的偏自相关函数是 p 步截尾的，但实际中我们所接触到的往往是来自序列的一组样本，我们所计算的也只能是样本的偏自相关函数，由于样本的随机性，此时计算所得的样本偏自相关函数不可能是 p 步截尾的，而是呈现在零附近波动，所以要考虑的是样本偏自相关函数的统计性质，对于 MA(q) 序列的样本，自相关函数同样应该考虑其统计性质。关于样本自相关函数 $\hat{\rho}_k$ 的估计方法很多，最常用的是如下的估计方法。

$$\bar{y} = \frac{1}{n}\sum_{t=1}^{n} y_t$$

$$\hat{\gamma}_k = \frac{1}{n}\sum_{t=1}^{n-k}\left(y_t - \bar{y}\right)\left(y_{t+k} - \bar{y}\right)$$

$$\hat{\rho}_k = \hat{\gamma}_k \Big/ \hat{\gamma}_0 \qquad k = 0,1,2,\cdots,n-1$$

其中 $\bar{y}$ 为样本均值，$\hat{\gamma}_k$ 称为样本自协方差函数。

15.4.2　利用信息准则法定阶

信息准则法在模型选择中起到很重要的作用，关于定阶的问题，实际上也是模型选择问题，这里我们给出两种准则。

1. AIC 准则

AIC 准则英文全称是 Akaike's Information Criterion，译为赤池信息量准则，是由 Akaike 在 1973 年提出的，该准则既考虑拟合模型对数据的接近程度，也考虑模型中所含待定参数的个数。关于 ARMA(p,q)，对其定义的 AIC 函数如下：

$$\text{AIC } (p,q) = n\ln(\hat{\sigma}^2) + 2(p+q)$$

其中，$\hat{\sigma}^2$ 是拟合 ARMA(p,q) 模型时残差的方差，它是 (p,q) 的函数。如果模型中含有常数项，则 $p+q$ 被 $p+q+1$ 代替。AIC 定阶的方法就是选择 AIC (p,q) 最小的 (p,q) 作为相应的模型阶数。

2. BIC 准则

Akaike 在 1976 年改进了 AIC 准则，提出 BIC 准则。这样避免了在大样本情况下，AIC 准则在选择阶数时收敛性不好的缺点。关于 ARMA(p,q)，对其定义的 BIC 函数如下：

$$\text{BIC } (p,q) = n\ln(\hat{\sigma}^2) + 2(p+q)\ln n$$

BIC 定阶的方法就是选择 AIC (p,q) 最小的 (p,q) 作为相应的模型阶数。利用 AIC 准则和 BIC 准则确定出来的 ARMA 模型可能不一致，一般来说，用 BIC 准则选择出来的 ARMA 模型的阶数较 AIC 准则选择的低。

15.5 时间序列的分析步骤

一个时间序列通常存在长期趋势变动、季节变动、周期变动和不规则变动因素。时间序列分析的目的就是逐一分解和测定时间序列中各项因素的变动程度和变动规律，然后将其重新综合起来，预测统计指标今后综合的变化和发展情况。

一般来说，时间序列的综合分析步骤如下。

（1）确定时间序列的变动因素和变动类型。

（2）计算调整月（季）指数，以测定季节变动因素的影响程度。

（3）调整时间序列的原始指标值，以消除季节变动因素的影响。

（4）根据调整后的时间序列的指标值（简称调整值）拟合长期趋势模型。

（5）计算趋势比率或周期余数比率，以度量周期波动幅度和周期长度。

（6）预测统计指标今后的数值。

15.6 模型参数的估计

模型的阶数确定之后，就可以估计模型了，目前主要有三种估计方法：矩估计、极大似然估计和最小二乘估计。最小二乘估计和极大似然估计的精度较高，因而一般称之为模型参数的精估计，最小二乘估计在一般的数理统计教材中都有全面的介绍，本书不再赘述，而极大似然估计计算方法较为复杂，最后求解的方程皆为非线性方程，很难求解，所以实际中采用数值算法，思路是任意给出参数的一组数值，初步估计得到的结果，计算出一个似然函数值，然后根据一定的法则，再给出参数的一组数值，又计算出一个似然函数值，以此类推，比较似然函数值，最后选择使似然函数值最大的那组参数。本节主要介绍矩估计法，以 AR 模型为例说明方法，MA 和 ARMA 模型思路相同，只是步骤更复杂一些，读者可以参看相关专业书籍进行了解。

下面是零均值的 AR(P) 模型

$$y_t = \phi_1 y_{t-1} + \phi_2 y_{t-2} + \cdots + \phi_p y_{t-p} + \varepsilon_t$$

需要估计的参数是 $\phi_1, \phi_2, \cdots, \phi_p$。

在模型两边同乘以 $y_{t-j}(j > 0)$ 可得

$$y_t y_{t-j} = \phi_1 y_{t-1} y_{t-j} + \phi_2 y_{t-2} y_{t-j} + \cdots + \phi_p y_{t-p} y_{t-j} + \varepsilon_t y_{t-j}$$

两边取期望，得

$$E y_t y_{t-j} = \phi_1 E y_{t-1} y_{t-j} + \phi_2 E y_{t-2} y_{t-j} + \cdots + \phi_p E y_{t-p} y_{t-j} + E \varepsilon_t y_{t-j}$$

由于 ε_t 与 $y_{t-j}(j > 0)$ 不相关，所以 $E\varepsilon_t y_{t-j} = 0$，因此

$$r_j = \phi_1 r_{j-1} + \phi_2 r_{j-2} + \cdots + \phi_p r_{j-p}, \ j > 0$$

其中 r_j 是序列 $\{y_t\}$ 的自协方差函数，易知序列的自相关函数 ρ_j 也满足上述关系式，即

$$\rho_j = \phi_1 \rho_{j-1} + \phi_2 \rho_{j-2} + \cdots + \phi_p \rho_{j-p}, \ j = 1, 2, 3 \cdots$$

把自相关函数展成 P 个方程

$$\rho_1 = \phi_1 \rho_0 + \phi_2 \rho_1 + \cdots + \phi_p \rho_{p-1}$$
$$\rho_2 = \phi_1 \rho_1 + \phi_2 \rho_0 + \cdots + \phi_p \rho_{p-2}$$
$$\vdots$$
$$\rho_p = \phi_1 \rho_{p-1} + \phi_2 \rho_{p-2} + \cdots + \phi_p \rho_0$$

上述 P 个方程，表示了平稳序列的自相关函数与模型未知参数的关系，被称为 Yule-Walker 方程。

自相关函数可以用样本自相关函数代替，所以此时的 Yule-Walker 方程只有 P 个未知数，解方程可以得到 $\phi_1, \phi_2, \cdots, \phi_p$ 的估计值，用矩阵表示如下：

$$\begin{bmatrix} \hat{\phi}_1 \\ \hat{\phi}_2 \\ \vdots \\ \hat{\phi}_p \end{bmatrix} = \begin{bmatrix} 1 & \hat{\rho}_1 & \cdots & \rho_{p-1} \\ \hat{\rho}_1 & 1 & \cdots & \rho_{p-2} \\ \vdots & \vdots & \vdots & \vdots \\ \hat{\rho}_{p-1} & \rho_{p-2} & \cdots & 1 \end{bmatrix}^{-1} \begin{bmatrix} \rho_1 \\ \rho_2 \\ \vdots \\ \rho_p \end{bmatrix}$$

对于二阶自回归模型 AR(1)，根据上述结果可知

$$\hat{\phi}_1 = \hat{\rho}_1$$

对于二阶自回归模型 AR(2)，根据上述结果可知

$$\begin{cases} \hat{\phi}_1 = \dfrac{\hat{\rho}_1(1-\rho_2)}{1-\hat{\rho}_1^2} \\[3mm] \hat{\phi}_2 = \dfrac{\hat{\rho}_2 - \rho_1^2}{1-\hat{\rho}_1^2} \end{cases}$$

样本自相关函数和自协方差函数除了定阶外，还可以用来估计。矩估计也被称为初估计，矩估计方法简单但精度不高，如果读者对具体算法细节想要有清楚的了解，请参考相关统计学的书籍，在此不再详述。

15.7 案例分析——大气二氧化碳浓度预测

15.7.1 数据说明

本案例所使用的数据是 StatModels 库自带的美国夏威夷莫纳罗亚天文台连续空气样本中的大气二氧化碳浓度数据，数据记录时间为 1958 年 3 月至 2001 年 12 月，方法是利用应用物理公司提供的非色散红外气体分析仪获取大气中的二氧化碳浓度，数据来自几个塔的进气管道顶部的连续数据（每小时 4 次测量），需要每天不少于 6 小时的稳定数据周期，如果在任何给定的一天中没有这样的 6 小时时间段可用，则当天不使用任何数据。由于是 StatModels 库自带的数据集，我们可以直接调用 datasets 函数获取，代码如下所示。

```
import pandas as pd
import numpy as np
import statsmodels.api as sm
import matplotlib.pyplot as plt
plt.style.use('fivethirtyeight')
data = sm.datasets.co2.load_pandas()
Mauna_Loa_CO2 = data.data
Mauna_Loa_CO2.head()
```

运行上述程序后，数据集 Mauna_Loa_CO2 的前 5 个观测样本如图 15.1 所示。

	CO2
1958-03-29	316.1
1958-04-05	317.3
1958-04-12	317.6
1958-04-19	317.5
1958-04-26	316.4

图 15.1　数据集 Mauna_Loa_CO2 的前 5 个观测样本

15.7.2　数据探索

首先，我们看一下数据集的基本结构信息。

```
Mauna_Loa_CO2.info()
Mauna_Loa_CO2.isnull().any()
```

运行程序后，结果如下，数据集总计有 2284 个观测样本，其中变量 CO_2 存在缺失值的情况，需要进一步对缺失值进行处理，缺失值在 DataFrame 中显示为 nan，它会导致 ARIMA 无法拟合，因此一定要进行处理。

```
<class 'pandas.core.frame.DataFrame'>
DatetimeIndex: 2284 entries, 1958-03-29 to 2001-12-29
Freq: W-SAT
Data columns (total 1 columns):
co2     2225 non-null float64
dtypes: float64(1)
memory usage: 35.7 KB
co2     True
dtype: bool
```

这里我们利用缺失值前面的有效值来从前往后填充缺失值，代码如下所示。

```
Mauna_Loa_CO2_Miss=Mauna_Loa_CO2.fillna(method='ffill')
Mauna_Loa_CO2_Miss.info()
Mauna_Loa_CO2_Miss.isnull().any()
```

运行程序后，结果如下所示，处理后的数据集 Mauna_Loa_CO2_Miss 已经不存在缺失值了。

```
<class 'pandas.core.frame.DataFrame'>
DatetimeIndex: 2284 entries, 1958-03-29 to 2001-12-29
Freq: W-SAT
Data columns (total 1 columns):
co2     2284 non-null float64
dtypes: float64(1)
```

```
memory usage: 35.7 KB
co2     False
dtype: bool
```

原始数据集是每周的 CO_2 数据，为了使得模型变简单，这里使用每月的平均值，按月进行均值计算的代码如下所示。

```
import pandas as pd
Mauna_Loa_CO2_Miss_Mon=Mauna_Loa_CO2_Miss['co2'].resample('MS').
mean()
Mauna_Loa_CO2_Miss_Mon2=pd.DataFrame(Mauna_Loa_CO2_Miss_Mon)
Mauna_Loa_CO2_Miss_Mon2.head()
```

接着，我们绘制时间序列图形，以便查看数据的走势，代码如下所示。

```
import matplotlib.pyplot as plt
Mauna_Loa_CO2_Miss.plot(figsize=(15, 6))
plt.title("CO2 Trend")
plt.xlabel("Month")
plt.ylabel("CO2")
plt.show()
```

运行上述程序后，结果如图 15.2 所示，从图形走势可以很明显地观察到此时间序列具有明显的季节性格局，总体呈上升趋势。

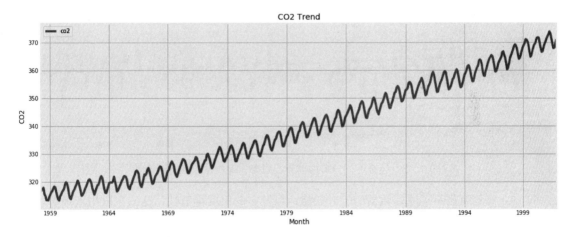

图 15.2　CO_2 的时间序列图

我们可以把此序列的季节性、趋势性等数据分解出来，以便通过数据判断是否显示出明显的周期性模式，数据是呈一致的上升还是下降趋势，是否存在与其余数据不一致的离群点或缺失值等。

```
from statsmodels.tsa.seasonal import seasonal_decompose
from pylab import rcParams
rcParams['figure.figsize'] = 11, 9
decomposition = sm.tsa.seasonal_decompose(Mauna_Loa_CO2_Miss_Mon2,
 model='additive')
```

```
fig = decomposition.plot()
plt.show()
```

运行上述程序，结果如图 15.3 所示。

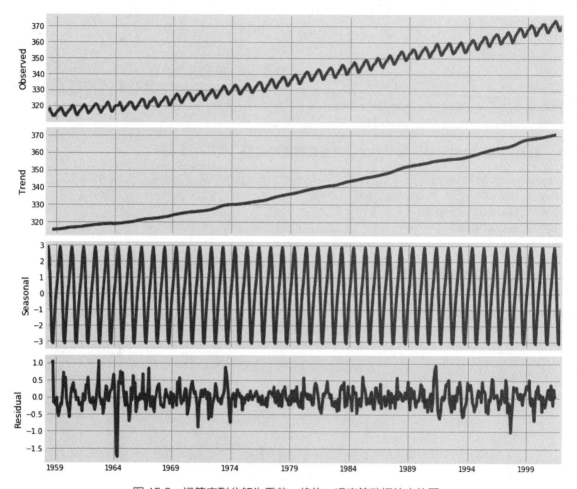

图 15.3 运算序列分解为季节、趋势、噪声等数据的走势图

图 15.3 清楚地显示了原始数据的上升趋势，以及它的年度季节性，这些可以用来理解时间序列的结构，时间序列分解背后的直觉是很重要的，因为许多预测方法都是基于结构化分解的概念来生成预测的。

15.7.3 序列平稳性检验

在 ARMA 或 ARIMA 这样的自回归模型中，模型对时间序列数据的平稳是有要求的，因此，需要对数据或者数据的 n 阶差分进行平稳检验，常见的方法就是 ADF 检验，即单位根检验，在 StatsModels 库中，我们可以使用 adfuller 函数进行 ADF 检验。

单位根检验用于检验序列是否是平稳的，测试结果由测试统计量和一些置信区间的临界值组成，当 p-value<0.05，且"测试统计量"显著小于"临界值"时，则可以认为序列稳定。

ADF 单位根检验的代码如下所示。

```
%matplotlib inline
import pandas as pd
from statsmodels.tsa.stattools import adfuller
import matplotlib.pyplot as plt
def test_stationarity(timeseries):
    #计算均值与方差
    rolmean = timeseries.rolling(window=12).mean()
    rolstd = timeseries.rolling(window=12).std()
    #绘制图形：
    fig = plt.figure(figsize=(12, 8))
    orig = plt.plot(timeseries, color='blue',label='Original')
    mean = plt.plot(rolmean, color='red', label='Rolling Mean')
    std = plt.plot(rolstd, color='black', label = 'Rolling Std')
    plt.legend(loc='best')# 自动使用最佳的图例显示位置
    plt.title('Rolling Mean & Standard Deviation')
    plt.xlabel("Month") #添加 X 轴说明
    plt.ylabel("CO2") #添加 Y 轴说明
    plt.show()# 观察是否平稳
    print('ADF 检验结果: ')
    # 进行 ADF 检验
    print('Results of Dickey-Fuller Test:')
# 使用减小 AIC 的办法估算 ADF 测试所需的滞后数
    dftest = adfuller(timeseries, autolag='AIC')
    # 将 ADF 测试结果、显著性概率、所用的滞后数和所用的观测数打印出来
    dfoutput = pd.Series(dftest[0:4], index=['Test Statistic',
'p-value','#Lags Used','Number of Observations Used'])
    for key,value in dftest[4].items():
        dfoutput['Critical Value (%s)'%key] = value
    print(dfoutput)
test_stationarity(Mauna_Loa_CO2_Miss_Mon2['co2'])
```

运行上述程序，结果如下所示，图 15.4 展示了 CO_2 的均值与标准差趋势，其中 p-value 等于 0.998829，远大于 0.05，则认为此序列不是稳定的序列，需要进一步进行序列转换。

```
Results of Dickey-Fuller Test:
Test Statistic                   2.140106
p-value                          0.998829
#Lags Used                      15.000000
Number of Observations Used    510.000000
Critical Value (1%)             -3.443237
Critical Value (5%)             -2.867224
Critical Value (10%)            -2.569797
dtype: float64
```

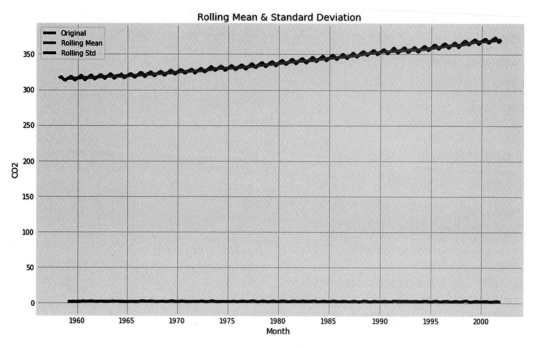

图 15.4　CO_2 的均值与标准差趋势图

15.7.4　序列变换

上一节中对原始序列进行了平稳性检验，可知并不是稳定序列，所以必须进行序列转换，要将原始的时间序列转为平稳序列，主要有如下几种方法：

● 取对数；

● 一阶差分；

● 季节差分；

● 季节调整。

本案例中，我们根据序列的图形趋势，尝试采用差分方法进行序列变换，首先，我们对序列进行一阶差分的处理，代码如下所示。

```
Mauna_Loa_CO2_Miss_Mon2['first_difference'] =
Mauna_Loa_CO2_Miss_Mon2['co2'].diff(1)
test_stationarity(Mauna_Loa_CO2_Miss_Mon2['first_difference'].
dropna(inplace=False))
```

运行上述程序之后，结果如下所示，其中 p-value 等于 0.000049，远小于 0.05，且 Test Statistic 等于 -4.824703，同样小于 Critical Value (5%)，则我们可以认为经过一阶差分之后的序列是平稳的，图 15.5 给出了一阶差分后的均值与标准差的趋势图。

```
Results of Dickey-Fuller Test:
```

```
Test Statistic                   -4.824703
p-value                           0.000049
#Lags Used                       19.000000
Number of Observations Used     505.000000
Critical Value (1%)              -3.443366
Critical Value (5%)              -2.867280
Critical Value (10%)             -2.569827
dtype: float64
```

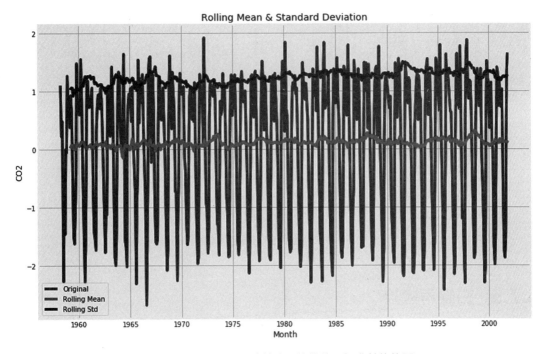

图 15.5　变量 CO_2 一阶差分后的均值和标准差趋势图

由于原始序列具有明显的季节性周期特点，我们尝试进一步进行季节差分，代码如下所示。

```
Mauna_Loa_CO2_Miss_Mon2['seasonal_difference'] =
Mauna_Loa_CO2_Miss_Mon2['first_difference'].diff(12)
test_stationarity(Mauna_Loa_CO2_Miss_Mon2['seasonal_difference'].
dropna(inplace=False))
```

运行上述程序，结果如下所示，p-value 值远远小于 0.05，且 Test Statistic 等于 -8.643585，同样小于 Critical Value (5%)，则我们可以认为经过一阶差分和季节差分之后的序列是平稳的，图 15.6 给出了一阶差分和季节差分后的均值与标准差的趋势图。

```
Results of Dickey-Fuller Test:
Test Statistic                   -8.643585e+00
p-value                           5.344445e-14
#Lags Used                        1.200000e+01
Number of Observations Used       5.000000e+02
Critical Value (1%)              -3.443496e+00
```

```
Critical Value (5%)          -2.867338e+00
Critical Value (10%)         -2.569858e+00
dtype: float64
```

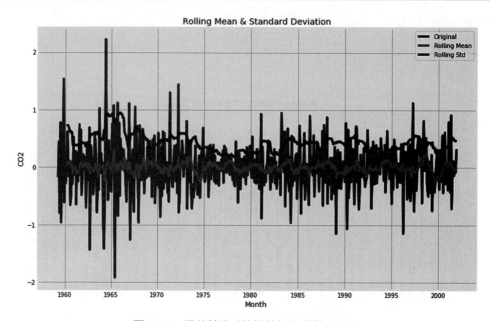

图 15.6   季节差分后的均值与标准差序列图

15.7.5   白噪声检验

对于纯随机序列，又称白噪声序列，序列的各项数值之间没有任何相关关系，序列在进行完全无序的随机波动，可以终止对该序列的分析，白噪声序列是没有信息可提取的平稳序列，如果经过差分后的序列是白噪声，则终止分析。

StatsModels 库中的 acorr_ljungbox 函数可以进行白噪声检验，代码如下所示。

```
from statsmodels.stats.diagnostic import acorr_ljungbox
print(acorr_ljungbox(Mauna_Loa_CO2_Miss_Mon2[
'seasonal_difference'].iloc[13:], lags=1))
```

运行上述程序，结果如下所示，其中 p 值为 5.3103782e-10，远远小于 0.05，所以拒绝原假设，一阶差分和季节差分之后的序列为平稳非白噪声序列。

```
(array([38.55971483]), array([5.3103782e-10]))
```

15.7.6   模型参数确定

接着，我们就需要进行模型参数的确定，理论内容可以参考前面 15.4 节所讲述的如何进行模型参数确定的内容，一般我们通过自相关函数（ACF）和偏自相关函数（PACF）确定，绘制相关函数图形的代码如下所示。

```
fig = plt.figure(figsize=(12,8))
ax1 = fig.add_subplot(211)
fig = sm.graphics.tsa.plot_acf(Mauna_Loa_CO2_Miss_Mon2[
'seasonal_difference'].iloc[13:], lags=40, ax=ax1)
# 从 13 开始是因为做季节性差分时 window 是 12
ax2 = fig.add_subplot(212)
fig = sm.graphics.tsa.plot_pacf(Mauna_Loa_CO2_Miss_Mon2[
'seasonal_difference'].iloc[13:], lags=40, ax=ax2)
```

运行上述程序，结果如图 15.7 所示，自相关系数在延迟 1 阶处有个很大的自相关系数，然后在延迟 12 阶处突然有一个较大的自相关系数，紧接着又急剧减少，基本判定在 1、12 处截尾。从偏自相关系数图中获知，同样可以判定偏自相关系数在 1、12 处拖尾，因此可选择 MA 的阶数为 1、12。

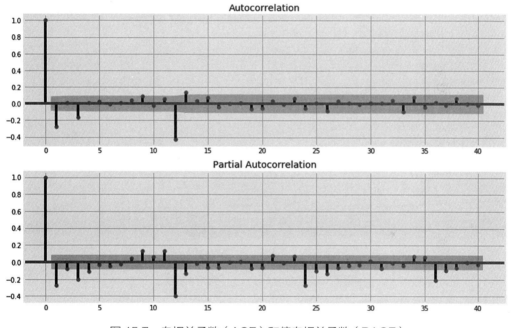

图 15.7　自相关函数（ACF）和偏自相关函数（PACF）

从上面的 ACF 和 PACF 可大致确定模型的参数，具体最合适的参数，还是要以 AIC、BIC 或预测结果残差最小来确定，一般来说 AIC 较小的模型拟合度较好，但拟合度较好不能说明预测能力好，这一点读者务必注意。

我们将使用“网格搜索”来迭代地探索参数的不同组合，对于参数的每个组合，我们使用 StatsModels 模块的 SARIMAX 函数拟合一个新的季节性 ARIMA 模型，并评估其整体质量，具体代码如下所示。

```
import numpy as np
import pandas as pd
import warnings
```

```
import itertools
p = d = q = range(0, 2)
pdq = list(itertools.product(p, d, q))
seasonal_pdq = [(x[0], x[1], x[2], 12)
for x in list(itertools.product(p, d, q))]
warnings.filterwarnings("ignore")
# specify to ignore warning messages
AIC_Value = []
for param in pdq:
    for param_seasonal in seasonal_pdq:
        try:
            mod = sm.tsa.statespace.SARIMAX(
Mauna_Loa_CO2_Miss_Mon2['co2'],
                order=param,
seasonal_order=param_seasonal,
enforce_stationarity=False,
enforce_invertibility=False)
            results = mod.fit()
            AIC_Value.append(results.aic)
            print('ARIMA{}x{}12 - AIC:{}'.
format(param, param_seasonal, results.aic))
        except:
            continue
```

运行上述程序，输出结果如下所示。

```
ARIMA(0, 0, 0)x(0, 0, 0, 12)12 - AIC:7612.54638598233
ARIMA(0, 0, 0)x(0, 0, 1, 12)12 - AIC:6787.305343013264
ARIMA(0, 0, 0)x(0, 1, 0, 12)12 - AIC:1852.4253917093606
ARIMA(0, 0, 0)x(0, 1, 1, 12)12 - AIC:1584.6059045772658
ARIMA(0, 0, 0)x(1, 0, 0, 12)12 - AIC:1058.28648342393
........................................................
ARIMA(1, 1, 1)x(0, 1, 0, 12)12 - AIC:582.612518371706
ARIMA(1, 1, 1)x(0, 1, 1, 12)12 - AIC:301.52749315671525
ARIMA(1, 1, 1)x(1, 0, 0, 12)12 - AIC:578.0215186716248
ARIMA(1, 1, 1)x(1, 0, 1, 12)12 - AIC:318.2835049491297
ARIMA(1, 1, 1)x(1, 1, 0, 12)12 - AIC:446.2387879874779
ARIMA(1, 1, 1)x(1, 1, 1, 12)12 - AIC:294.5246788727093
```

上述输出结果表明 SARIMAX$(1,1,1) \times (1,1,1,12)$ 产生最低的 AIC 值为 294.52，因此，我们认为这是所有模型中的最佳选择。

15.7.7　模型结果

确定了模型的参数之后，我们要生成此模型，代码如下所示。

```
mod = sm.tsa.statespace.SARIMAX(Mauna_Loa_CO2_Miss_Mon2['co2'],
                order=(1, 1, 1),
                seasonal_order=(1, 1, 1, 12),
```

```
                        enforce_stationarity=False,
                        enforce_invertibility=False)
results = mod.fit()
print(results.summary().tables[1])
```

运行上述程序，结果如图 15.8 所示。

	coef	std err	z	P>|z|	[0.025	0.975]
ar.L1	0.3652	0.101	3.611	0.000	0.167	0.563
ma.L1	-0.6669	0.083	-8.044	0.000	-0.829	-0.504
ar.S.L12	0.0011	0.001	1.595	0.111	-0.000	0.002
ma.S.L12	-0.8674	0.028	-31.116	0.000	-0.922	-0.813
sigma2	0.1006	0.005	18.569	0.000	0.090	0.111

图 15.8　最佳模型的拟合结果

在适合季节性 ARIMA 模型（以及任何其他模型）的情况下，运行模型诊断以确保没有违反模型的假设是非常重要的，我们可以调用 plot_diagnostics 对象进行模型诊断，具体代码如下所示。

```
results.plot_diagnostics(figsize=(15, 12))
plt.show()
```

运行上述程序，结果如图 15.9 所示，从直方图的分布来看，说明残差的分布是正常的，基本满足均值为 0，方差为 1 的正态分布。另外，根据自相关图的分布，表明时间序列残差与其本身的滞后具有低相关性，所以可以判断模型的拟合残差基本上为白噪声，所以最终得到的模型，其拟合性能较好。

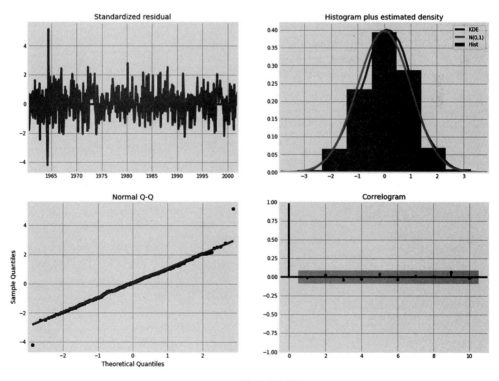

图 15.9　模型诊断结果

15.7.8　预测

在获取最佳的时间序列模型之后，我们就可以利用模型来进行预测，可以利用 python 中的 get_prediction 属性和 conf_int 属性获得时间序列预测的值和相关的置信区间，比如我们指定从 1995 年 1 月起开始计算动态预测和置信区间。

```
pred = results.get_prediction(start=
pd.to_datetime('1995-01-01'),
dynamic=False)
pred_ci = pred.conf_int()
ax = Mauna_Loa_CO2_Miss_Mon2['1990':].plot(label='observed')
ax.set_ylim(350, 380)
pred.predicted_mean.plot(ax=ax,
label='One-step ahead Forecast', alpha=.7)
ax.fill_between(pred_ci.index,
                pred_ci.iloc[:, 0],
                pred_ci.iloc[:, 1], color='k', alpha=.2)
ax.set_xlabel('Date')
ax.set_ylabel('CO2 Levels')
plt.legend()
plt.show()
```

运行上述程序，结果如图 15.10，从图中的数据趋势来看，选择的模型的预测能力还是很好的，预测值与真实值基本保持一致。

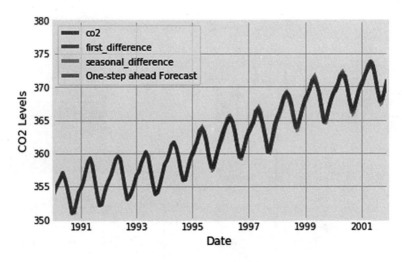

图 15.10　模型预测图